植物学野外教学实习指导

ZHIWUXUE YEWAI JIAOXUE SHIXI ZHIDAO

杨再超　廖　雯　主编

中国农业出版社
北　京

图书在版编目（CIP）数据

植物学野外教学实习指导 / 杨再超，廖雯主编 .—
北京 ：中国农业出版社，2023. 2
ISBN 978-7-109-30479-6

Ⅰ. ①植… Ⅱ. ①杨… ②廖… Ⅲ. ①植物学－教育
实习－高等学校－教学参考资料 Ⅳ. ①Q94-45

中国国家版本馆 CIP 数据核字（2023）第 037594 号

内容简介

本教材是一本指导植物学野外教学实习的教学用书，是根据应用型高校的培养目标、定位、培养规格，针对地方高校实际，编写教师在长期指导野外教学实习基础上，经过多年的经验积累撰写而成。全书共分 4 章，在植物学野外教学实习的目的、主要内容及基本要求、实习地点的选择、组织及管理、安全管理及措施等方面对植物学野外实习工作的准备进行系统介绍后，详细介绍了种子植物的观察与识别，植物摄影技术，植物检索表的编制和应用，植物标本的采集、记录、制作和保存，植物分类鉴定资料及网络资源应用等植物学野外实习的基本技能；对如何开展植物资源研究、区域植物区系研究以及如何撰写研究报告进行简要的介绍；编制了贵州西部常见维管植物分科（属）检索表，对贵州西部常见的 103 科 337 种维管植物的主要识别特征进行介绍，对每种植物均配有实地拍摄的彩片。

本教材资料翔实，文字简练，科学性强，内容系统、严谨，可作为师范院校、农业院校、综合性院校生物科学、农学等专业植物学野外实习的教材或教学参考书。

中国农业出版社出版
地址：北京市朝阳区麦子店街 18 号楼
邮编：100125
策划编辑：刘 梁 李 雪
责任编辑：宋美仙 刘 梁 文字编辑：刘 梁
版式设计：王 晨 责任校对：周丽芳
印刷：中农印务有限公司
版次：2023 年 2 月第 1 版
印次：2023 年 2 月北京第 1 次印刷
发行：新华书店北京发行所
开本：787mm×1092mm 1/16
印张：10 插页：22
字数：320 千字
定价：48.00 元

编写人员名单

主　编　杨再超　廖　雯

编　者（按姓名笔画排序）

左经会　向　红　杨再超　张书东

韩世明　谢　斐　廖　雯

前　言

FOREWORD

植物学野外教学实习是生物科学、农学等专业一门重要的教学实践课程，不仅是学生理解植物学基本知识、获得专业基本技能的渠道，也是学生学习植物学基本研究思路和研究方法，获得终生学习能力的重要途径。

《植物学野外教学实习指导》是根据应用型高校的培养目标、定位、培养规格，针对地方高校实际，对植物学进行教学改革的成果之一，是编者在长期的植物学野外教学实习工作中积累的经验、教训的基础上编写而成。围绕学生获得专业基本技能，提高学生运用植物学知识、专业技能解决实际问题的能力，发展学生的自主学习能力和创新精神，本教材在内容和章节的安排上，以植物学野外实习工作的准备、野外实习的基本技能、科学研究及方法为主线进行编写。由于植物资源具有区域性强的特点，结合编者多年的科研成果，编制了贵州西部常见维管植物分科（属）检索表，对贵州西部常见的103科337种维管植物（其中蕨类植物17科37种，裸子植物7科13种，被子植物79科287种）的主要识别特征进行介绍，每种均配有实地拍摄的彩色照片，便于实习师生使用和有关研究人员参考。

本教材第一章由韩世明编写；第二章第一节、第二节、第三节由廖雯编写，第四节、第五节由杨再超和谢斐编写；第三章由张书东编写；第四章第一节的蕨类植物科属检索表、第二节的蕨类植物部分由向红编写，第一节的裸子植物分科检索表、被子植物分科检索表、第二节的裸子植物和被子植物部分由左经会编写。杨再超和廖雯负责全书的统稿、修改和定稿。在编写过程中参考了国内外相关专家编写的同类教材和相关文献，在此深表谢意！

教材建设是一项长期工作，由于编者水平有限，书中难免存在不足之处，衷心希望同行专家和广大师生提出宝贵意见，以便我们不断改进与完善。

编　者

2022年3月

目　录

CONTENTS

第一章

植物学野外教学实习工作的准备

第一节　植物学野外教学实习的目的、主要内容及基本要求

植物学野外教学实习是生物科学及相关专业人才培养方案中的主要教学内容，是教学计划的主要组成部分，是培养学生理论联系实际、获得专业基本技能、独立分析问题和解决实际问题能力的重要教学环节。植物学野外教学实习不仅能使学生巩固和丰富理论知识、培养独立的工作能力，而且可以使学生更多地认识自然界中植物的多样性，从而激发学生学习植物学的浓厚兴趣，对于培养具有德智体美劳全面发展的社会主义建设者和接班人具有重要的意义。

一、植物学野外教学实习的目的

通过植物学野外教学实习，使学生达到复习、巩固植物学课堂教学理论知识的目的。通过对自然界各种植物形态的观察、解剖，使学生熟练运用植物学形态术语描述植物的形态特征，做到理论与实际联系。

通过植物学野外教学实习，使学生学会植物标本的采集、制作和运用专业工具书、检索表等进行植物的鉴定，获得专业的基本技能。

通过植物学野外教学实习，拓展学生的视野，了解自然界植物的多样性，加深学生对植物界各大类群的认识，掌握种子植物的常见科、大科以及具有重要经济价值的科、属、种的主要特点，认识常见的植物种类，扩大和丰富植物分类学的知识。

通过植物学野外教学实习，开展小专题研究，培养学生发现问题、分析问题和解决实际问题的能力，使学生获得独立的工作能力和终生的学习能力。

通过植物学野外教学实习，使学生了解自然界多样的生态环境，了解植物与环境之间的关系，了解植物群落、植被类型，培养学生热爱自然、保护环境的意识。

通过植物学野外教学实习，培养学生吃苦耐劳、团队协作的精神。

二、植物学野外教学实习的主要内容

掌握植物标本采集、野外记录、植物标本制作技术。

观察植物形态特征，运用植物分类学知识、工具书和植物检索表等对植物进行鉴定。

进行植物与生态环境的观察，观察和了解植物的生长发育、分布和形态变异与生态环境之间的关系，了解常见植物群落的结构，认识常见的植被类型。

根据实习地的植物资源状况，按照兴趣驱动原则，以小组为单位，开展专题调查，学会植物专题调查的基本方法，学习专题调查报告或专题小论文的撰写。

三、植物学野外教学实习的基本要求

为了保证实习工作的顺利进行，达到预期的实习目的，取得令人满意的实习效果，对指导教师及实习学生分别提出以下基本要求。

（一）对指导教师的基本要求

以身作则，率先垂范，对学生严格要求、严格管理。

对学生精心指导，指导学生观察各种生态环境，学习识别、采集、记录、拍照、压制、解剖描述、分类鉴定等知识以及植物科学研究的基本方法。

在学生野外采集作业过程中，关心爱护学生，要根据不同的植被、地形、坡度、地质确定采集路线，危险地段要时刻提示，确保学生的安全。

（二）对实习学生的基本要求

在植物学野外教学实习工作中，每个学生要做到勤动手、勤动脑、勤学习。要求掌握野外植物的采集、记录、拍照和标本压制、制作技术，熟练掌握观察及描述植物特征的方法，掌握应用植物分类知识、工具书、检索表等对植物进行分类鉴定的专业技能，能独立运用检索表鉴定不认识的植物。

掌握植物常见科、重要科的主要鉴别特征，认识实习地点300种以上的植物。

初步学会植物科学的研究方法，以小组为单位开展探索性的小专题研究，学会撰写调查报告或专题小论文。

通过植物学野外教学实习，学生应获得发现问题、分析问题和解决问题的能力。

第二节　植物学野外教学实习地点的选择原则

实习地点的选择是植物学野外实习的前提，实习的目的、要求不同，实习地点的选择是不一样的。一般来说，选择实习地点时应遵循以下原则。

一、地形地貌复杂

地形地貌是自然环境的重要组成，它是地壳在各种外部和内部因素长期作用下的产物，包括地表面起伏的各种类型，如山地、丘陵、高原、平原、盆地等，从而构成植物赖以生存的复杂生态环境条件。在地形地貌复杂、地质构造古老的环境条件下，必然孕育着丰富的植物资源，因此选择其作为实习地点就比较理想。地形地貌与植物种类、植物群落分布和植被类型存在着密切的联系，地形地貌越复杂独特，在这种环境条件下所生长的植物种类越丰富，形成的植物群落和植被类型越多样，越有利于植物学野外教学实习中观察不同环境下的代表植物，了解植物与环境的关系，从而更好地完成实习的各项教学任务。

二、植物资源丰富

植物学野外教学实习的目的是使学生通过野外观察、解剖、比较等了解植物种类的多样性，了解植物与环境的生态关系和植物类群的多样性，培养学生发现问题、分析问题和解决

问题的能力，因此，应将植物种类丰富、区系复杂、群落类型多样作为实习地点选择的重要原则。根据这个原则，理想的实习地点一般应选择在植被覆盖好、生境复杂多样、受破坏和人为干扰少的林场、自然保护区或风景区，这些地方植物资源较丰富。

三、具有基本的背景资料

野外实习地点基本背景资料的收集和积累对野外实习的成败是相当重要的，背景资料一般应包括如下两个方面。

1. 自然概况 自然概况包括实习地的地理位置、海拔高度、地形地貌、气候因素、土壤类型等资料。

2. 植物资源概况 植物资源概况包括实习地点各种植物的资料，特别是高等植物（包括苔藓植物、蕨类植物、裸子植物和被子植物）的资料，最好掌握得尽可能详细些，如植物的种类、数量、分布格局等。在有条件的情况下，一些动物资源的资料也是必要的，这是因为植物和动物之间的关系很密切，植物为动物提供食物和栖息的环境。

四、交通方便

要考虑实习地点交通是否方便，如水路、铁路、汽车能否到达，各种交通工具搭乘转换是否方便。在选择实习地点时，如其他条件基本相同，就要优先选择交通方便的地方，这样既可达到实习的要求，又可节省人力、物力和财力。

五、食宿、工作条件基本具备

植物学野外教学实习的人数多，具备师生食宿和实习工作开展的基本条件是植物学野外教学实习工作的重要保障，如是否具备住宿条件，是否具有植物标本鉴定、压制的地点等。

第三节 植物学野外教学实习的组织及管理

生物科学及相关专业每年均有植物学野外教学实习，实习的队伍较为庞大，为使实习的各项工作顺利开展，达到实习的目的要求，其组织及管理工作就显得极为重要。植物学野外教学实习需抓好以下几个环节的工作。

一、成立植物学野外教学实习的组织机构

在学院的直接领导下，成立由野外实习指导教师组成的野外实习领导小组。选择一名教学经验丰富、威望高的教师担任组长，全面负责组织野外教学实习地点的选择、实习计划的拟订、对外联系、实习工作的准备、实习工作的实施工作（包括交通、安全管理、业务指导、食宿等）。

二、植物学野外教学实习地点的选择及拟订实习计划

在实习领导小组的直接领导下，按照实习地点的选择原则，在实习前1～2个月进行实习地点的考察，确定实习地点，落实实习期间的食宿、办公场地，并组织制订实习计划。

植物学野外实习计划的内容一般包括实习目的及实习要求、野外实习教学体系的构建、实习时间、实习地点、交通保障、实习各阶段的划分、实习学生人数及分组、实习指导教师的组成、实习经费预算、实习物资设备的采购等。

在拟订实习计划时，野外实习教学体系的构建、实习阶段划分是实习计划的重要内容。植物学野外教学实习不仅是学生理解植物学基本知识，获得专业基本技能的渠道，更是学生学习植物学基本研究思路和研究方法，获得终生学习能力的重要途径。围绕提高学生运用植物学知识解决实际问题的能力、发展学生自主学习能力和创新精神的目标，根据植物学野外实习教学体系，将 15 d 的实习分为 3 个阶段，每个阶段时间为 5 d，实施“认识性＋研究性的‘主导—主体’植物学野外实习模式”，具体安排如下。

第一阶段为认识实习，在教师的带领下，学生以小组（每组 12～13 人）为单位，学习在野外对植物采集、观察描述、识别、记录、鉴定、压制等基本专业技能。与此同时，指导教师根据实习地点的植物资源特点拟定研究课题或指导学生设计研究课题提交实习领导小组。

第二阶段为认识性加小专题研究实习。经实习领导小组讨论确定的若干研究课题，按照兴趣驱动的原则由学生各组自行选择。在此阶段，各组学生根据课题制订研究计划，实施课题研究，收集第一手研究资料。研究计划要紧密结合实习地点的植被状况确定考察路线、人员分工（标本采集、拍照、野外记录、压制、鉴定、资料的整理等）。

第三阶段转入实验室，制作植物标本、查阅文献资料、撰写课题研究报告或专题研究小论文、实习考核等。

三、植物学野外教学实习的前期准备工作

（一）召开实习动员会

一般在实习前 2 d，要召开实习师生动员会议，将实习计划（含实习目的、实习地点、实习内容、实习要求、实习时间及交通安排）、实习物资采购、安全防护、实习纪律等作为实习动员会议的主要内容，开好实习动员会议，以保障实习各项准备工作顺利进行和实习工作按照实习计划顺利实施。

（二）实习资料和器材的准备

实习资料和器材是植物学野外教学实习正常开展的必要条件，各实习小组和每个实习生均要认真准备。

1. 实习小组准备的物品

（1）采集标本的工具。植物野外采集记录本、采集签、线团、铅笔、GPS、高枝剪、枝剪、手铲、尖头和平头两用小锄头、钢卷尺等。

（2）制作标本的工具。标本夹、瓦楞纸板、塑柄解剖针、缝衣针、液体胶、变色硅胶、铅笔、橡皮、削笔刀、插排、标本夹绑绳、草纸、包边纸、记录本、采集签、解剖刀、显微镜等。

（3）工具书。《中国植物志》（电子版）、《中国高等植物图鉴》及相关地方植物志、植物学教材、植物学野外实习手册等。

（4）急救药品和生活用品。雄黄粉（防蛇防蚊虫）、盐酸洛哌丁胺胶囊、复方氨酚烷胺片、四季感冒片、甘草片、小柴胡颗粒、维 C 银翘片、藿香正气水等。

2. 个人准备的物品　换洗的衣服、雨披、雨伞、登山鞋、洗衣皂（粉）、洗发水、香皂、毛巾、脸盆、花露水等。

四、植物学野外教学实习的组织实施

1. 召开实习会议　进入实习地点的当天，要召开实习会议，会议的主要内容有两个：一是介绍实习地点的基本情况（自然环境、食宿条件）、作息时间、办公场所、实习纪律等；二是向学生介绍野外观察、采集、编号、记录、鉴定、标本修剪、压制整理等技术，为次日正式开展的野外工作做好充分的准备。

2. 日常管理和教学指导方式　以实习学生分组（每组12～13人）为单位，指导教师每天轮流指导和管理学生的野外实习工作，在观察植物的外部特征时，采用“看、摸、嗅”等启发式教学，教会学生判断植物的分类地位，并利用植物检索表和工具书对植物种类加以识别。

3. 实习考核及实习总结　植物实习成绩＝实习态度（20%）＋认识植物（30%）＋个人总结（10%）＋学习报告（20%）＋合格植物标本数量（20%）。

第四节　植物学野外教学实习中的安全管理及措施

野外采集植物标本是植物学实践教学的一项重要工作。由于野外采集工作所处的环境条件多种多样，情况非常复杂，因此，在采集过程中，防止自然灾害，保证采集人员安全是非常重要的。野外采集工作中必须注意以下几点。

严禁野外用火，防止发生森林火灾；严禁躺在宿舍床上抽烟、乱甩烟头。

野外不乱尝野果，防止食物中毒。例如，山石榴的果实样子像番石榴，但不能吃；马钱的果实好看又有甜味，但有毒；野八角、野生芹菜和家种的八角、芹菜都很近似，误食后就会引起中毒。

野外采集植物标本时，不猎奇探险，危险地段的标本须经老师观察、同意才能前往采集；如遇暴雨，不要在危险处避雨，以防倒塌伤人；要注意山洪，勿沿沟边或低凹处行走，要垂直于山洪方向迅速向山脊转移；雷雨天在野外要防雷击。进入不熟悉的大森林中要防止迷路，如用刀在树上砍个伤口或折些树枝放在路上，万一迷失方向时可作辨认。

爬陡山、下陡坡时，小组人员尽量一字排开，防止碎石滚下的危险。多人上山时，在爬坡或攀登悬崖时，特别是碎石较多的地方，要预防石头滚动碰压后面的人员。在这种情况下，前后人员不能靠得太近，要相距一定距离或排列成水平线上山。

野外防止蛇、虫咬伤。在野外采集标本时，应做好防护工作，如穿鞋，随身带蛇药、棍子或其他捕蛇工具等。当进入深山、草丛、山谷和溪边等毒蛇栖息较多的地方采集标本时，拿一根竹竿或棍棒“打草惊蛇”，将毒蛇驱离，另外可准备雄黄等驱蛇药物。

未经允许不能私自离开实习基地。如有特殊情况，需经指导教师同意后，几个同学结伴同行。

第二章

植物学野外教学实习的基本技能

第一节　种子植物的观察与识别

一、观察种子植物的基本方法

（一）基本观察步骤

观察一种植物属于哪个科、属和种，需要认真细致地观察植物的各部形态特征，观察应遵行先宏观后微观、先整体后局部、先外部后内部的原则，按照一定顺序（如根、茎、叶、花和果实）逐一观察。

1. 对茎质地的观察　首先根据植物茎的质地确定植物是草本植物还是木本植物。如果是草本，它是一年生、二年生，还是多年生草本植物。如果是木本植物，它是灌木，还是乔木；是常绿的，还是落叶的。

2. 对根的观察　在确定植物的性状以后，从根开始观察，判断植物根系的类型，是直根系还是须根系，以及是否有变态类型，如有的话，还需区分是属于哪一类变态（块根、肉质根，还是支柱根、呼吸根、攀缘根、寄生根）。

3. 对茎形态特征的观察

（1）茎的形状观察。茎的节和节间；方形、三棱形、多棱形，还是圆形；实心茎，还是空心茎。

（2）生长习性观察。判断茎是属于直立茎、平卧茎、缠绕茎、攀缘茎还是匍匐茎等，如果有缠绕茎或者有攀缘茎的植物，则为藤本植物。

（3）茎有无变态观察。如有的话，还需区分是属于哪一类变态。地上变态茎类型：茎卷须、枝刺、肉质茎、叶状枝。地下变态茎类型：根状茎、块茎、球茎、鳞茎。同时注意一些特殊的性状观察，如乳汁、芽、树皮、皮孔、皮刺等特征。

4. 对叶的观察　首先判断是单叶还是复叶，如为复叶则需判断出复叶的类型（是三出复叶、掌状复叶、羽状复叶，还是单身复叶；是掌状三出复叶，还是羽状三出复叶；是奇数羽状复叶，还是偶数羽状复叶；是一回羽状复叶、二回羽状复叶，还是多回羽状复叶）；再依次从叶序、托叶、叶形、叶尖、叶基、叶缘、叶裂形状、脉序等方面对叶进行形态观察并描述，再观察叶是否有变态类型，如有的话，还应区分是属于哪一类。

同时要观察叶是光滑的，还是着生有毛状附属物。如果有毛状附属物，要进一步观察毛的着生位置（如叶柄、叶片的背面、腹面等）、毛的颜色（如白色、黄色、棕色等）和毛的类型（如柔毛、茸毛、星状毛等）。

5. 对花的观察 单生花可直接观察，花序则需先判断其类型。

（1）单生花和花序的观察。首先判断是单生，还是花序。如果是花序，要先判断花序类型。

①无限花序：是总状花序、伞房花序、伞形花序、穗状花序、柔荑花序、肉穗花序、头状花序，还是隐头花序；是圆锥花序、复穗状花序、复伞形花序，还是复头状花序。

②有限花序：是螺状聚伞花序、蝎尾状聚伞花序、二歧聚伞花序，还是多歧聚伞花序。

（2）一朵花的观察。一朵花的组成，应由外向内逐层进行解剖（必要时借助放大镜或者体视显微镜）观察。在解剖花的同时，还要注意花各组成部分在花中的排列位置及其相互关系。观察花的结构特征，按照下列顺序进行。

①花性别的观察：是两性花、单性花、杂性花，还是中性花。如果是单性花，则要继续判断是雌雄同株，还是雌雄异株；如果是杂性花，则要判断它杂性同株，还是杂性异株。

②花托形态的观察：是柱状、圆顶状、浅碟状，还是杯状；是否与子房壁愈合，愈合程度如何。

③花被形态特征的观察：

a. 花被类型，是无被、单被，还是双被。若是双被，它是同被，还是异被。

b. 花被的数目、分离、合生情况，花萼、花冠数量，离生还是合生，是否具距。

c. 花冠类型及对称情况，是蔷薇形、漏斗形、十字形、钟形、蝶形、唇形、管状花冠，还是舌状；整齐花（辐射对称），还是不整齐花（两侧对称）。

d. 花被在花托上的着生方式，花萼、花冠是镊合状、覆瓦状，还是旋转状。

④雄蕊群的观察：

a. 雄蕊组成、数量（是定数，还是多数）观察。

b. 雄蕊的排列与着生方式，是螺旋状、轮状，还是束状。如是轮状，有几轮，各轮雄蕊与花冠的位置关系是对生还是互生，雄蕊着生在花冠上，还是完全与花冠分离。

c. 雄蕊类型观察，根据雄蕊的长短不同，判断雄蕊类型（四强雄蕊、二强雄蕊）；根据雄蕊的分离和联合的变化，判断雄蕊类型（单体、二体、多体雄蕊、聚药雄蕊）。

d. 花药与花丝连接方式，是基着、背着，还是“丁”字形着。

e. 花药的开裂方式，是纵裂、横裂、瓣裂，还是顶孔开裂；是向内开裂、向外开裂，还是侧面开裂。

⑤花盘的观察：有无花盘。如花盘存在，花盘是在雄蕊的外面，还是在雄蕊的里面。

⑥雌蕊群的观察：

a. 雌蕊的数目是多少枚。

b. 雌蕊群排列方式，是螺旋状，还是轮状。

c. 雌蕊类型，是单雌蕊、离生单雌蕊，还是复雌蕊。

d. 子房位置，是上位、下位，还是半下位。

e. 胎座类型，是边缘胎座、侧膜胎座、中轴胎座、特立中央胎座、顶生胎座，还是基生胎座。观察胎座类型的方法是用锋利的刀片将子房横切或纵切（被切的子房比较老，胎座常看得更清楚）。

6. 对果实的观察 观察果实的类型，按照下列顺序进行。

①根据是否有子房以外的结构参与果实的形成来判断其是真果，还是假果；根据花中雌

蕊的数目判断是单果，还是聚合果、聚花果（又称复果或花序果）。

②根据果实成熟时果皮的性质，判断是肉果还是干果。若果皮肉质化，常肥厚多汁，则为肉果；若果皮干燥无汁，则为干果。

③如是肉果，进一步观察确认是浆果（瓠果、橙果或柑果）、核果，还是梨果。

④若是干果，进一步观察成熟时果皮是否开裂（裂果），还是不开裂（闭果）。

a. 裂果，进一步判断是荚果、蓇葖果、蒴果，还是角果。若是蒴果，要根据其开裂方式判断是室背开裂、室间开裂、孔裂、盖裂（周裂），还是齿裂。

b. 闭果，进一步判断是瘦果、连萼瘦果、颖果、翅果、坚果、双悬果，还是胞果。

7. 对种子的观察 首先观察果实中种子数量、形状、大小、颜色和种皮表面纹饰等特征，再对种子进行横切和纵切，观察是有胚乳种子，还是无胚乳种子。观察子叶数目是1枚、2枚，还是多枚。

（二）心皮数的判定

在组成花的各部分结构中，花萼、花冠、雄蕊的结构特点通过形态观察即可基本掌握，而雌蕊的特点，特别是组成雌蕊的基本单位——心皮的数目，通过形态观察，有时并不能解决。而准确地判断出一朵花中的雌蕊由多少心皮组成，是鉴定植物和学习植物分类学必须掌握的基本技能之一。

在一朵花中，依据雌蕊的数目及组成每个雌蕊的心皮数目的多少，将雌蕊分为单雌蕊、离生单雌蕊和复雌蕊（合生雌蕊）3种类型。通常判断组成雌蕊的心皮数目，分两步进行，即首先确定雌蕊的类型，再判断组成雌蕊的心皮数目。

在具体观察一朵花时，如果仅由1枚心皮组成的雌蕊，则为单雌蕊。若有多枚心皮，且彼此分离，则为离生雌蕊；同样是多枚心皮，但心皮连合，则为复雌蕊。因此，如果花中只有一个雌蕊时，则该雌蕊可能是单雌蕊，也可能是复雌蕊，必须进一步观察判断。

如在一朵花中只有一个雌蕊，则首先观察花柱和柱头是否分开、开裂或有沟槽等裂缝，如分开、开裂或有沟槽等裂缝，则该雌蕊为复雌蕊；如不分开、不开裂，也无裂缝，则要对雌蕊的子房作一横切面，进一步观察。

在子房横切面上，若观察到1室的子房，胚珠着生在子房室边缘一侧，即沿腹缝线着生的，则为1心皮形成1室，应为边缘胎座。若观察到1室的子房，胚珠在子房室边缘呈2行以上，说明此雌蕊为复雌蕊，子房室由2个以上心皮边缘愈合形成，胚珠着生的行数和腹缝线数（心皮边缘愈合处，即凹陷处）等于心皮数，其胎座为侧膜胎座。在子房横切面上，虽然观察到1室的子房，但子房室中央有1短轴，且胚珠在短轴上，说明该子房是多心皮构成的，其1室的子房是由于多室的子房室纵隔消失形成的，其胎座是特立中央胎座，其心皮数等于腹缝线（心皮边缘愈合处，即凹陷处）数。在子房横切面上，观察到多室子房、胚珠着生在中轴上的，其心皮数等于子房室数，其胎座是中轴胎座。此外，还可以根据在子房横切面上所观察到的腹缝线的数量，观察子房外形时所见的纵沟数配合判断心皮数。

把上面的观察方法综合起来灵活地使用，不仅可以准确地确定雌蕊的类型，而且还可以准确地判别出子房室数、心皮数目。此外，还能同时观察到胎座类型等多个解剖特征。据此，就可以准确地对植物进行检索鉴定，还可以为准确写出植物花程式和为绘制花图式提供依据。

二、描述种子植物的基本方法及科学形态术语

（一）描述种子植物的基本方法

1. 文字描述　通过对植物认真而细致的系统观察，将结果用植物学专业术语对所观察的植物特征进行归纳和总结，是描述植物的主要内容。

对一种植物的完整描述，其顺序大体上按照植物的习性、根、茎、叶、花序、花、果实、种子、花期、产地、生境、分布、用途等以文字进行描述。以圆叶牵牛的描述作为示例：

圆叶牵牛 *Ipomoea purpurea* (Linnaeus) Roth

一年生缠绕草本，茎上被倒向的短柔毛杂有倒向或开展的长硬毛。叶圆心形或宽卵状心形，基部圆，心形，顶端锐尖、骤尖或渐尖，通常全缘，两面疏或密被刚伏毛；叶柄毛被与茎同。花腋生，单一或2～5朵着生于花序梗顶端成伞形聚伞花序，花序梗比叶柄短或近等长，毛被与茎相同；苞片被开展的长硬毛；花梗被倒向短柔毛及长硬毛；萼片近等长，外面3片长椭圆形，渐尖，内面2片线状披针形，外面均被开展的硬毛，基部更密；花冠漏斗状，紫红色、红色或白色，花冠管通常白色，瓣中带于内面色深，外面色淡；雄蕊与花柱内藏；雄蕊不等长，花丝基部被柔毛；子房无毛，3室，每室2胚珠，柱头头状；花盘环状。蒴果近球形，3瓣裂。种子卵状三棱形，黑褐色或米黄色，被极短的糠秕状毛。

我国大部分地区有分布，生于平地至海拔2 800 m的田边、路边、宅旁或山谷林内，原产热带美洲，广泛引植于世界各地，或已成为归化植物。

2. 图形描述　通过线条图形，将植物的真实情况描述出来。这种描述很直观、形象、真实，有的时候比文字描述更加重要，但所绘图的质量必须好。绝大多数植物志都采用在文字的基础上，辅以图的形式。随着现代数码技术的普及与发展，植物原色照片的应用也越来越普及，但仍不能取代图的作用。

3. 花的特征描述

（1）花图式描述法。用横切面的简图表示花的各部分的数目、离合和排列关系，称为花图式。

它的优点是能较形象地反映出各部分的结构与排列，缺点是需绘图，故记载稍繁且费时，同时不能表达出子房的着生情况及胚珠数等纵向结构。具体详见植物学教材。

（2）花程式描述。以字母、数字、符号等表示花结构的一种方式。它的优点是能迅速简明表示出花各部分的结构，缺点是不能完全反映出萼片、花瓣等的位置排列关系。具体方法是由外至内依次解剖观察并进行记述。详见植物学教材。

以百合花花程式为例：$* P_{3+3} A_{3+3} \underline{G}_{(3:3)}$。

（二）种子植物的科学形态术语

1. 根　大多数植物的根生长在土壤中，不分节与节间，不生叶、芽和花。

（1）根系。

①直根系：有垂直向下生长的主根。主根由胚根发育而来，因其着生于茎干基部，有一定生长部位，故又名定根。主根通常较发达，长圆锥状，有分枝。主根的分枝为侧根，侧根的分枝为支根，支根的分枝为小根，小根先端部分着生根毛。由主根、侧根、支根、小根、根毛所组成的整个根系，称为直根系。直根系是许多双子叶植物（如棉花等）的外形特征

之一。

②须根系：无垂直向下生长的主根。主根停止生长或生长缓慢，代之而起的是位于茎干基部，由多数纤细且无一定着生部位的不定根所组成的须根。须根系是许多单子叶植物（如小麦等）的主要外形特征之一，亦有少数双子叶植物（如龙胆等）的根是须根系的。

（2）根的变态。所谓变态，是指植物营养器官在形态、构造或生理功能上发生的变化。根的变态可分为以下几种。

①肉质根：主根、侧根和不定根都可以发生变态，肉质根储藏大量养分。根据肉质根的外形，又分为3种。

a. 圆锥根，由主根发育而成，故一株仅有一个肉质根，如胡萝卜。

b. 块根，由侧根或不定根经过增粗生长发育而成。因此在一株植物上，可以形成许多块根，如甘薯。

c. 纺锤形根，由主根或侧根发育而成的纺锤状肉质根，故一株不止一个肉质根，如天门冬。

②气生根：生长在地面以上、暴露在空气中的各种不定根。根据作用不同，又可分为支柱根、攀缘根和呼吸根。

a. 支柱根，一些浅根系的植物，茎基部节上发生许多不定根，向下伸入土壤中形成能够支持植物的辅助根系，故称支柱根，如玉米。

b. 攀缘根，在它们细长的茎上，可生长许多气生根。由于能分泌黏液，故有固着于他物之上而向上攀登的能力，所以称攀缘根，如凌霄。

c. 呼吸根，一些生长在海滩和湖沼的植物，由于在泥水中呼吸困难而产生部分垂直向上伸出地面的呼吸根，如红树。

③寄生根：有些营寄生生活的被子植物，以其茎缠绕在寄主的茎上，同时产生许多吸器伸入寄主茎内，它们的维管组织和寄主的维管组织是相通的，因此它能吸取寄主体内的水分和养料，如菟丝子。

④水生根：垂生于水中，纤细，柔软而内面常带绿色，如乌菱。

2. 茎 茎为植物的主干，一般生于地上或部分生于地下，有节和节间；生叶、芽和花。茎的主要功能是输导和支持，亦有储藏等功能。

（1）茎的外形。一般正常的茎主要由下列各部分组成。

①芽：芽是未萌发的茎、枝或花。位于茎顶端的为顶芽，位于旁侧叶腋的为侧芽或腋芽。此外尚有一种不定芽，这种不定芽不是茎枝固有的，而是以后自节间等处发出的，它既可以于根上产生（如甘薯），也可以从叶上产生（如落地生根），所以不定芽不能作为辨别茎枝的形态特征。顶芽萌发成为植物的主干或顶枝，侧芽萌发成为植物的支干或侧枝，但亦有长期不萌发的休眠芽与位于主芽侧的副芽。

根据芽的着生位置、性质、保护状况和生理活动状态等，芽又可以分为许多种类型。按着生位置分为顶芽、腋芽（正芽、副芽）、不定芽；按性质分为枝芽、花芽、混合芽；按保护状况分为鳞芽、裸芽；按生理活动状态分为休眠芽、活动芽。

②节和节间：茎上着生叶的位置称节，两节之间称节间。

③长枝和短枝：由于茎的节间长短不同，一般来讲，枝条的节间显著的都称长枝，如加杨。有些植物节间比较短，便形成短枝，如银杏。

④叶痕和束痕：叶脱落后，叶柄在茎上留下的痕迹，称叶痕。叶痕的形状，往往是冬季识别植物的重要依据，如旱柳的叶痕为弯曲线状。束痕是指叶痕内由茎通到叶内的维管束痕迹。束痕的排列形式和数目，也是识别植物种类的依据，如连翘具2个束痕，而黄檗具3个束痕。

⑤芽鳞痕和托叶痕：芽鳞脱落后在茎上留下的痕迹称芽鳞痕。托叶脱落后在茎上留下的痕迹称托叶痕，如玉兰的环状托叶痕。

⑥皮孔和髓：在茎的表面见到的一些圆形、椭圆形、长线形的斑点，就是皮孔。它的作用是和外界交换气体。皮孔的形状、颜色和数目的多少，往往是冬季识别植物种类时的依据。

髓位于茎的中心，是由基本分生组织发展来的。髓的形状和颜色是识别木本植物的重要依据。例如，苹果的髓为圆形，而毛白杨的髓为五角形；葡萄属植物的髓为褐色，而蛇葡萄属植物的髓为白色；茎中空的（髓在生长过程中被毁坏）如金银花，茎具片状髓的如胡桃。

（2）茎的种类。

①根据茎的质地可分为草质茎和木质茎。

a. 草质茎，木质部不甚发达的茎，通常较柔软，易折断，外表常呈绿色，具有此种茎的植物称为草本植物，如水稻。

b. 木质茎，木质部发达的茎，茎干坚硬，具有此种茎的植物称为木本植物，如日本晚樱。木本植物又分为以下4种。

乔木：植株高大，主干明显，分枝的位置较高，如厚朴。

灌木：植株矮小，主干不明显，分枝的位置靠近地面，如月季。

木质藤本：植株又长又大，柔韧，上升必须依附他物，如金银花。

亚灌木：介于草本和灌木之间的一种类型。茎的下部为木质茎，多年生，而茎的上部为草质，如百里香。

②根据茎的横切面形状可分为圆形、三棱形、四棱形和多棱形。

a. 圆形，茎的横切面为圆形，在自然界中大多数植物的茎为圆形。

b. 三棱形，茎的横切面为三棱形，如莎草科的植物大多数为三棱形的茎。

c. 四棱形，茎的横切面为四棱形，如唇形科的植物大多数为四棱形的茎。

d. 多棱形，茎的横切面为多棱形，如旱芹。

③根据茎的生长习性可分为直立茎、缠绕茎、攀缘茎、匍匐茎和平卧茎。

a. 直立茎：茎的生长与地面垂直。在自然界，大多数种子植物的茎都是直立茎。

b. 缠绕茎：茎幼时较柔软，不能直立，以茎本身缠绕于其他支撑物上向上生长，如圆叶牵牛等。

c. 攀缘茎：茎幼时较柔软，生长细长，不能直立，常以卷须、气生根、钩刺或吸盘等特有结构攀缘于他物之上，借支撑物向上生长，如葡萄等。

凡具有缠绕茎和攀缘茎的植物，不论是草本或木本，都统称为藤本植物。

d. 匍匐茎：茎细长而柔弱，伏地蔓延，水平生长，如草莓等。一般节间较长，多数节上能生不定根和芽，常以此特性进行营养繁殖。

e. 平卧茎：茎细长而柔弱，伏地蔓延，水平生长，但节上不生长不定根，如地锦等。

④根据茎的分枝情况可分为单轴、合轴、假二叉分枝和分蘖。

a. 单轴分枝，主干也就是主轴，总是由顶芽不断地向上伸展而成，这种分枝形式称为单轴分枝，也称为总状分枝，如雪松。

b. 合轴分枝，主干的顶芽在生长季节中，生长迟缓或死亡，或顶芽为花芽，就由紧接着顶芽下面的腋芽伸展，代替原有的顶芽，每年同样地交替进行，使主干继续生长，这种主干是由许多腋芽发育而成的侧枝联合组成，所以称为合轴。合轴分枝所产生的各级分枝也是如此，如桃。

c. 假二叉分枝，具对生叶的植物，在顶芽停止生长后，或顶芽是花芽，在花芽开花后，由顶芽下的两侧腋芽同时发育成二叉状分枝，如茉莉花、石竹。

d. 分蘖，由地面下和近地面的分蘖节（根状茎节）上产生腋芽，以后腋芽形成具不定根的分枝方式，如普通小麦。

（3）茎的变态。茎变态可分为地上和地下两种类型，常见的地上茎变态有肉质茎、叶状茎、茎卷须、枝刺，常见的地下茎变态有根状茎、块茎、球茎、鳞茎等。

①肉质茎：茎肥大多汁，常为绿色，有扁圆形、柱状、球形等多种形态，既可储藏水分和养料，也可进行光合作用，如仙人掌等。

②叶状茎：茎变态成绿色的叶状体，叶完全退化或不发达，而由叶状枝代替叶片，其上有明显的节和节间，能进行光合作用，如文竹等。

③茎卷须：茎变态成卷须，多发生在叶腋，如葡萄等。亦有些植物的茎卷须在生长后期的位置会发生扭转，如葡萄的茎卷须是由顶芽形成的，然后腋芽代替顶芽继续发育，向上生长，使茎成为合轴式生长，因而将茎卷须挤到与叶相对的位置上。

④枝刺：由腋芽发育成具保护功能的刺，称为茎刺，如皂荚等。有些植物的刺是由表皮变成的，称为皮刺，如蔷薇等。

⑤根状茎：匍匐生长于土壤中，外形很像根，但具有明显节和节间，节上有鳞片状退化的叶，常呈膜状，其内方生有腋芽，可发育成地上枝或地下分枝，同时节上还有不定根，如万寿竹。

⑥块茎：块茎实际上是节间短缩的地下茎的变态。如马铃薯块茎，其上有顶芽，叶退化脱落后留有叶痕，其腋部是凹陷的芽眼，每个芽眼内有 1 至多个腋芽，所以块茎是茎的变态，有叶痕和芽眼处即为节，纵向两芽眼之间为缩短的节间。

⑦球茎：球形或扁球形的肉质地下茎或半地下茎，节和节间明显，如慈姑等。

⑧鳞茎：一种扁平的地下茎，上面生有许多肉质肥厚的鳞片叶，鳞片叶腋内具芽，如百合等。

3. 叶 叶是制造有机物的营养器官，是植物进行光合作用的场所。叶多为薄的绿色扁平状体，一般着生在茎节上。叶形态是多种多样的，是鉴别植物种类的重要依据。

（1）叶的组成。一片完全叶由叶片、叶柄和托叶三部分组成。缺少其中任何一部分时，称为不完全叶。

（2）叶的外形。

①叶片的形状：即叶形，类型极多。就一个叶片而言，上端称为叶尖，基部称为叶基，周边称为叶缘，贯穿于叶片内部的维管束则为叶脉，这些部分亦有很多变化。

a. 叶形，即叶片的全形或基本轮廓，常见的有以下一些。

倒阔卵形：长宽近相等，最宽处近上部的叶形，如玉兰。

圆形：长宽近相等，最宽处近中部的叶形，如莼菜。

阔卵形：长宽近相等，最宽处近下部的叶形，如枳椇。

倒卵形：长为宽的 1.5～2 倍，最宽处近上部的叶形，如枇杷。

阔椭圆形：长为宽的 1.5～2 倍，最宽处近中部的叶形，如大叶黄杨。

卵形：长为宽的 1.5～2 倍，最宽处近下部的叶形，如向日葵。

倒披针形：长为宽的 3～4 倍，最宽处近上部的叶形，如栀子。

长椭圆形：长为宽的 3～4 倍，最宽处近中部的叶形，如海棠花。

披针形：长为宽的 3～4 倍，最宽处近下部的叶形，如香石竹。

线形：长为宽的 5 倍以上，最宽处近中部的叶形，如普通小麦。

剑形：长为宽的 5 倍以上，最宽处近下部的叶形，如唐菖蒲。

除了以上基本叶形外，尚有许多其他特殊叶形如三角形、戟形、箭形、心形、肾形、菱形、匙形、镰形等。

b. 叶尖，即叶片的上端，常见的有以下一些。

芒尖：上端两边夹角小于 30°，先端尖细，如知母。

骤尖：上端两边夹角为锐角，先端急骤于尖狭，如虎杖。

尾尖：上端两边夹角为锐角，先端渐趋于狭长，如山杏。

渐尖：上端两边夹角为锐角，先端渐趋于尖狭，如山樱桃。

锐尖：上端两边夹角为锐角，先端两边平直而趋于尖狭，如女贞。

凸尖：上端两边夹角为钝角，而先端有短尖，如堆花小檗。

钝形：上端两边夹角为钝角，先端两边较平直或呈弧线，如厚朴。

截形：上端平截，即略近于平角，如鹅掌楸。

微凹：上端向下微凹，但不深陷，如白苋。

倒心形：上端向下极度凹陷，而呈倒心形，如红花羊蹄甲。

c. 叶基，即叶片的基部，常见的有以下一些。

楔形：基部两边的夹角为锐角，两边较平直，叶片不下延至叶柄的叶基，如栀子。

渐狭：基部两边的夹角为锐角，两边弯曲，向下渐趋尖狭，但叶片不下延至叶柄的叶基，如八角。

下延：基部两边的夹角为锐角，两边平直或弯曲，向下渐趋狭窄，且叶片下延至叶柄下端的叶基，如鼠麴草。

圆钝：基部两边的夹角为钝角，或下端略呈圆形的叶基，如蜡梅。

截形：基部近于平截，或略近于平角的叶基，如桐叶千金藤。

箭形：基部两边夹角明显大于平角，下端略呈箭形，两侧叶耳较尖细的叶基，如慈姑。

耳形：基部两边夹角明显大于平角，下端略呈耳形，两侧叶耳较圆钝的叶基，如琴叶榕。

戟形：基部两边的夹角明显大于平角，下端略呈戟形，两侧叶耳宽大而呈戟刃状的叶基，如菠菜。

心形：基部两边的夹角明显大于平角，下端略呈心形，两侧叶耳宽大圆钝的叶基，如仙客来。

偏斜形：基部两边大小形状不对称的叶基，如秋海棠。

d. 叶缘，即叶片的周边，常见的有以下一些。

全缘：周边平滑或近于平滑的叶缘，如女贞。

睫状：缘周边齿状，齿尖两边相等，而极细锐的叶缘，如石竹。

细锯齿：缘周边齿状，齿尖两边不等，通常向一侧倾斜，齿尖细锐的叶缘，如石楠。

锯齿：缘周边锯齿状，齿尖两边不等，通常向一侧倾斜，齿尖粗锐的叶缘，如鸡爪槭。

钝锯齿：缘周边锯齿状，齿尖两边不等，通常向一侧倾斜，齿尖较圆钝的叶缘，如地黄。

重锯齿：缘周边锯齿状，齿尖两边不等，通常向一侧倾斜，齿尖两边亦呈锯齿状的叶缘，如美丽绣线菊。

波状：叶边缘略有凹凸，曲线起伏似波浪，如槲树。

e. 叶脉，即叶片维管束所在处的脉纹，常见的有以下一些。

二歧分枝脉：叶脉做二歧分枝，不呈网状亦不平行，通常自叶柄着生处发出，如银杏。

掌状网状脉：叶脉交织成网状，主脉数条，通常自近叶柄着生处发出，如蓖麻。

羽状网状脉：叶脉交织成网状，主脉一条，纵长明显，侧脉自主脉两侧分出，并略呈羽状，如毛白杨。

辐射平行脉：叶脉不交织成网状，主侧脉皆自叶柄着生处分出，而呈辐射走向，如棕榈。

羽状平行脉：叶脉不交织成网状，主脉一条，纵长明显，侧脉自主脉两侧分出，而彼此平行，并略呈羽状，如芭蕉。

弧状平行脉：叶脉不交织成网状，主脉一条，纵长明显，侧脉自叶片下部分出，并略呈弧状平行而直达先端，如薯蓣。

直出平行脉：叶脉不交织成网状，主脉一条，纵长明显，侧脉自叶片下部分出，并彼此近于平行，而纵直延伸至先端，如玉蜀黍。

三出叶脉：从叶片的基部伸出 3 条明显的叶脉，如樟。

②叶柄：为着生于茎上，以支持叶片的柄状物。叶柄除有长、短、有、无的不同外，按着生方式主要分为两类。

基着：叶柄上端着生于叶片基部边缘，如翅柄马蓝。

盾着：叶柄上端着生于叶片中央或略偏下方，如莼菜。

③托叶：为叶柄基部或叶柄两侧或腋部所着生的细小绿色或膜质片状物。托叶通常先于叶片长出，并于早期起着保护幼叶和芽的作用。托叶的有无、托叶的位置与形状，常随植物种属而有不同，因此亦为植物鉴定时需要给予适当注意的形态特征之一。常见的托叶有：离生托叶，即托叶和叶柄分离，如苹果；托叶与叶柄基部结合，如月季；托叶成叶状，如豌豆；托叶成鞘状（托叶鞘），如头花蓼；托叶成卷须状，如菝葜；叶柄间托叶，如茜草；托叶成刺状，如槐。

（3）叶的缺刻。叶的边缘不齐，凹入和突出的程度较齿状缘大而深的，称为缺刻。缺刻的形式和深浅又有多种。

①依缺刻的形式分为 2 种。

羽状缺刻：裂片成羽状排列，如蒲公英。

掌状缺刻：裂片呈掌状排列，如三球悬铃木。

②依裂入的深浅分为 3 种。

浅裂：也称半裂，缺刻很浅，最深达到叶片的 1/2，如茄。

深裂：缺刻较深，缺刻超过叶片的 1/2，如荠。

全裂：也称全缺，缺刻极深，可深达中脉或叶片基部，如乌头叶蛇葡萄。

因此，羽状缺刻和掌状缺刻都可根据缺刻深浅，再分羽状浅裂、羽状深裂、羽状全裂、掌状浅裂、掌状深裂、掌状全裂。

（4）单叶和复叶。

①单叶：叶柄上只有 1 片叶的，不管叶片边缘有无分裂，都为单叶。叶柄的基部有芽。

②复叶：叶柄上生有 2 片以上的叶片，称为复叶。复叶上的各个叶片，称为小叶，小叶以明显的小叶柄着生于总叶柄上，并呈平面排列，小叶柄腋部无芽，有时小叶柄尚有小托叶。根据小叶在总叶柄上的排列方式，分为 4 种。

a. 羽状复叶，3 枚以上小叶，在总叶柄两侧相对排列。根据总叶柄分枝的情况可分为一回羽状复叶、二回羽状复叶、三回羽状复叶；根据组成复叶的小叶数目又可分为奇数羽状复叶和偶数羽状复叶。

b. 掌状复叶，3 枚以上小叶，着生在总叶柄顶端，呈掌状，如鹅掌柴。根据总叶柄的分枝情况可分为一回掌状复叶、二回掌状复叶等。

c. 三出复叶，3 枚小叶着生在总叶柄上，根据小叶叶柄的长短，可将其分为掌状三出复叶（如酢浆草）和羽状三出复叶（如迎春花）。

d. 单身复叶，是一种特殊形状的复叶，只有一枚小叶，与总叶柄间关节明显，叶轴向两侧延展成翅状，如柑橘。

（5）叶的质地。常见的有以下 5 种类型。

①革质：叶片的质地坚韧而较厚，如荷花木兰。

②纸质：叶片的质地柔韧而较薄，如桃。

③肉质：叶片的质地柔软而较厚，如落葵。

④草质：叶片的质地柔软而较薄，如薄荷。

⑤膜质：叶片的质地柔软而极薄，如麻黄。

（6）叶序。植物叶在茎上排列的方式及规律，可分为以下 5 种。

①互生：茎的每个节上只着生 1 片叶，如海桐。

②对生：茎的每个节上相对着生 2 片叶，如木犀。

③轮生：茎的每个节上着生 3 片以上的叶，排成一轮，如葎草。

④簇生：多枚叶着生于一短缩茎上，如银杏。

⑤基生：多枚叶着生于茎基部近地面的茎上，如蒲公英。

（7）叶的变态。

①苞叶：即叶仅有叶片，着生于花轴、花柄或花托下部的叶。通常着生花序轴下的苞叶称为总苞叶，着生于花柄或花托下部的苞叶称为小苞叶或苞片。

②叶状柄：即叶片完全退化，叶柄扩大呈绿色叶片状的叶，如台湾相思。

③捕虫叶：有些植物的叶变态成盘状或瓶状，为捕食小虫的器官，称捕虫叶，具有捕虫叶的植物，称食虫植物，如猪笼草。

④叶刺：由叶和托叶变态为刺状，如仙人掌。

⑤叶卷须：由叶或叶的一部分变态为卷须，如豌豆。

⑥鳞叶：叶特化或退化成鳞片状，如包在鳞芽外的芽鳞，如玉兰。鳞茎上的肉质肥厚呈鳞片状叶，如洋葱。膜质而呈鳞片状叶，如蒜。

（8）营养器官上的其他特征。

①刺：根据刺的来源不同，可分为以下4种。

a. 枝刺，由枝特化而成的刺，如卵叶鼠李。

b. 皮刺，由植物的表皮突起而形成的刺。由于这种刺没有维管束和内部的维管束相连，易剥落，如月季花。

c. 叶刺，由叶特化而成的刺，如仙人掌。

d. 托叶刺，由托叶特化而成的刺，如槐。

②乳汁：有的植物叶具白色乳汁，如青羊参。

③毛：毛在鉴别植物种类时是比较重要的特征，常见有以下几种。

a. 丁字毛，单毛横生，中间具一短柄者，如尖叶木蓝。

b. 星状毛，毛分枝成星状，如蜀葵。

c. 短柔毛，毛短而柔软，如繁缕。

d. 绵毛，毛柔软，白色，如狗舌草。

e. 刺毛，为一种硬毛，如丽江毛连菜。

f. 腺毛，毛的顶端膨大，可以分泌挥发物和黏液，如天竺葵。

g. 鳞片状毛，毛成片状，如胡颓子。

4. 花　一朵典型花，由花柄、花托、花被（花萼和花冠的总称）、雄蕊群、雌蕊群5个部分组成。

（1）花柄。花柄为花的支持部分，花朵和茎相连的短柄。其上着生的叶片，称为苞叶、小苞叶或小苞片。

（2）花托。花托是花柄膨大的顶端，是花萼、花冠、雄蕊群、雌蕊群的着生处。花托的特化形态有以下4种。

①花盘：花托在雌蕊基部形成膨大的盘状，如柑橘。

②雌雄蕊柄：花托在花冠以内的部分伸长，支持雄蕊和雌蕊的柄，如苹婆。

③花冠柄：花托在花萼以内的部分伸长，支持花冠、雄蕊、雌蕊的柄，如石竹。

④雌蕊柄：花托在雌蕊基部向上延伸成柄状，把雌蕊的位置抬高，这个延长的部分称雌蕊柄，如白花菜。落花生的雌蕊柄在花完成受精作用后迅速延伸，将先端的子房插入土中，形成果实，所以也称为子房柄。

（3）花被。花萼和花冠的总称。

①花萼：为花朵最外层着生的片状物，通常绿色，每个片状物称萼片。萼片有离萼、合萼、整齐萼、不整齐萼、早落萼、落萼、宿萼之分，常变态为下列两种类型。

a. 萼距，花萼一边引伸成短小管状突起成距状，如旱金莲。

b. 冠毛，萼片特化为毛状，分为单毛状、羽毛状、鳞片状、钩刺状几种形态。

②花冠：位于花萼的内面或上面着生的片状物，每个片状物体称花瓣，由若干花瓣组成花冠。有颜色，或有香气，或有蜜腺可以分泌蜜汁。花瓣有离花瓣、合花瓣之分。根据花瓣的脱落情况，有早落冠、落冠和宿冠之分。花冠也形成距。

a. 花冠的类型。

十字形花冠：花瓣4枚，对角线排成“十”字，如白菜。

蝶形花冠 ：花瓣5枚，其中旗瓣1，翼瓣2，龙骨瓣2，下向覆瓦状排列，似蝶形，如槐花。假蝶形花冠也属于花瓣分离的花冠，如云实。

蔷薇状花冠：花瓣5枚，等大，如桃花。

轮状花冠：花冠筒很短，花冠平展，似轮状，如番茄。

漏斗状花冠：下部筒状，渐渐向上扩大成漏斗状，如牵牛。

钟状花冠：花冠筒宽且短，如桔梗。

筒状花冠：基部连合成筒，上部分离成裂片，如向日葵的盘花。

舌状花冠：花冠管短，花冠上部平展成舌状，如蒲公英。

唇形花冠：花冠基部连合成筒状，顶端分离成二唇形，上唇二裂，下唇三裂，如薄荷。

b. 花瓣的排列方式，组成花冠的花瓣数目常随植物种类的不同而不同，花瓣间的排列方式也因种而异，一般花蕾初放时较为明显，常做分类的依据。常见花瓣的排列方式有镊合状、覆瓦状和旋转状等。

镊合状：花瓣（裂）片边缘彼此互不覆盖，状如镊合，如茄。若花瓣（裂）片边缘向内弯则为向内镊合状，若花瓣（裂）片边缘向外弯则为向外镊合状。

旋转状：花瓣片彼此依次覆盖，状如包旋，如木槿。

覆瓦状：花瓣片中的一片或一片以上覆盖其邻近两侧被片，状如覆瓦，如夏枯草。

（4）雄蕊群。一朵花中雄蕊的总称，由一定数目的雄蕊组成，雄蕊为紧靠花冠内部所着的丝状物，其下部称为花丝，花丝上部两侧有花药，花药中有花粉囊，花粉囊中储有花粉粒，而两侧花药间的药丝延伸部分则称为药隔。

a. 雄蕊的类型。

四强雄蕊：一朵花中有6枚雄蕊，彼此分离，外轮2枚较短，内轮4枚较长，如芸薹。

二强雄蕊：一朵花中有4枚雄蕊，彼此分离，2枚雄蕊长，2枚雄蕊短，如益母草。

单体雄蕊：一朵花中雄蕊多数，于花丝下部彼此连合成管状，如蜀葵。

二体雄蕊：一朵花中雄蕊10枚，于花丝下部连合成2束，如豌豆。

多体雄蕊：一朵花中雄蕊多数，花丝连合成多束，如金丝梅。

聚药雄蕊：一朵花中雄蕊5枚，花药甚至上部花丝彼此连合成管状，如旋覆花。

b. 花药的着生，雄蕊的花药位于花丝顶端，成囊状膨大且花粉粒在其中发育成熟。花药在花丝中的着生方式有以下几种类型。

基着药：花药仅以其基部着生于花丝的顶端，如莲。

背着药：花药背部着生于花丝上，如苹果。

丁字药：花药以其背部的中部与花丝相连，如百合。

个字药：即花丝着生在药隔顶部，花药叉开，形如“个”字，如凌霄。

全着药：花药背部全部贴在花丝上，如玉兰。

c. 花药的开裂方式。

孔裂：花药顶部孔状开裂，如龙葵。

瓣裂：药室有2个或4个瓣状盖，瓣盖打开时花粉散出，如樟。

纵裂：花药由上至下纵向开裂，如白菜。

（5）雌蕊群。一朵花中雌蕊的总称。每一雌蕊由子房、花柱和柱头组成。雌蕊构成的基本单位是心皮，是具有生殖作用的变态叶。若将子房切开，则所见空间为子房室，室的外侧为子房壁，着生在子房内的小珠或小囊状物为胚珠，胚珠着生的位置为胎座，胎座的上下延伸线为腹缝线，而腹缝线的对侧是背缝线。

①柱头：是接受花粉的部位，一般膨大或扩展成各种性状，柱头的表皮细胞有延伸成乳头、短毛，或长形分枝茸毛的。

a. 湿柱头，表面湿润，表皮细胞分泌水分、糖类、脂类、酚类、激素、酶等，可以黏住更多的花粉。

b. 干柱头，柱头干燥，柱头表面存在亲水性的蛋白质薄膜。

②花柱：柱头与子房间的连接部分，也是花粉管进入子房的通道。多数植物花柱的中央为引导组织所填充；也有的花柱中央是空心的管道——花柱道。无论是哪一种情况，当花粉管沿着花柱生长并进入子房时，花柱能为花粉管的生长提供营养物质和某些趋化物质。

③子房：子房是雌蕊基部的膨大部分，着生在花托上。

子房壁：内外壁上有表皮、气孔和茸毛；在背、腹缝线分布。

子房室：单雌蕊仅有一室；复雌蕊的子房室数决定于各心皮的愈合状况以及心皮的数目。

a. 子房的位置。

子房上位：子房着生于凸出或平坦的花托上，而侧壁不与花托愈合。由于花的其他部分的基部位于子房下面，所以又称为子房上位花下位，如玉兰。

子房周位：子房着生于凹陷的花托上，而侧壁不与花托愈合。由于花的其他部分的基部位于子房四周，所以又称为子房上位花周位，如杏。

子房半下位：子房的下半部陷生于花托中，并与花托愈合，子房的上半部仍外露，花的其余部分着生于子房周围花托边缘，故又称为子房半下位花周位，如石楠。

子房下位：子房着生于凹陷的花托上，而侧壁与花托愈合。由于花的其他部分的基部位于子房上面，所以又称为子房下位花上位，如丝瓜。

b. 胚珠的类型。

直生胚珠：珠被各部分均匀地生长，而珠柄在下、珠孔在上，珠柄、珠孔、合点可连成一直线，如侧柏。

横生胚珠：胚珠在形成时一侧生长速度较快，使胚珠在珠柄上呈 90°扭转，胚珠和珠柄之间呈直角，珠孔偏向一侧，如锦葵。

弯生胚珠：胚珠下部保持直立，而上部扭转，使胚珠上半部弯曲，珠孔朝下，向着基部，但珠柄并不弯曲，如豌豆。

倒生胚珠：胚珠的珠柄细长，整个胚珠做 180°扭转，呈倒悬状，珠心并不弯曲，珠孔的位置在珠柄基部一侧，靠近珠柄的外珠被常与珠柄贴合，形成一条向外突出的隆起，称为珠脊，大多数被子植物的胚珠属于这一类型。

c. 胎座的类型。

边缘胎座：心皮 1 枚，自行于边缘愈合成单室子房，胚珠着生于子房内侧壁的腹缝线上，如豌豆。

侧膜胎座：心皮数枚，自行于边缘愈合成单室复子房，胚珠着生于相邻的两个心皮的腹缝线上，如黄瓜。

中轴胎座：心皮数枚，彼此愈合成多室复子房，胚珠着生于子房的中轴上，如百合。

中央胎座：心皮数枚，彼此愈合成单室复子房，胚珠着生于子房的中央。特立中央胎座为胚珠多枚着生于子房中柱上的中央胎座，如繁缕；顶生胎座为胚珠 1 枚着生于子房室顶上的中央胎座，如桑；基生胎座为胚珠 1 枚着生于子房基部的中央胎座，如向日葵。

d. 雌蕊的类型。

单雌蕊：一朵花中只有一个心皮构成的雌蕊，如大豆。

离生单雌蕊：一朵花中具 2 个以上心皮，各自于边缘形成分离的雌蕊，如毛茛。

复雌蕊：一朵花中只有一个由 2 个以上心皮合生形成的雌蕊，如陆地棉。

（6）花的类型。

①按组成划分。

a. 完全花，由花柄、花托、花被、雄蕊群、雌蕊群组成的花，如桃。

b. 不完全花，缺乏花柄、花托、花被、雄蕊群、雌蕊群中的某一或数个组成的花，如垂柳。

②按性别划分。

a. 两性花，一朵花中，同时具有雄蕊和雌蕊，如毛茛。

b. 单性花，一朵花中，只有雄蕊或雌蕊，如黄瓜。其中又有下列 3 种情况：雌雄同株，即雌花和雄花同时着生在一株植物上，如南瓜；雌雄异株，即雌花与雄花分别着生于不同株的植物上，如银杏；杂性同株，即雌花、雄花、两性花同时着生在一株植物上，如番木瓜。

c. 中性花，一朵花中，不具雌蕊和雄蕊，如向日葵花序的边花。

d. 杂性花，一个花序中的花，有两性花，也有单性花，如台湾臭椿。

③按花被划分。

a. 两被花，同时具有花萼与花冠，如芸薹。

b. 单被花，只有花萼或花冠，如桑。

c. 无被花，也称裸花，没有花萼和花冠，如旱柳。

④按对称性划分。

a. 辐射对称花，也称整齐花，这种花通过中心可作几个对称面，如桃。

b. 两侧对称花，也称不整齐花，这种花通过中心只能作一个对称面，如槐。

c. 不对称花，这种花一个对称面也没有，是一种不整齐花，如美人蕉。

（7）花序的类型。花在总花柄上有规律地排列方式称为花序。着生花的花枝称花序轴。按花序轴分枝的方式和开花顺序不同，花序分为两大类：一种是花序轴可以不断生长，开花顺序从下到上、从外到内，这种花序称无限花序；另一种是开花顺序从上到下、从内到外，花序轴不再生长，这种花序称有限花序。

①无限花序：花序轴下部或周围的花先开放，然后逐渐向上或向中心依次开放，花序轴可以继续生长。无限花序包括简单花序和复合花序：

a. 简单花序，花序轴没有分枝的花序，可分为如下类型。

总状花序：花柄近等长，互生在较长的花序轴上，开花顺序自下而上，如荠。

柔荑花序：柔软、下垂花序轴上着生许多无柄的单性花，如加杨。

穗状花序：一直立花序轴上着生许多无柄的两性花，如马鞭草。

肉穗花序：肥厚肉质的花序轴上着生多数无柄的单性花，如天南星。多数包有大型佛焰苞片，又称佛焰花序。

伞房花序：花序轴较短，花柄下长上短，花排列在同一平面上，如中国绣球。

伞形花序：花序轴极短，由若干花柄近等长的小花着生在花轴的顶端，形同一把张开的伞，如茴香。

头状花序：花序轴极度缩短而膨大，呈头状或盘状，许多无柄的花着生在头状或盘状的花序轴上，如蒲公英。

隐头花序：花序轴顶部膨大，中间凹陷成囊状，许多花着生在囊状体内壁上，一般上部为雄花，下部为雌花，如地果。

b. 复合花序，花序轴有分枝的花序，可分为如下类型。

复总状花序（圆锥花序）：每个分枝是一个总状花序，如凤尾丝兰。

复穗状花序：每个分枝是一个穗状花序，如普通小麦。

复伞房花序：每个分枝是一个伞房花序，如美脉花楸。

复伞形花序：每个分枝是一个伞形花序，如胡萝卜。

②有限花序：花序顶端或中央花先成熟，先开放，然后逐渐向下或向外依次开放。花序主轴不能继续生长，而是由苞片腋部长出侧生花序继续生长。常见的有以下 4 种。

a. 单歧聚伞花序，主轴顶端先生一花，然后在顶花下面主轴一侧形成一侧枝，同样在枝端生花，侧枝上又可分枝着生花朵如前，所以整个花序是一个合轴分枝。如果各分枝成左、右间隔生出，而分枝与花不在同一平面上，这种聚伞花序称蝎尾状聚伞花序，如唐昌蒲。如果各次分出的侧枝，都向着一个方向生长，则称螺旋状聚伞花序，如附地菜。

b. 二歧聚伞花序，顶花下的主轴向着两侧各分生一枝，枝顶端生花，每枝再在两侧分枝，如此反复进行，如繁缕。

c. 多歧聚伞花序，主轴顶端发育一花后，顶花下的主轴上又分出 3 个以上分枝，各分枝自成一小聚伞花序，如泽漆。

d. 轮伞花序，聚伞花序着生在对生叶的叶腋，花序轴及花梗极短呈轮状排列，如益母草。

5. 果实

（1）果实的组成。果实主要由受精后的子房发育而成，子房壁发育成果皮，胚珠发育成种子。纯由子房发育而成的果实称为真果，果皮分外、中、内 3 层，如桃的果实。有些植物的果实，除子房外，花的其他部分，如花萼、花托、花序轴等参与了果实的形成，这样的果实称假果，如苹果。

（2）果实类型。

①单果：由单雌蕊和复雌蕊子房发育形成的果实。根据单果成熟后果皮性质不同，可分为干果和肉质果两类。

a. 干果，果实成熟时果皮干燥，根据果皮开裂与否，又可分为裂果和闭果。

Ⅰ. 裂果，果实成熟后果皮开裂，根据心皮数目和开裂方式不同可分为以下几种。

蓇葖果：由单雌蕊子房发育而成，成熟时沿背缝线或腹缝线开裂，如荷花木兰。

荚果：由单雌蕊子房发育而成，成熟后果皮沿背缝线或腹缝线两边开裂，如槐。

角果：由两个心皮的复雌蕊子房发育而成，中央有一片由侧膜胎座向内延伸形成的假隔膜，成熟时果皮由下而上两边开裂，如白菜。根据果实长短不同，又有长角果和短角果之分，前者如萝卜，后者如独行菜。

蒴果：由两个或两个以上心皮的复雌蕊子房形成，成熟时以多种方式（如背裂、腹裂、盖裂、孔裂等）开裂，如罂粟等。

Ⅱ. 闭果，果实成熟后，果皮不开裂，这类果实有以下几种。

瘦果：由单雌蕊或2～3心皮合生的复雌蕊子房发育而成，子房一室，内含一粒种子，果皮与种皮分离，如向日葵。

颖果：由2～3心皮的复雌蕊子房发育而成，子房一室，内含一粒种子，但果皮与种皮愈合，如玉蜀黍。

坚果：果皮坚硬，一室，内含一粒种子，果皮与种皮分离，如茅栗。

翅果：果皮沿一侧、两侧或周围延伸成翅状，以适应风力传播，如榆。

分果：由复雌蕊子房发育而成，成熟后各心皮分离，形成分离的小果，但小果果皮不开裂，如锦葵。其他如伞形科植物的果实，成熟后分离为两个瘦果，称为双悬果；唇形科和紫草科植物的果实成熟后分离为四个小坚果。

b. 肉质果，果实成熟时，果皮或其他组成部分肉质多汁，常见的有以下几种。

浆果：由复雌蕊发育而成，外果皮薄，中果皮、内果皮肉质或有时内果皮的细胞分离成汁液状，如葡萄。

柑果：由多心皮复雌蕊发育而成，外果皮和中果皮无明显分界，或中果皮较疏松，并有很多维管束，内果皮形成若干室，向内生有许多肉质表皮毛，内果皮是主要食用部分，如柑橘等。

核果：由单雌蕊或复雌蕊子房发育而成，外果皮薄膜质，中果皮肉质，内果皮骨质形成坚硬的壳，通常一粒种子，如杏。

梨果：由下位子房的复雌蕊形成，花托强烈增大和肉质化并与果皮愈合，外果皮、中果皮肉质化无明显界线，内果皮革质，如梨。

瓠果：由下位子房的复雌蕊形成，花托与果皮愈合，无明显外、中、内果皮之分，果皮和胎座肉质化，如西瓜、黄瓜等葫芦科植物的果实。

②聚合果：由一朵花中许多离生心皮雌蕊发育成的果实，每一心皮都形成一个独立的小果，集生在大花托上，如草莓为聚合瘦果，八角茴香和玉兰为聚合蓇葖果等。

③聚花果：由整个花序发育形成的果实，如菠萝、无花果等。

6. 种子　种子由胚珠受精发育形成。其中内、外珠被形成内、外种皮，受精的极细胞形成内胚乳，残留的珠心组织等形成外胚乳，受精的卵细胞形成胚。

（1）种子的组成。种子主要由种皮、胚乳、胚等三部分组成。

①种皮：为种子最外一或两层衣被。于种柄脱落处留下的疤痕，称为种脐；种柄与种皮愈合部分，常隆起如脊，称为种脊；种柄或种脊的最末端与种皮连接处称为合点；与合点对应，位于种皮另一端的小孔即宿存的珠孔；某些种子的种皮，在珠孔处有一海绵状突起，称为种阜，如蓖麻。

②胚乳：为一层肥厚，细胞内含有大量营养物质的组织，紧接于种皮下方，而包被于胚之外。随着胚的成长，胚乳渐被吸收消耗。所以种子成熟后胚仍是较小的种子，胚乳往往留存较多，与此相反，胚较大的种子，胚乳常残留较少，甚至已完全消失。

③胚：为一个具胚根、胚轴、胚芽、子叶的幼小植物体雏形。一个长大发育的胚，其子叶往往十分肥大，且内储有丰富的营养物质，子叶中亦有叶脉维管束，并有短柄与胚轴直接相连。

（2）种子的类型。种子依胚乳的有无及胚的子叶数目可分为以下几种。

①有胚乳种子：双子叶有胚乳种子，即胚有2片子叶，且有胚乳的种子，如蓖麻；单子叶有胚乳种子，即胚有1片子叶，且有胚乳的种子，如普通小麦。

②无胚乳种子：双子叶无胚乳种子，即胚有2片子叶，但无胚乳的种子，如大豆；单子叶无胚乳种子，即胚分化长大后有1片子叶（一般在种子萌发前胚多未分化，故无法观察到子叶），但无胚乳的种子，如天麻。

第二节　植物摄影技术

一、植物显微摄影技术

显微摄影是一项重要的显微技术，同再现显微镜中物体影像的各种方法比较，显微摄影是最好的方法。它对以显微镜作为研究工具的研究人员来讲是做好研究必备的手段之一，尤其在研究染色体及其分子特征时，就显得更加必要了。现在数码相机的问世，又使显微摄影变得更为简便，且效果好。在有关学术研究和理论探讨时，一帧好的显微照片，可以省去许多的文字描述。何况在生物学领域中，确有不少问题的研究，必须借助显微摄影。

下面，仅以植物染色体作为拍摄材料，概述显微摄影的基本方法，数码显微摄影的操作流程和传统的显微摄影基本一样，但省去了底片和暗房技术，由计算机完成。

（一）显微摄影对制片标本的要求

染色体只见于有丝分裂和减数分裂的细胞核中，根尖、茎端、幼嫩花药和胚珠是镜检染色体的材料，尤以根尖和花药更为常用。观察染色体的形态、结构和数量，常用酶解或压片法制片。这两种方法能保持染色体的完整，并能接近于活体状态。一张好的显微照片，来源于完好的染色体制片标本。适于拍照的制片标本，应具备下列条件：①选用标准的载玻片和盖玻片；②染色体处于相宜的时期，平展逸散，完整无损；③染色鲜明适度；④清洁无尘，无气泡。

（二）选用优质物镜和目镜

显微摄影是以物镜和目镜作为摄影镜头，其中物镜尤为重要，物镜的分辨率就是显微镜的分辨率。目镜与显微镜的分辨率无关，它只是把物镜已放大的影像进一步放大，即使是最好的目镜，也无法观察到未被物镜分辨的细节。所以摄影时，物镜要严格选择，不可随意使用。

（三）光路合轴和光阑调整

显微摄影采用中心亮视野透射照明法，照明光束中轴与显微镜的光轴在一直线上。光路系统始于光源，经视野光阑、孔径光阑、聚光镜、透明制片标本、物镜和目镜，将物体影像投射在焦平面上。

摄影前，光路要合轴调整，光束与显微镜的光轴位于同一轴线上。光路系统中的目镜、物镜和孔径光阑位于固定位置，无须调整，仅聚光器可变。因此，光路的合轴，实为聚光器的调中。摄影要求视野亮度非常均匀，调整光源灯位置，使之照明于视野中央。

（四）滤色镜的选用

滤色镜是显微摄影必备的光学滤光元件，显微摄影选用滤色镜，取决于染色体的染色。如果滤色镜只透过染色标本所能吸收的光谱，或滤色镜的透射曲线与标本的吸收曲线相同，即选用补色的滤色镜，则会达到理想的最佳影像对比。

此外，尚须提及的一点：摄影时选用被摄体同色的滤色镜，可提高影像的分辨率。

（五）拍摄

拍摄是显微摄影系列操作中的关键环节，在镜检观察中，发现必须摄下的影像，应即时拍照。

1. 取景　取景决定拍摄的对象、范围和大小。拍摄的物体一经确定后，便要考虑拍摄的范围和大小（放大倍数）。例如，拍摄减数分裂的同步性，为展示植物花粉母细胞在花药中同步进行减数分裂，拍摄的范围应大，在一张照片上，要有足够数量的同步分裂的花粉母细胞，以数量突出同步性。这时选用低倍的物镜和目镜拍摄。作为染色体计数和组型分析的摄影，拍摄的范围要小，每片要拍全一个细胞的染色体，尽可能利用取景框所能提供的范围，提高放大倍数，使染色体位于取景框。

2. 聚焦　转动显微镜的粗细调焦螺旋，改变物镜前透镜和被检物体的距离，找到视野中物体影像的焦点。

纵横移动镜台的制片标本，寻找拍摄的图像；上下转动调焦螺旋，辨清染色体的细微结构，取景聚焦，需几经反复，照片的清晰度决定于拍摄前的最终一次准焦。

取景聚焦完毕，立即按下按钮，任何有关操作，都要在聚焦前完成。准焦的微小颤动，也会引起焦点的改变，致使拍出的照片模糊不清。

二、植物分类摄影技术

随着照相机尤其是数码相机的普及，摄影已成为学习和研究植物学过程中获取图像的最为便利的方法。植物摄影图片清晰美观，是进行植物观察与分类识别的最佳途径，可以弥补植物分类学传统研究方法的不足。

（一）照相机的种类及其结构与性能

1. 照相机的种类

（1）单镜头反光式照相机与旁轴取景式照相机。按成像和取景的光路来区分，照相机有两种类型：一类为单镜头反光式照相机，另一类是旁轴取景式照相机。前者通过采用反光镜和五棱镜，利用摄影镜头来取景和对焦，取景窗所观察的物像与所拍摄的结果完全一致；后者是通过摄影镜头旁的一取景窗来取景，因此，近摄时所观察到的物像与实际拍摄结果并不完全一致，存在一定的视差。

（2）胶片照相机与数码照相机。按照记录影像的方式，照相机可分为胶片照相机与数码照相机。传统的胶片照相机是在胶卷上靠溴化银的化学变化来记录图像，按照其胶片的片幅大小又分为135照相机和120照相机等，常用的135照相机的标准片幅为36 mm×24 mm。拍摄后的胶卷要经过冲洗才能得到照片，在拍摄过程中也无法知道拍摄效果的好坏，而且不能对拍摄照片进行删除。在植物分类学中，传统的胶片照相机正逐步被淘汰。

数码照相机则是一种利用电子传感器把光学影像转换成电子数据的照相机，拍照之后可以立即看到图片，从而提供了对不满意的作品立刻重拍的可能性。不需要和不满意的照片可以删除，且色彩还原和色彩范围不再依赖胶卷的质量；但由于通过成像元件和影像处理芯片的转换，成像质量相比胶片相机缺乏层次感。随着现代技术的发展，数码照相机已成为植物分类学摄影的主体工具。

2. 照相机的结构

（1）机身。每台照相机都包括机身与镜头两个部分。机身是一个暗箱结构，可以安装胶片。数码照相机的机身中装载有 CCD 或 CMOS（感光元件）。机身上有快门，可以控制曝光时间。快门速度大多是按 B，1，1/2，1/4，1/8，1/15，1/30，1/60，1/125，1/250，1/500……的次序来设置，相邻的快门速度值之间曝光时间大致相差一倍。

（2）镜头。它是照相机的光学部件，照相机的成像质量在一定程度上取决于镜头的好坏，单镜头反光式照相机都有与之配套的镜头群可供选购使用，而旁轴取景式照相机和小型数码照相机的镜头多是不可更换的。每个镜头都有 2 个关键指标：焦距和最大光圈。对于 135 照相机而言，焦距为 45～50 mm 的镜头为标准镜头，焦距短于 40 mm 的镜头为广角镜头，焦距在 50～100 mm 的镜头为中焦镜头，而焦距长于 100 mm 的镜头为长焦镜头。最大光圈则决定了一个镜头可利用的通光量，镜头的光圈都是可以调节的，镜头上所标示的光圈数值越小，实际光圈越大。镜头的最小拍摄距离也是一个值得关注的指标，最小拍摄距离小的镜头对较小被摄物进行近摄效果较好。

3. 适用于植物摄影的照相机 单镜头反光式照相机具有取景无视差和便于更换镜头等优点，最适于进行植物摄影。小型数码照相机尽管无单镜头反光式结构，但通过液晶屏取景也是“所见即所得”，也可用于一般要求不高的植物摄影。就镜头而言，广角镜头适合于拍摄植物所处广阔的生境，或者在地势局促的情况下拍摄高大的树木等；长焦镜头除了常用于拍摄远处的植物之外还适合于拍摄树枝上的花、果；而微距镜头在拍摄花的细微结构时十分适用。

（二）植物形态摄影的基本要领

1. 取景和构图 由于目前使用的照相机尤其是数码照相机都能自动而且准确地完成对焦和曝光，摄影过程中要解决的主要问题是取景和构图。植物摄影的构图应当在考虑科学性的前提下遵从摄影构图的美学原则。在摄影过程中要注意到两个方面。

（1）主体突出。拍摄每一张照片都必须明确所要表现的主体。通常拍摄植物形态，主要是要突出花、果等部分的结构特征，要对这些部位准确聚焦，把它们放在靠近视野中央的位置。但要注意的是，主体过分居中是植物摄影构图所忌讳的。

（2）结构完整。要表现某种植物的形态，一张照片上除了花、果外，必须有完整而清晰的叶片，让人能看清叶形、叶序等特征。这就要求摄影者去寻找最佳的拍摄角度，把这些要素组织到一个视野中而且最好在同一焦平面上。最好是先拍摄一张完整的植株图片，再用微距分摄花、果、叶等重要部位，以丰富和完善所拍摄植物的综合信息。

2. 景深的控制 当镜头对准被摄对象聚焦后，除了被摄物及其所在平面的物体能清晰成像外，被摄物前后一段距离内的物体也能较为清晰地成像，这段可较清晰成像的距离就是景深。缩小景深，可以使背景虚化，从而使被摄主体更为突出；加大景深，则可以使必要的背景得以清楚地展现出来。影响景深的因素有镜头焦距、光圈大小和摄影距离。焦距长、光圈大、拍摄距离近，景深就小；反之，景深就大。如果所使用的镜头不变，想让背景模糊一些，可以开大光圈；想在照片上看清背景，就要缩小光圈。要注意的是，在拍摄一些细小结构的特写时，由于物距很近，需要适当缩小光圈才能保证所要求的足够的景深。

3. 参照物的设置 为了显示被摄对象的大小，摄影时可以设置一些参照物。在野外拍摄高大的树木，可以以在树干旁站立的人作为参照以显示树木的相对高度；解剖一朵花，拍照时可以用小镊子作为参照物；为了让人能更准确地了解被摄物的大小，还可以直接用直尺作参照物。要注意的是，参照物与被摄主体必须处于同一焦平面上，不然，就失去设置参照物的意义了。

第三节 植物检索表的编制和应用

一、植物检索表的类型及基本用途

植物检索表是鉴定植物、认识植物种类的工具，用来查科的称分科检索表，查属的称分属检索表，查种的称分种检索表。检索表的书写样式在植物学中目前广泛采用的有3种，即定距检索表、平行检索表（即二歧检索表）和连续平行检索表。

（一）植物检索表的类型

1. 定距检索表 这种检索表的编排是将每一对对应性质的特征相邻地编排在对应位置处，采用内缩式排列方法，在每一对立特征前面注明同样的号码，依次排列到所要鉴定的植物。其优点是相对应的特征编排在同一号码处，读者一目了然，便于使用。缺点是如果编排的特征内容太多时，对应特征的项目相距必然甚远，影响查找，同时还因缩格排列使文字向右过多偏斜而浪费篇幅。

定距检索表

1. 植物体无根、茎、叶的分化，没有胚胎。
　2. 植物体不为藻类和菌类所组成的共生体。
　　3. 植物体内有叶绿素或其他光合色素，为自养生活方式 ………………………… 藻类植物
　　3. 植物体内无叶绿素或其他光合色素，为异养生活方式 ………………………… 菌类植物
　2. 植物体为藻类和菌类所组成的共生体 ……………………………………………… 地衣植物
1. 植物体有根、茎、叶的分化，有胚胎。
　4. 植物体有茎、叶，而无真根 ……………………………………………………… 苔藓植物
　4. 植物体有茎、叶，也有真根。
　　5. 不产生种子，用孢子繁殖 ……………………………………………………… 蕨类植物
　　5. 产生种子 ………………………………………………………………………… 种子植物

2. 平行检索表 这种检索表是将不同的植物第一对对立的特征并列，采用平头式排列，在相邻两行前面标明同样号码，在平行之后写明依次排列号码或已查到的某类单位。它将各项特征均排在书页左边的同一位置，既整齐又节省篇幅，不足的是没有定距检索表那样一目了然。

平行检索表

1. 植物体无根、茎、叶的分化，无胚胎 ……………………………………………… 2
1. 植物体有根、茎、叶的分化，有胚胎 ……………………………………………… 4
2. 植物体不为藻类和菌类所组成的共生体 …………………………………………… 3

2. 植物体为藻类和菌类所组成的共生体 ………………………………………………… 地衣植物
3. 植物体内有叶绿素或其他光合色素，为自养生活方式 ………………………………… 藻类植物
3. 植物体内无叶绿素或其他光合色素，为异养生活方式 ………………………………… 菌类植物
4. 植物体有茎、叶，而无真根 ……………………………………………………………… 苔藓植物
4. 植物体有茎、叶，也有真根 ………………………………………………………………………… 5
5. 不产生种子，用孢子繁殖 ………………………………………………………………… 蕨类植物
5. 产生种子 ……………………………………………………………………………………… 种子植物

3. 连续平行检索表 这种检索表吸取了定距检索表和平行检索表的优点，与上述两者不同的是每个相应的特征之前均有两个不同的号码，便于对照，使用较为方便，但对于初学编制检索表的人而言，不易掌握，亦较费时。

连续平行检索表

1（6）植物体无根、茎、叶的分化，无胚胎…………………………………………………… 低等植物
2（5）植物体不为藻类和菌类所组成的共生体。
3（4）植物体内有叶绿素或其他光合色素，为自养生活方式………………………………… 藻类植物
4（3）植物体内无叶绿素或其他光合色素，为异养生活方式………………………………… 菌类植物
5（2）植物体为藻类和菌类所组成的共生体 ……………………………………………… 地衣植物
6（1）植物体有根、茎、叶的分化，有胚胎。
7（8）植物体有茎、叶，而无真根…………………………………………………………… 苔藓植物
8（7）植物体有茎、叶，也有真根…………………………………………………………… 高等植物
9（10）不产生种子，用孢子繁殖 …………………………………………………………… 蕨类植物
10（9）产生种子 ……………………………………………………………………………… 种子植物

以上检索表所采用的特征是相同的，所不同的是在编排上存在着较大的差异。目前采用最多的、功能发挥最充分的还是定距检索表。

（二）检索表的基本功能

以定距式检索表为例，可以看出检索表至少有以下 3 项功能：第一，它是植物分类群的查询检索系统，只要有适合的检索表，一般都可以查出所要检索的类群；第二，它是植物分类群的特征集要信息系统，通过检索表可以看出该表中任一类群的关键特征；第三，它是某一具体地方的类群名录。

二、植物检索表的编制方法与步骤

首先，要决定是编制分科、分属检索表，还是分种检索表。若是编制分科、分属检索表，其基本资料可以参考《中国高等植物科属检索表》上的记载与描述；若是编制分种检索表则除了查阅有关资料外，还应对标本进行仔细的观察和记录。

其次，要在掌握各植物特征的基础上，列出相似性特征和区别性特征比较表（非常熟练时可不必列表），同时要找出各种植物之间的突出区别，然后才能进行编制。

在格式的选择上，上述的 3 种格式均可，考虑到大多数工具书均采用定距检索表，且比较容易掌握，所以一般都要求采用定距检索表。

实践证明，要想编制一个既准确又好用的检索表，还必须注意以下几点：

①编制检索表时应记住检索表中只能有两种性状相对应，而不能有 3 种或更多种并列。

②应尽可能选择比较稳定、不同类群间有明显间断的性状作为检索性状，避免使用诸如叶长度、毛的疏密等这类具有连续变化特征的性状，更不要用诸如较大、较小等模糊字眼来描述。

③对性状进行描述时，要把器官名称放在前面。如应写“蒴果5裂”，而不是“5裂的蒴果”。

④必须使用正确的专业术语，避免口语化的描述。

⑤为了保证编制的检索表实用，还要到实践中去验证。如果在实践中可用，且选用的特征准确无误，那么此项工作就算完成。如果在实践中发现有很多错漏，则应做进一步修改和补充。

三、植物检索表的使用

（一）怎样利用检索表鉴定植物

《中国植物志》和各地方植物志为大家在鉴别植物时提供了很大的方便。因为检索表所包括的范围各有不同，所以在使用时，应根据不同的需要，利用不同的检索表，绝不能在鉴定木本植物时用草本植物检索表去查。

鉴定植物的关键，是应懂得用科学的形态术语来描述植物的特征。特别是对花的各部分构造，要作认真细致的解剖观察，如子房的位置、心皮和胚珠的数目等，都要弄清楚，一旦描述错了，就会错上加错，最后的鉴定结果肯定是错误的。

对植物的特征进行准确的描述，根据这些特征就可以利用检索表从头按次序逐项往下查，首先要鉴定出该种植物所属科，再用该科的分属检索表查出它所属的属，最后利用该属的分种检索表，查出它所属的种。

（二）使用检索表鉴定植物时应注意的问题

为了保证鉴定的正确，一定要防止先入为主、主观臆测和倒查的倾向，要遵照以下几点去做：

①植物的标本要具有代表性，要尽可能完整，不仅要有茎、叶，最好还要有花、果实。必要时每种植物可采集多份标本。

②鉴定时要根据观察到的特征，从头按次序逐项检索，不允许跳过某一项而去查另一项。全面核对两项性状，如果第一项性状看来已符合手头的标本，也应继续读完相对的次一项性状，因为有时后者更为适合。

③在涉及大小尺寸时，应用尺量而不作大致的估计。

④在核对了两项相对的性状后仍不能做出判断时，或手头的标本上缺少检索表中要求的特征时，可分别从两方面检索，然后从所获得的两个结果中，通过核对两种的描述做出判断。

⑤查阅检索表需要有足够的耐心，否则常常直到最后自己都不知道查对了没有，况且这样查很费时间。对初学者来说，可以在老师或者专家的指导下，对于已确定到种的植物采取倒查书本与检索表的方法，予以强化和熟练。

⑥为了确定鉴定的结果正确与否，还应找有关专著或有关的资料进行核对，看是否完全符合该科、该属、该种的特征，植物标本上的形态特征是否和书上的图文一致，如果全部符合，证明鉴定的结论是正确的。否则还需要加以研究，出现这种情况的可能有几种：①生态

环境差异造成的变异，可能是个体的突变，也可能是同种植物的另一个变种。②如果书上描述与手头的植物有重要的差别，那可能查错了，应该从头再查一遍，再查的结果仍是如此，而且查阅的路线没错，那么就是该检索表中没有这种植物，应该另选一本检索表。③如果你在查阅一个省的地方植物志中碰到②这种情况，极可能是一项有价值的发现：手头的植物是该省的新分布种，甚至是一个新种。

第四节 植物标本的采集、记录、制作和保存

植物标本是植物学教学和科研的重要参考材料，而植物标本的制作是植物学实习教学的主要内容之一，也是学生必须掌握的技能之一。为了不受季节或地区的限制，有效地进行学习交流和教学活动，也有必要保存植物标本。

一、种子植物标本的采集、记录、制作和保存

（一）种子植物标本的采集

在种子植物标本的采集过程中，首先必须确保采集完整的标本，其次对于不同类型的植物需要分别对待。

1. 草本植物 草本植物的地下部分也是植物鉴定的重要组分之一，因此采集时注意要把地下部分挖出来，并保持标本的完整性。根、茎、叶、花、果实一般都要有，基生叶和茎生叶不同时，要注意采基生叶。标本采集到手后应立即编号，挂上采集签，采集签上的信息（即标本号、采集人、采集地及日期）用铅笔填写完整，采集记录本上的信息均应填写，尤其是容易变化的性状。将标本的根、茎、叶、花、果实各部分都要展开平放，然后立即压入标本夹中，以免叶子皱缩。对于水生草本植物，可用硬纸板在水中将其捞出，连同纸板压入标本夹内，以保持其形态不乱。过高的植株也可折成“M” “N”或“V”形，压制成标本。

2. 木本植物 木本植物植株通常较大，一般不采集整体标本，仅采集一段有花、果实的带叶枝，注意不要采集病株枝条或发生变异的枝条。有些种类一年生枝新叶的形状和老叶形状不同，故应新老枝同时采集。寄生植物（如桑寄生、列当等）采集时应连同寄主植物一起采下。采集时应该用低枝剪或高枝剪剪下，当标本采到手后，应立即挂上标本采集签（采集签上的信息应当场填写完整）。通常同一种植物应采集3～5份。压制标本前必须将标本进行整理，标本大小以长应不超过35 cm、宽不超过25 cm为宜，枝叶、花果都要展平，不要叠起来压入标本夹中，以保持形态不变。或者采集的标本临时放入大的自封袋中，以免标本失水萎蔫变形。

（二）种子植物标本的记录

植物标本采集后，在标本的中部挂上采集签，用铅笔在采集签上填好标本号、采集者、采集地和日期，标本号应按一定的规则顺序连续编号，不可重号、空号。同一时间同一地点所采集的同种植物应编为同一号数，同号标本一般应采集3份以上。雌雄异株植物应分别编号并注明两号的关系。

编号挂牌的同时应对植物标本进行观察和记载，尽量当场填好标本采集记录本中植物的生长习性、生长环境，植株的大小、花、叶和果实的颜色及气味、有无乳汁等，依据观察到

的植物特征初步判断科、属、种。

（三）种子植物腊叶标本的制作

1. 压制　在制作前，一般按照台纸大小对采集的标本进行适当修剪，将采集的标本进行清理，去除杂质，使枝、叶、花、果实完整显示，突出特征。修剪枝条时应剪成一个斜截面，修剪藤本标本时应修剪成“丁”字形（方便查阅标本的人知道该标本为藤本植物）。将修剪好的新鲜植物标本用制作好的吸水纸压制，纸的规格一般以 28 cm×42 cm 大小为宜，将吸水纸铺在特制的植物标本夹上，将修剪好的标本放到吸水纸上，用镊子进行标本形态纠正，用吸水纸或报纸垫平，然后盖上吸水纸，纸上再放置标本，标本上再覆盖吸水纸，这样一层层叠起来夹到标本夹里，用绳子将标本夹捆紧，以便吸水纸更快地吸干植物体中的水分。

2. 换纸　为避免标本发霉，原色保存，换干纸是关系到标本质量好坏的关键步骤，换纸越勤，标本干得越快，原色就保存越好。因此标本压好后必须每天换纸，开始 2～3 d 每天换纸 2～3 次，待标本含水量减少后，可 1～2 d 换 1 次纸。换下的纸要晒干，以备下次使用，一直换到标本干透为止。为了使采集的标本尽快干燥，也可用瓦楞纸代替吸水纸压制标本，把标本夹捆好后竖起来，拿油布裹着标本夹一圈，用暖风机对着标本夹一头吹暖风，暖风从标本夹一头于瓦楞纸之间的缝隙中穿过并从标本夹另一头出去，标本上的水分随风被带走，一般 1 d 就可干燥。

3. 整形　在压制和第一次换纸时，要注意用镊子使枝、叶、花、果实尽量平展，凡是有折叠的地方都要展开，并且使部分叶片和花的背面朝上，以便观察叶背、花背特征；若叶子太密集，还需适当修剪，注意修剪时要保留叶柄和叶基、果柄等，以便表示叶柄类型和叶基的形态。多汁的根、块茎、鳞茎等标本，要先用开水烫死细胞，然后纵剖或横剖，滴干水后再压；菟丝子、生姜以及松、杉、柏等植物，需要用开水杀死细胞后再压，以免叶、花脱落。如遇果实、种子脱落，可将其放入小袋中，袋外填写标本号，将来上台纸时，可将小袋粘贴在台纸一侧。

4. 消毒　干燥后的标本常有害虫和虫卵，必须进行消毒，以防止虫蛀。一种方法可用升汞酒精溶液杀虫，具体做法是：在方瓷盘内倒入一些 0.3%～0.4%升汞（$HgCl_2$）酒精溶液（用 95%酒精配制），在另一方瓷盘内放入要消毒的腊叶标本，用刷子蘸一点升汞酒精溶液刷在标本上（两面都要刷），然后将标本放在专用吸水纸上，干后便可上台纸。此液毒性较大，操作时必须戴口罩和手套，盛器不能用金属制品。消毒过的标本台纸上要标上“升汞”字样。另一种方法是把已上台纸未消毒的标本放到－20℃冰柜中冷冻杀虫（通常 1 个月），此法需一段时间后重复冷冻杀虫。

5. 上台纸　承托腊叶标本的白色硬板纸称作台纸（大小通常为 27 cm×40 cm）。先将腊叶标本按自然状态摆在台纸上，注意在台纸的右下角和左上角留出一定空间，以备粘贴标本鉴定签和野外采集签。然后固定标本，固定方法有 3 种：线订（适用枝条粗硬的标本）、纸条压贴（适用枝条纤细的标本）和胶粘（适于水生细小标本等）。对于脱落下来的花、果实、种子等，都要收集起来装在纸袋里，贴在同一标本台纸的右上角，袋上要注明同一标本的采集号。标本订好后，通常将半透明的覆盖纸（一般用油光纸或硫酸纸）粘贴到台纸最上端，反折贴在台纸背面，这样一份腊叶标本就制成了。

（四）种子植物标本的保存

把制成的标本按照科、属分类并放入标本柜中保存，既便于查找，又不易损坏，柜中可放入樟脑以防虫蛀。植物标本要避光保存，避免太阳直射。为了保持植物标本长期不变色，可采用以下方法对标本进行处理：将醋酸铜结晶加入50%冰醋酸溶液中直到饱和，即得母液。按母液∶蒸馏水为1∶4进行配比即得保色液。将保色液加热至85℃，将待处理的植物放入，先看到植物绿色变成褐色，片刻又恢复绿色，然后用清水充分洗净即可，绝大多数植物的干制或浸制标本都可采用此方法进行保色。对于叶薄而嫩的植物不能采用此方法，因其在高温下易变软。对于这类植物，可将90 mL 50%乙醇、5 mL福尔马林、2.5 mL冰醋酸、10 g氯化铜配成混合溶液，将标本浸渍数日，即可保色。如制作植物浸制标本，在上述混合溶液中加入2.5 mL甘油即可。

二、蕨类植物标本的采集、记录、制作和保存

蕨类植物标本的采集、记录、制作和保存与种子植物的方法基本相同，但应特别注意以下问题：①尽可能采集有孢子囊的标本；②尽量保持植株的完整，包括地下根状茎、不定根等，茎上如有鳞片、毛或附属物，应该保持完好无损；③当植株高度低于30 cm时，可挖取全株；若超过30 cm时，则可选取植株的上、中、下三段，其中上段是叶的最上部分，中段取地上叶的中部，下段是指地下茎和不定根部分，然后将三段拼成完整的标本；④有些蕨类植物应将孢子叶和营养叶采集全；⑤要特别注意采集阴湿环境中的原叶体，并单独保存。

三、苔藓植物标本的采集、记录、制作和保存

（一）苔藓植物标本的采集和记录

苔藓植物代表着从水生到陆生的过渡类群，也是最早登陆的高等植物，其分布范围广泛。采集前应准备好采集刀、信封袋或自封袋、记录本等，采集过程中应注意尽量采集带有孢子体的植株，连同其基质一块采集到信封袋里，袋面上记载采集号、时间、地点、海拔、生境等，供室内进一步观察、鉴定。

（二）苔藓植物标本的制作和保存

苔藓植物个体小、不腐烂、不生虫，干后浸水能恢复原状，因此标本可自然阴干，阴干后的标本放入特制的标本纸袋，填好标签，即可放入标本柜内长期保存。已鉴定的苔藓植物种类，选其有代表性的部分洗净，置于吸水纸中，压平，每天换纸一次，一般2～3 d即可。对于某些苔藓植物，如提灯藓科（Mniaceae）植物，其植株体干燥时极易卷缩变形，压制时应加较大压力，使之强压干燥而不至于变形。将压干后的标本用胶水粘到准备好的台纸上，规格以32开白卡纸为宜，有的孢蒴较厚的地方可用胶带纸粘牢。台纸的一侧应留有余地，以便绘图、描述用。

第五节　植物分类鉴定资料及网络资源

标本制作完成后，就要鉴定出植物的正确名称，这个时候就要用到恰当的工具书等资料，下面介绍一些常见植物分类学参考书目及网络资源。

一、工具书

1.《邱园植物索引》　《邱园植物索引》(*Index Kewensis Plantarum Phanerogamarum*）由英国皇家植物园杰克逊（B. D. Jackson）主编，英国剑桥大学出版社出版。1895 年以后每 5 年出 1 册补编，到 1970 年已出 15 个补编。这是一部巨著，它记载了由 1753 年起所发表的种子植物的种的拉丁学名、原始文献以及产地。属名、种名均按字母顺序排列，作废的名用斜体，一目了然。该索引是研究植物分类和查考植物种名必不可少的大型工具书。中国科学院植物研究所有全套的，北京大学和北京师范大学也有一部分。

2.《有花植物与蕨类植物辞典》　《有花植物与蕨类植物辞典》（*A Dictionary of the Flowering Plants and Ferns*）由维里斯（J. C. Willis）主编，第 8 版（1973 年）由埃利寿（Airy-Shaw）增订，英国剑桥大学出版社出版。本书收载世界有花植物、蕨类植物的科、属名称（拉丁名）和异名，主要分布地区，部分科有较详细介绍，部分属也有较细介绍，包括形态特征及重要的种和分布等，为查考植物科、属概况的工具书。

3.《有花植物分类综合系统》　《有花植物分类综合系统》（*An Integrated System of Classification of Flowering Plants*）由美国克朗奎斯特著，书内有按克朗奎斯特系统排列的科的叙述。为了解植物科，特别是了解克朗奎斯特系统观点的重要参考书。

4.《有花植物科志》　《有花植物科志》分为《Ⅰ：双子叶植物》（*The Families of Flowering Plants* Ⅰ. *Dicotyledons*）和《Ⅱ：单子叶植物》（*The Families of Flowering Plants* Ⅱ. *Monocotyledons*）两本。此两本书均为英国哈钦松著，初版分别于 1926 年和 1934 年出版。书中公布了哈钦松系统，对有花植物各科有简明扼要、准确性较高的描述，为世界公认的一部植物科的描写极好的书。该书经过多次修订，最后 2 版出版年代分别为 1959 年和 1973 年，是了解哈钦松系统观点的重要著作，也是重要的工具书。初版已有中译本。

5.《世界有花植物分科检索表》　《世界有花植物分科检索表》（*Key to the Families of Flowering Plants of the World*）于 1967 年由牛津大学出版社出版，第 2 版（订正版）由英国哈钦松著，于 1968 年出版，中译本由洪涛译，农业出版社于 1983 年出版。该书是全世界有花植物科的检索表。作者在双子叶植物分科中很重视雌蕊的心皮分离或合生，以及胎座、胚珠着生部位、子房位置等特征，而对花瓣的有无、分离或合生则视为次要的。该书是鉴定世界各地植物科的工具书。

6.《有花植物属志》　《有花植物属志》（*The Genera of Flowering Plants*）由英国哈钦松著，该书为查考被子植物属的重要参考书。

7.《中国种子植物科属辞典》　《中国种子植物科属辞典》由侯宽昭编写，科学出版社于 1958 年出版。书中记述我国产的种子植物科和属的概况，共收 260 科 2 614 属，计裸子植物 10 科 34 属 177 种，双子叶植物 203 科 2 024 属 18 686 种，单子叶植物 47 科 556 属 4 179种，并收载一部分植物形态的拉丁术语，为查考我国种子植物科、属的重要工具书。本书于 1982 年出修订版，由吴德邻等修订。修订本增加了内容，计收我国种子植物 276 科 3 109 属 25 700 余种，其中裸子植物 11 科 42 属，双子叶植物 213 科 2 398 属，单子叶植物 52 科 669 属，另附录有常见植物分类学者姓名缩写，国产种子植物科、属名录，汉拉科、属名称对照表等。修订版删去了初版中的植物形态术语，丰富了科、属内容，几个附录都很有用。

8.《中国高等植物科属检索表》 《中国高等植物科属检索表》由中国科学院植物研究所主编，科学出版社于1979年出版。本书为中国产的苔藓、蕨类和种子植物的科和属的检索表，每属后附有大约的种数和属的分布地区，书末有附录，有植物分类学上常用术语解释及相应的图版40个，还有中名和拉丁科、属名索引，为初学者及植物分类科研和教学的工具书。

9.《中国植物志》 《中国植物志》是包括国产蕨类和种子植物在内的大型多卷册书，全部共80卷126册，由中国科学院成立的中国植物志编辑委员会负责组织编写工作。参加人员为各植物研究所、有关高等院校和单位的相关人员，科学出版社出版。《中国植物志》为鉴定我国植物的重要参考书，也是工具书。

10.《中国高等植物图鉴》 《中国高等植物图鉴》共5册及补编1～2册，由中国科学院植物研究所主编，科学出版社于1972—1983年出版，本书包括我国产苔藓、蕨类和种子植物约万种，每种有描述和图，还有分布地区，并附有检索表。这是一套带普及性的鉴定植物的工具书和参考书，受到各方面读者的欢迎。

11.《中国高等植物》 《中国高等植物》（全14册）由傅立国、陈谭清、郎楷淳等编著，青岛出版社于2012年出版，本书记载约2万种植物，收载森林及园林中的常见种，有经济或科研价值的物种，每个属的代表种，以及常见引种栽培的外来种，每种植物有形态、分布、生境的记述。

12.《中国高等植物彩色图鉴》 本套图鉴精选中国境内野生高等植物和重要栽培植物1万余种，配以图片近2万张，每一物种以中英文形式简要介绍植物的中文名称及拉丁学名、形态特征、花果期、生境和分布。图鉴共分为9卷，收载苔藓植物100科、蕨类植物40科、裸子植物11科、被子植物232科，共计383科，且除苔藓植物之外，已收全所有科。本套图鉴是继《中国高等植物图鉴》《中国植物志》之后，又一部大型植物分类学巨著。

13.《中国常见植物野外识别手册》 本系列目前已出山东册、衡山册、苔藓册、荒漠册、祁连山册和北京册。山东册精选山东地区700余种常见和代表性物种，由专业科研团队编写、鉴定，内容准确可靠，1 300余幅精美、逼真的彩色图片，语言简明、通俗，实用性、可读性强。衡山册精选以衡山为代表的湖南地区植物146科355属564种，可供华中地区湖北、江西等省作为参考。苔藓册精选中国南北各地苔藓植物代表种88科186属306种，可供国内大多数省市的自然爱好者和园艺工作者作参考。荒漠册所收录的荒漠植物就是在大气干旱、多风沙、重盐碱、高寒贫瘠等特殊恶劣的荒漠气候环境下分布和生存的一类植物。祁连山册介绍了祁连山区常见维管植物80科296属569种（包括8亚种14变种1变型），约占祁连山区维管植物种类的44%。植物种类的选择上除了考虑常见种之外，还选择了一些具有本区特色的植物。在中国植物区系中，祁连山植物区系属于泛北极植物区青藏高原植物亚区唐古特地区，是该地区区系向东北延伸的部分，与甘肃中部、西南部的兴隆山、马衔山、莲花山、太子山和甘南高原以及青海省东部和北部的植物区系组成具有很大的相似性，因此本手册收录的植物对于这些地区的常见植物识别具有重要的参考价值。北京册收录北京野生维管植物139科657属1 582种，约占北京野生植物的3/4，可为华北地区野外识别植物提供参考（涵盖京津冀、山西、河南、山东、内蒙古东南部、辽宁南部等地的常见种类）。

14. 地方植物志 地方植物志所包含范围为一省、一地区或一市，因此有较好的实用价值。现介绍以下几种。

（1）《云南植物志》。该书是记载云南地区野生及习见栽培高等植物的专著，共分苔藓植物、蕨类植物和种子植物三大类。书中对科、属的特征均有简要的描述，并附有检索表；对每种植物的名称（中名正名、别名，拉丁名、异名）、形态、产地、生境、分布等均有较详细的记载；对已知有经济价值的种类，其用途也作简单介绍；半数种类附有形态特征比较图或植株全貌图。

（2）《秦岭植物志》。该书由西北植物研究所编著，科学出版社出版。

（3）《湖北植物志》。该书记载了湖北种子植物 170 科 1 140 属 3 928 种，其中包括大量的资源植物，这为湖北省及其相邻省份的农业、林业、园林绿化、医药卫生等相关领域的研究工作提供了原始资料。该书中包含湖北的植物新分类群 35 个、新组合 12 个、新分类等级 4 个。有插图的植物多达 3 499 种，插图率将近 90%，有利于读者对植物的认识和鉴别，保证了科学专著的学术水平，又兼顾了科学普及的功能。

（4）《四川植物志》。本书包括苔藓植物、蕨类植物、裸子植物和被子植物，分 36 卷陆续出版。苔藓植物以布罗氏分类系统为基础，蕨类植物采用秦仁昌分类系统，裸子植物采用郑万钧分类系统，被子植物采用恩格勒分类系统。各类植物均包括科、属、种、亚种、变种或变型的形态特征描写、检索表、分布、用途与问题讨论等。各类群中文正名基本上采用《中国植物志》的名称，但各种名也尽量附以四川的地方名称。

（5）《贵州植物志》（1～10 卷）。该书记录贵州种子植物 203 科 1 501 属 5 853 种（含变种）。

（6）《六盘水药用植物》。该书由左经会主编，科学出版社于 2013 年出版，是第一部系统介绍六盘水药用植物资源的专著。全书共收录六盘水药用植物 159 科 668 属 1 512 种（含变种和亚种）。其中，裸子植物 8 科 13 属 15 种（含变种），被子植物 151 科 655 属 1 497 种（含变种和亚种）。裸子植物科的排列按照郑万钧裸子植物分类系统，被子植物科的排列按照克朗奎斯特分类系统；科下属、种按拉丁文字母顺序排列。每一种药用植物依次对其主要鉴别特征、生境及分布、药用部位、采收与加工、化学成分、功能与主治等内容进行论述；文后附中文名索引、拉丁学名索引及 402 幅实地拍摄的药用植物彩色照片。

二、植物分类鉴定网络资源

1. 中国植物志电子版　中国植物志电子版（http：//frps. eflora. cn）是目前世界上最大型、种类最丰富的一部巨著，全书 80 卷 126 册 5 000 多万字，记载了我国 301 科 3 408 属 31 142 种植物的科学名称、形态特征、生态环境、地理分布、经济用途和物候期等。

2. 中国植物图像库　中国植物图像库（Plant Photo Bank of China，PPBC，http：//www. plantphoto. cn）正式成立于 2008 年，是中国科学院植物研究所在植物标本馆设立的专职植物图片管理机构。本图库采用最新分类系统，已经收录各类植物图片 464 科 4 626 属 29 903 种 4 191 220 幅。

3. Flora of China　Flora of China（http：//www. efloras. org/index. aspx）是中美合作的重大项目，得到了中国科学院、科学技术部、国家自然科学基金委员会、美国国家科学基金会等机构的资助。由中国科学院昆明植物研究所吴征镒院士和美国密苏里植物园皮特·雷文（Peter Raven）院士联合任编委会主席。Flora of China 并非《中国植物志》（英文版）简单的翻译，而是中外专家联手进行增补和修订，并最终以英文定稿。Flora of China 项目工程浩大，该书包括逾 3 万种维管植物，文字 25 卷，图集 25 册，是世界上最大，也是水平很高的英文版植物志。从第一次合作至今，中美双方已于 1988 年、2001 年和 2006 年分别签署了 3 次合作协议，目前已全部出版完毕。

4. 中国数字植物标本馆 中国数字植物标本馆（Chinese Virtual Herbarium，CVH，http：//www.cvh.ac.cn）是在科学技术部“国家科技基础条件平台”项目资助下建立的，其宗旨是为用户提供一个方便快捷获取中国植物标本及相关植物学信息的电子网络平台。数字植物标本馆分为 4 部分：数字化标本库、植物数据库、电子植物志和植物图片库。数字化标本库目前收录有 200 多万号一般标本和 3 000 号模式标本。植物数据库提供中国植物名录、植物文献数据库、中国干燥标本集等多项查询。电子植物志包括《中国植物志》《西藏植物志》《青海植物志》《秦岭植物志》《四川植物志》《海南植物志》等。网站还上传了 240 科 1 469 属 3 784 种共约 2.7 万张植物彩色照片。标本馆还设有主要国际干燥标本集以及相关数据的搜索引擎。中国数字植物标本馆仍在不断建设和完善之中。

第三章

植物科学研究及方法

第一节　植物资源研究

1983年在中国植物学会50周年年会上，我国著名植物学家吴征镒院士将植物资源定义为一切有用植物的总和，并把植物资源分为栽培植物和野生植物两大类，其中有商业价值的称为经济植物。所谓“有用”就是对人类有益。一种植物对人类是否有用，有何用途，是由它的形态结构、功能和所含的化学物质所决定的，同时与人类的经济条件和科学技术水平密切相关。

植物资源学是以植物资源为研究对象，研究其用途、功能、种类、生物学特性、内含有用物质的性质和数量、形成分布、转化规律、合理开发利用途径及有效保护措施的学科。植物资源学研究的重点对象是野生植物资源。由于植物与人类的生产生活密切相关，因此植物资源学又具有显著的社会经济特征。随着研究的不断深入，植物资源学研究的内容将更加广泛和系统，研究方法也将更加成熟和完善。

一、资源植物种类调查

为了充分开发利用植物资源，做到合理采收，充分利用，必须先进行资源的调查研究。植物资源的种类及分布调查是通过实地考察、采集植物标本、查阅资料、走访，记录资源分布地点、生长环境、群落类型、大致数量（多度）、花期、果期及主要用途等，了解调查地区的植物资源种类、分布规律和用途、用法情况等。

植物资源种类调查的工作程序分为准备、实地考察和总结3个阶段。

（一）准备阶段

调查的准备工作是顺利完成植物资源调查任务的重要基础，是在调查开始前搜集和分析有关资料，准备调查工具，明确调查范围和调查方法，制订调查计划的过程。较大型的调查，还应健全组织领导，落实责任制度，做好后勤准备工作。

1. 资料的搜集分析　搜集调查地区有关植物资源调查和利用的历史资料，包括文字资料和各种图表资料，分析了解调查地区植物资源种类及分布情况，以及以前的调查结果。搜集调查地区有关植被、土壤、气候等自然环境条件的文字资料和图表资料，包括植被分布图、土壤分布图等；分析了解调查地区植物资源生存的自然环境条件。

2. 调查工具的准备

（1）仪器设备。

①测量用仪器设备：主要有 GPS 定位系统、树木测高仪、各种卷尺等。

②采集标本用设备：主要有标本夹、采集箱、吸水纸、标本号牌、野外记录本和各种采集刀、铲具等。

③野外记录用工具：主要有各种样方调查用表格、野外日记本、铅笔等。

（2）交通工具和地图。

（3）野外医药用品。包括防止蚊虫叮咬、意外损伤和一般疾病治疗类药物及包扎用具。

3. 人员组织与责任分配 调查工作中人员较多，应做好人员的组织管理和调配。一般应组成调查队，并按调查内容分成组，明确责任和任务。

4. 制订调查工作计划 通过分析收集有关资料，明确调查范围、调查内容和调查方法，制订调查计划，包括日程安排、资金使用等，提前熟悉掌握各种调查仪器设备的使用方法。

（二）实地考察阶段

实地考察阶段是通过对植物资源的种类、分布等实地考察，掌握植物资源自然状况，获得第一手资料的过程，是调查的基本阶段。

植物资源考察的基本方法包括现场调查、路线调查和访问调查等。

1. 现场调查 现场调查是植物资源调查工作的主要内容，分为踏查和详查两种方式。踏查是对调查地区或区域进行全面概括了解的过程，目的在于对调查地区植物资源的范围、边界、气候、地形、植被、土壤，以及植物资源种类和分布的一般规律进行全面了解。踏查应配合分析各种有关地图资料进行，这样可以达到事半功倍的效果。详查是在踏查研究的基础上，在具体调查区域和样地上完成植物资源种类调查的最终步骤，是植物资源调查的主要内容。

2. 路线调查 植物资源路线调查是遵循一定的调查路线有规律地进行的，并在有代表性的区域内选择调查样地，进行植物资源种类的详查。植物资源的分布受区域生态环境的影响，特别是地形的变化，而植被类型是植物资源分布的重要参考依据。不同的植被类型分布有不同的植物资源种类，因此选择调查路线的基本原则是能够垂直穿插所有的地形和植被类型，不能穿插的特殊地区应给予补查。踏查、访问和各种参考图表资料，是正确确定调查路线的必要保证。

3. 访问调查 访问调查是向调查地区有经验的人员、集贸市场及收购部门等进行的口头或书面调查。访问调查应贯穿调查工作的始终，并认真做好记录，及时整理出调查资料。

采集标本和准确的标本鉴定是植物资源调查的重中之重，可以避免同物异名和同名异物对资源认识上的错误。采集的标本应制成腊叶标本，一般 3～5 份，并应做好野外记录，存放在能够永久保存的标本馆（室）内。对采集的植物标本要认真核对，对不能确认的类群，应送有关单位请专家协助鉴定。

（三）总结阶段

总结阶段的主要工作内容是系统整理调查所得到的各种原始资料、采集的各类标本等。资料应按专题分类装订成册，编出目录，并进一步分析研究各种调查资料，进行数据统计，绘制各种成果图表。完成植物资源种类与分布调查，应着手编写植物资源名录和调查报告。统计每种植物资源在调查区域内的分布情况，分布地最好以乡镇为单位。植物资源名录应按某一分类系统编写。每种植物应包括中文学名、拉丁学名、俗名、生境、分布、花果期、用途、利用部位和利用方法等。调查报告应对调查地区植物资源现状做出科学的评价，并提出意见和建议。

二、野生植物资源的分类、识别及简易测定

植物资源类型多样，按其在自然界存在的不同形式分为植被资源、物种资源、种质资源；按其在植物界所处的系统位置分为藻类、真菌、地衣、苔藓、蕨类、种子植物资源；按其目前利用的状况分为栽培植物资源与野生植物资源；按其性质与用途，则有一些不同的分类体系。根据吴征镒 1983 年提出的植物资源分类系统，我国的植物资源大体可以分为：食用植物资源、药用植物资源、工业用植物资源、防护和改造环境的植物资源及植物种质资源等。植物资源具有多宜性的特点，如某种植物的果实可食，而花则可用于观赏，或者是优良的防风固沙植物。为了充分开发利用植物资源，需要掌握必要的识别方法。

（一）野生植物资源的分类及用途

植物资源按照用途进行分类是目前国内外研究植物资源的主要分类方法。但随着科学技术的不断进步，植物资源研究的不断深入，植物资源的种类和用途发现的也越来越多，其分类研究也更加受到重视，分类系统更趋于完善。虽然根据植物资源的性质和用途，有不同的分类体系，但大致上可以将我国可利用的野生植物资源分为 7 类。

1. 野生油脂植物　油脂是油和脂的总称。一般在室温（约 20℃）条件下呈液体的为油，呈固体的为脂。油脂植物是指植物体内含有油脂的一类植物，根据油脂的性质可分为非挥发性和挥发性油脂植物。

（1）非挥发性油脂植物。一般用其果实、种子或核仁榨油，如苍耳、油松、臭椿等，其含油量较高，一般可达 40%，有的可达 60%以上，如南方红豆杉的含油量可达 67%，其油可用于油漆、制肥皂以及润滑油等。

（2）挥发性油脂植物。又称芳香植物，如香水月季、香茅等，其出油率较低，但具有强烈的芳香气味，可用于香料工业和食品工业。

2. 野生纤维植物　纤维植物是指植物体内含有大量纤维组织的一类植物。植物的纤维大部分是从植物的韧皮部中提取出来的，根据植物纤维存在部位可以分为以下几类。

（1）韧皮纤维。主要指双子叶植物茎秆韧皮部的纤维，如桑树皮、构树皮、大麻、苎麻、亚麻等的纤维。

（2）木材纤维。主要指裸子植物和双子叶植物树干中的木质纤维，如松、杉、杨等的纤维。

（3）叶纤维及茎秆纤维。主要指存在于单子叶植物叶和茎中的纤维，如剑麻、禾草类等的纤维。

（4）根纤维。指存在于根部的韧皮纤维，如马蔺根的纤维。

（5）果壳纤维。指存在于果壳中的纤维，如椰子壳纤维。

（6）种子纤维。存在于种子表面的纤维，如棉籽、木棉种子上的纤维。

野生植物的纤维用途广泛，如造纸、制人造羊毛、制造各种建筑材料（纤维板、地板、通风管）。

3. 野生淀粉植物　淀粉植物指含淀粉丰富的植物。淀粉普遍存在于植物的种子、果实、根、茎中，如蕨的根状茎、薯蓣的根、壳斗科植物的果实、豆科和禾本科植物的种子等。

4. 野生栲胶植物　栲胶植物指植物体中含有丰富栲胶的一类植物。栲胶是很复杂的有

机物，有效成分是植物鞣质（单宁），分布于植物的根、茎、叶和果实中。在根和茎中，主要分布于皮层中。我国主要的木本鞣质植物有壳斗科的各种植物，如栓皮栎的壳斗，含鞣质27.41%，纯度达65.37%。另外，蓼科酸模的根中，含鞣质19%～27.5%。

栲胶主要用于鞣皮，使皮革坚韧，透气而不湿水，不易腐烂。

5. 野生橡胶植物 橡胶植物指含有丰富橡胶的一类植物。根据天然橡胶的性质，可以把橡胶分为弹性胶和硬橡胶2种。弹性胶通常含在植物的乳汁中，如三叶胶（巴西橡胶树）是植物韧皮部里乳管分泌的产物。硬橡胶（也称杜仲胶）含在薄壁组织中特殊的橡胶细胞里。

橡胶在工业、农业、交通运输、国防工业以及人民生活和医药方面都有极为重要的意义，不仅用于制作汽车轮胎、胶鞋、雨衣等日用橡胶制品，而且在其他各方面也有极多的用途。

6. 植物碱及药用植物 植物碱是大部分药用植物的有效成分，根据植物的种类及疗效或化学结构进行分类，常见的有麻黄碱类、小檗碱类、咖啡碱类等，这些植物碱都是重要的药物，同时也是各种药用植物和植物农药的有效成分。

7. 树脂植物 树脂是许多植物正常生长时所分泌的一类产物，如松科的许多植物，特别是松属植物具有树脂道，可分泌含挥发油的树脂。将挥发油蒸馏出来就得到松节油，剩下质脆而透明的固体就是树脂，称松香。松节油、松香在工业和医药上都是重要原料。

（二）野生植物资源的识别和简易测定方法

1. 野生油脂植物的识别及测定 油脂植物最简单的识别方法是以叶片对光透视，如发现叶面或边缘有许多透明小点，即证明叶中具有油细胞，从而就可以确定是油脂植物。另外把叶片或植物体撕破，如嗅到愉快的芳香味或不愉快的气味，亦可确定叶中具有油细胞。

采到果实或种子时，一是可取核仁或种子，把它夹在白纸或白色的吸水纸之间，用力压碎，如含油，油迹就会渗透纸层，待纸上水分挥发后，渗入纸层的油迹就会呈现出来。二是用大头针刺入晒干的果实或种子，取出来放在火焰上点燃，如火光明亮，燃烧时间长，且有油烟，这种果实或种子含油量高；火光不亮，燃烧时间短，说明含油量少；如果燃烧不起来，说明含油量低，或者不含油。三是把果实或种子捣碎，投入开水中，如果水面上浮现油点，说明含有油脂。

2. 野生纤维植物的识别及测定 在野外工作条件下，主要依靠器官的感觉和显微观察来识别和测定纤维植物。器官感觉的方法是采集植物的茎、叶或剥取树皮，用手试其拉力、扭力和揉搓情况，以及观察剥取下来的纤维的长短粗细与数量的多少来确定这种纤维是否可用；显微观察是将剥取的部分制成横切片，在显微镜下观察纤维束的形状、大小、排列方式，并用测微尺测定纤维的宽度、长度、壁的厚度和单位面积的数量。

3. 野生淀粉植物的识别及测定 如发现植物有较大的地下茎和果实，可用刀把这些器官切开，用手指触摸一下，若干后，手指上有白色粉末，则证明该部位含淀粉；最可靠而又简便的方法，是把要测试的植物器官切成薄片，放在载玻片上加碘化钾溶液，如变成蓝色、蓝黑色或紫红色，就可证明含有淀粉，若用放大镜观察，还可见到有染色的颗粒（淀粉粒）。

4. 野生栲胶植物的识别及测定 栲胶主要是鞣质（单宁）有机化合物。最简单的测定方法，是用铁制的小刀（不能用不锈钢的小刀）切开植物体时，在切面上和刀口上出现黑色反应，证明该种植物是含有鞣质（单宁）的。此外，由于鞣质是一种收敛性非结晶物质，能溶于水，用舌尝试时有很大涩味，也可帮助鉴别鞣质物质的存在。但要注意有毒植物绝不能用尝试的办法。为了比较准确地判断，可以准备三价铁盐（三氧化铁）溶液，将其滴在植物的切片上，切片很快变黑，即证明有鞣质存在；或用1%铁矾 [$FeSO_4 \cdot Al_2(SO_4)_3 \cdot 24H_2O$] 溶液滴在断面上，如呈现蓝绿色，也说明有鞣质存在。

5. 野生橡胶植物的识别及测定　测定弹性胶时可以收集一些植物的乳汁，放在手心里，用手指研磨，利用手的温度使水分蒸发干，把残余物质放在拇指和食指间轻拉一下，如出现弹丝，即证明有弹性存在；如无弹丝而发黏，说明无弹性胶或含胶很少。测定硬橡胶时，撕断植物的枝、叶或树皮，如有细丝出现，一般可说明有硬橡胶存在。为了精确了解橡胶的含量和橡胶的质量，还需要在实验室里进行分析。

6. 药用植物（植物碱）的识别及测定　测定植物中有无植物碱的方法很多，一般是利用植物碱对沉淀试剂的反应，比较常见的沉淀剂有氧化汞和碘化铋等。例如，用1.35 g氯化汞和49 g碘化钾，共溶于1 000 mL水中，此液和植物碱反应，发生淡黄色沉淀；或用16 g碘化铋、30 g碘化钾和3 g盐酸，共溶于1 000 mL的水中，此液和植物碱反应，发生红棕色沉淀。也可以用沉淀试剂制成试纸，用时更为方便。

7. 树脂植物的识别及测定　最简单的方法就是折断或砍伤植物体后，伤口流出无色或黄棕色的透明液体，当暴露在空气中，所含的挥发性物质挥发后，就会逐渐变黏而最后干燥，此物就是树脂。

第二节　植物区系研究

一、植物区系及其研究内容

植物区系是指某一地区（自然地理区域而非行政区域），或者是某一时期，某一分类群，某类植被等所有植物种类的总称。植物区系是自然的产物，它是植物界在一定自然地理环境，特别是自然历史条件综合作用下长期发展的结果。

植物区系包括自然植物区系和栽培植物区系，但一般是指自然植物区系。植物区系根据不同原则或分布区特点，可划分为几类区系成分。通常将某地区全部植物种类按科、属、种进行数量统计，然后按地理分布、起源地、迁移路线、历史成分和生态成分划分成若干类群，分别称为植物区系的地理成分、发生成分、迁移成分、历史成分、生态成分等，以便全面了解一个地区植物区系的种类组成、分布区类型以及发生、发展等重要特征。对于一个具体的植物区系各方面的了解，需要建立在对这一特定区域的植物种类全面的了解上。

植物区系主要从以下7个方面来研究。

1. 区系性质　对区系性质的分析可以通过统计植物区系的地理成分、优势科、优势属的数目来反映。值得注意的是，在统计时必须区分本地野生种、栽培种和外来种。植物区系研究通常研究的是野生种类。

2. 特有现象　一个地区特有现象的研究和精确的解释构成了一个极高的指标，特有现象的研究有助于了解一个地区的植物居群的起源和年龄问题及该地区植物区系的发展和现状。值得注意的是，不能以某一大的区域所特有的属或种的存在来反映较小地区的特有现象。

3. 地理联系　在研究一地的植物区系时，将其与邻近的相关区系加以比较，有助于揭示这一区系的性质、特点。当前通常的做法是采用属或种的相似性系数来比较两地植物的亲缘关系，即两地共有的属或种数占其中一方的总属数或总种数的比例。

4. 替代现象 一个属的不同种或同一种内各地理宗（亚种）具有相互排斥、各自独立的分布区，有时候稍微交叉重叠，在空间上相互替代，这种现象称地理替代现象，它可分为水平替代和垂直替代，水平替代又可进一步分为经度替代和纬度替代。

5. 在植物区系分区中的位置 在我国，研究者大多参照吴征镒等（1983）对中国植物区系分区的做法。根据植物区系组成和植被发生统一性原则，吴征镒等（1983）将中国植物区系分为 2 个植物区、7 个植物亚区和 23 个植物地区。

6. 与古地理、古环境的关系 植物区系首先是自然形成物，是植物界与自然地理环境长期相互作用、相互影响的结果，它是一个不断发展和长期演化的过程，与自然地理条件、古地质、古气候的变迁和变化紧密相连，在一定的程度上反映着区域的自然地理条件的时空演变，因此对于植物区系的分析要充分考虑该地区的古地理和古环境因素。

7. 该区系的起源与演化 植物区系是自然历史条件综合作用下长期发展演化的结果，因此要深入探讨植物区系的演变和来源，就必须结合该区系的古植物、古地理、古气候等资料，将地质历史发展与植物区系的演化有机地结合起来进行分析。由于植物化石记录的不完整及地区性古地理资料等的缺乏，目前这方面的研究较少，或即便有所涉及也不够深入。

二、植物区系研究的基本方法

目前，植物区系的研究主要还是对植物科、属、种的统计和分析，其分析研究的基本方法及步骤如下。

（一）编制野生植物名录

根据野外调查，特别是在对所采集标本准确鉴定的基础上，结合以往该地区植物调查研究的各类文献资料和查阅收藏于各大标本馆（室）的标本资料，按照特定的分类系统整理详尽的植物名录，并建立相应的植物数据库。考虑到需要揭示的是该区域区系的本质特征，因此对于栽培植物可不包括进入名录或者不予以统计分析。

（二）科、属、种的统计分析

按科、属、种不同层次进行植物种类的统计，产生对应的统计表格，进一步分析表格规律，阐明该植物区系数量结构特点。在分析时应重点关注大科属（即绝对数量最多）、特征科属（占该科属比例最大）、少种（单种）科属、特有科属种的组成情况。只有在充分分析完这些内容后，才可能对该区系组成特征有初步和比较完整的了解。

大科属：即大科、大属，其数量没有绝对限制，一般是指所包含的种类达到该地区区系种类总数 50%以上的科和属，也可以根据所包含植物种类的多少进行排序，取排序较前的科、属进行分析。大科和大属指的是绝对数量，在我国，尤其是温带和亚热带地区，菊科、蔷薇科、毛茛科、禾本科等在多数区系中都属于大科。

特征科属：指的是相对数量，即在特定区系内，所分布的种数占该科全世界（至少全国）总数 50%以上的科和属。其绝对数量可能并不是很多，但能够说明这些科在区系中的表现和重要性。

少种科属：数量较少，仅仅三五种而已。其中仅一种的称为单种科属，2～5 种的称为寡种科属。少种科属的多少在一定程度上说明了区系起源上的古老或年轻。

特有科属种：即仅产于某特定地区的科属种，如中国特有科、中国特有属、贵州特有种、六盘水特有种等。特有科属种最能体现区系的特征，是区系分析中最重要的部分之一。对于我国植物区系特有科属种的研究，应俊生等（1984，1994）对我国247个特有属的分析是重要的参考资料。吴征镒等（1983，2005）、王荷生（1989，1994）等也都有重要的阐述。

（三）区系成分分析

通常在按科属种进行数量统计的基础上，再按地理分布、起源地、迁移路线、历史成分和生态成分划分成若干类群，分别称为植物区系的地理成分、发生成分、迁移成分、历史成分、生态成分等。每一区系都含有以上几种成分，但以地理成分、发生成分和历史成分三者最为重要。从不同角度看，同一种植物可能属于多重成分。大多数人认为地理成分是首要的，且容易把握和操作，因此区系成分一词有时指的就是地理成分。

关于科属的地理成分，吴征镒的划分方案（1991，1993，2003）是目前采用最广泛的方案。该方案以属为例，将中国种子植物3 116属划分为15个类型及31个亚型（表3-1）。由于分类学的快速发展，部分种子植物属的范畴发生了巨大的变化，研究者可根据属的分布范围结合划分原则，对这些属的地理成分进行重新厘定。

值得注意的是，由于种是区系的最基本单位，种的分布范围比属小，所以种的分析更能具体反映区域植物区系的特征本质，尤其是特有种的分析不仅是不可缺少的内容，而且更能够客观地揭示该区植物区系的特征，具有重要和关键性价值。然而多数种的分布情况还不是十分清楚或者不十分准确，给种的分析造成巨大的困难，因此现在还没有一个公认的方法和标准。一般对于较为广布的种，可以依据吴征镒（1991，1993，2003）对科和属的划分方案进行分析，而对于中国特有种，可依据吴征镒等（1983）划分的西南—华中、西南—华南、西南—华东等，加以参考。

表3-1 中国种子植物属的分布区类型和亚型

分布区类型和亚型
1. 世界分布
2. 泛热带分布
2-1. 热带亚洲、大洋洲（至新西兰）和中、南美（或墨西哥）间断分布
2-2. 热带亚洲、非洲和中、南美洲间断分布
3. 热带亚洲和热带美洲间断分布
4. 旧世界热带分布
4-1. 热带亚洲、非洲（或东非、马达加斯加）和大洋洲间断分布
5. 热带亚洲至热带大洋洲分布
5-1. 中国（西南）亚热带和新西兰间断分布
6. 热带亚洲至热带非洲分布
6-1. 华南、西南至印度和热带非洲间断分布
6-2. 热带亚洲和东非或马达加斯加间断分布
7. 热带亚洲（印度—马来西亚）分布
7-1. 爪哇（或苏门答腊）、喜马拉雅间断或星散分布到华南、西南
7-2. 热带印度至华南（尤其云南南部）分布

（续）

7-3. 缅甸、泰国至西南分布

7-4. 越南（或中南半岛）至华南（或西南）分布

8. 北温带分布

8-1. 环北极分布

8-2. 北极—高山分布

8-3. 北极至阿尔泰和北美洲间断分布

8-4. 北温带和南温带间断分布

8-5. 欧亚和南美温带间断分布

8-6. 地中海、东亚、新西兰和墨西哥—智利间断分布

9. 东亚和北美洲间断分布

9-1. 东亚和墨西哥间断分布

10. 旧世界温带分布

10-1. 地中海区、西亚（或中亚）和东亚间断分布

10-2. 地中海区和喜马拉雅间断分布

10-3. 欧亚和南部非洲（有时也在大洋洲）间断分布

11. 温带亚洲分布

12. 地中海区、西亚至中亚分布

12-1. 地中海区至中亚和南非洲、大洋洲间断分布

12-2. 地中海区至中亚和墨西哥至美洲南部间断分布

12-3. 地中海区至温带—热带亚洲、大洋洲和南美洲间断分布

12-4. 地中海区至热带非洲和喜马拉雅间断分布

12-5. 地中海区至北非洲，中亚，北美洲西南部，非洲南部，智利和大洋洲（泛地中海）间断分布

13. 中亚分布

13-1. 中亚东部（亚洲中部）分布

13-2. 中亚至喜马拉雅和中国西南部分布

13-3. 西亚至西喜马拉雅和西藏分布

13-4. 中亚至喜马拉雅—阿尔泰和太平洋北美洲间断分布

14. 东亚分布

14-1. 中国—喜马拉雅分布

14-2. 中国—日本分布

15. 中国特有分布

第三节　植物学野外实习总结

实习总结是野外实习中的最后一项工作。作为参加实习的学生，应该对实习进行及时总结，并以野外实习报告或专题小论文的形式将实习的见闻、收获、体会感想等表现出来。实习总结不仅能够反映实习所取得的成绩，也是系统复习巩固的过程。

一、野外实习报告的撰写

（一）实习报告的基本框架及内容

野外实习报告是学生对实习全面综合的记录，一般应包括以下几个方面的内容。

①对实习地点基本情况的简单描述，包括实习地点的地理位置、气候、人文历史、资源分布等情况。

②记录本次实习具体的行程安排。

③重点记录本次实习过程的见闻和收获，可围绕以下几个方面进行展开：一是通过本次实习认识了多少种植物，它们分别属于哪些科，有哪些是珍稀濒危植物，有哪些是当地特有植物，有哪些是珍贵的药用植物等；二是实习中是如何认识植物的；三是如何制作合格的标本，在采集和制作植物标本时应该注意些什么；四是检索表应该如何使用和编制。

④本次实习的感想和体会。

⑤对本次实习，指出不足之处，并提出改进的意见和建议。

（二）实习报告的写作要求

由于实习报告与一般的工作报告有明显的不同，因此在撰写时要注意以下几点。

1. 文风朴实　实习报告是一种科技文章，在报告中将野外实习所见所想如实反映出来，能够正确表达自己的看法并得出正确的结论即可，不要求文章华丽、抒情。

2. 实事求是　要忠实记录实习内容，不能凭空臆想和夸大事实。可根据所见所闻，有依据的推理，逻辑要严密，结论要准确。

3. 综合运用所学知识　植物学内容多，新概念多，可以通过对在野外观察到的各种植物，结合课堂知识，巩固加深对书本知识的理解。

4. 图文并茂　在实习报告中可适当插入图片，可以起到直观的作用。

5. 格式统一　实习报告用统一格式书写。

二、专题研究报告的撰写

根据某一地区或区域植物资源情况进行科学选题，按照确定的选题开展研究，称为专题研究。选题可以针对研究区域的整个植物资源、某一类群植物资源、某一科或某一属植物资源，也可以按照植物的用途分类进行专题研究。专题研究要通过深入实践发现感兴趣又有能力去解决的问题作为专题研究题目。

（一）专题研究报告

专题研究报告是针对某个选题展开调查研究，然后对收集到的研究资料加以整理、统计并进行分析、归纳总结之后写成的报告。它是作者对研究成果进行书面表达的一种形式，有助于提高自己的业务水平和写作能力，是汇报自己业务工作成就的书面形式。

（二）专题研究报告的写作

1. 专题研究报告的基本写作框架　一般包括题目、前言、研究方法、研究结果及分析、讨论。

2. 撰写专题研究报告的基本程序　概括起来有 4 个步骤，即制定提纲、选择材料、撰写初稿、修改定稿。

（1）制定提纲。提纲为将来文章规划好了基本结构。一份好的提纲可以确保研究报告主题突出、脉络清晰、层次分明。

（2）选择材料。对材料进行分析、比较和取舍，选择最有价值的材料来说明自己的观点和自己最有创意的工作。

（3）撰写初稿。除要选择文章格式，遵循一些常规和习惯之外，还要考虑读者对象，做到简明易懂。

（4）修改定稿。初稿形成后要反复对初稿进行阅读并进行修改，满意后定稿。

（三）参考文献

一份完整的研究报告，文后应有参考文献。作者将引用的参考文献列出，是为了说明其研究报告中的某些研究方法、论点、数据、资料是有科学依据的，既表示尊重和继承前人的科学成果，明确责任与版权，也是为了精简正文的文字，或向读者指明引文出处，提供进一步研究的线索。如果引用前人的资料，而不写出文献，就会被人认为是抄袭剽窃。

参考文献的标注格式有2种，最常用的是顺序编码制，其常见的主要文献类型著录格式如下。

1. 正文中参考文献格式 正文中参考文献按照在正文中引用的先后顺序连续编码，在文中引出处右上角将序号置于“[]”中；同一处引用多篇文献时，应将各篇文献的序号在“[]”全部列出，各序号间用“,”。如遇连续序号，起讫序号间用短横线相连。

2. 文末参考文献格式 参考文献置于文末，各篇文献按照在正文部分标注的序号依次列出。文末著录文献时，著者3人以内的全部列出，3人以上只著录前3人姓名，后加“等”或“et al.”。主要文献类型著录格式如下。

（1）普通图书。

①著录格式：主要责任者．题名：其他题名信息［文献类型标识/文献载体标识］．其他责任者．版本项．出版地：出版者，出版年：引文页码［引用日期］．获得或访问路径．

②示例：

［1］胡承正，周祥，缪灵．理论物理概论：上［M］．武汉：武汉大学出版社，2010：112.

［2］美国妇产科医师学会．新生儿脑病和脑性瘫痪发病机制与病理生理［M］．段涛，杨慧霞，译．北京：人民卫生出版社，2010：38-39.

（2）期刊中析出的文献。

①著录格式：析出文献主要责任者．析出文献题名［文献类标识/文献载体标识］．连续出版物题名：其他题名信息，年，卷（期）：页码［引用日期］．获得或访问路径．

②示例：

［1］于潇，刘义，柴跃廷，等．互联网药品可信交易环境中主体资质审核备案模式［J］．清华大学学报（自然科学版），2012，52（21）：1518-1523.

［2］陈建军．从数字地球到智慧地球［J/OL］．国图资源导刊，2010（7）：93［2013-03-20］．htpp：//d. g. wanfangdata. com. cn.

（3）学位论文。

①著录格式：主要责任者．题名：其他题名信息［文献类型标识/文献载体标识］．单位地：单位，出版年：页码［引用日期］．获得或访问路径．

②示例：

[1] 吴云芳．面向正文信息处理的现代汉语并列结构研究［D/OL］．北京：北京大学，2003［2013-10-14］．http：//thesis. lib. pku. edu. cn/.

第四章

贵州西部常见植物的识别

第一节　贵州西部常见维管植物分科（属）检索表

一、蕨类植物科属检索表

1. 水生植物；孢子二型。
  2. 浅水生或沼生植物；根状茎长而横走；叶一型，叶片由 4 片倒三角形小叶组成，形如田字（蘋科 Marsileaceae） …… 蘋属 *Marsilea* L.
  2. 水面漂浮植物；茎横走，纤细；叶微小如鳞片，2 列互生，每叶有上下 2 裂片（槐叶蘋科 Salviniaceae） …… 满江红属 *Azolla* Lam.
1. 陆生或附生植物；孢子一型或二型。
  3. 叶细小或退化，远不及茎发达，鳞片形、钻形，结构简单，具中脉或没有叶脉；孢子囊生于叶腋，或在枝顶形成穗状。
    4. 地上茎细长直立，圆柱形，中空有节；叶退化，无叶绿素，形成膜质的齿鞘围于各节基（木贼科 Equisetaceae） …… 木贼属 *Equisetum* L.
    4. 茎叶不同于上述。
      5. 主茎或枝上具根托；叶在基部上面有叶舌；孢子二型，即有大孢子和小孢子之分（卷柏科 Selaginellaceae） …… 卷柏属 *Selaginella* P. Beauv.
      5. 主茎或枝上无根托；叶在基部上面无叶舌；孢子一型或同型（石松科 Lycopodiaceae）。
        6. 主茎直立或下垂，有规则地等位二叉分枝；孢子囊生于枝顶叶腋，略呈穗状 …… 马尾杉属 *Phlegmariurus*（Herter）Holub
        6. 主茎匍匐或攀缘，不为等位的二叉分枝；孢子囊在枝顶形成明显的孢子囊穗。
          7. 攀缘藤本，主茎长达数米；孢子囊穗多数，呈圆锥状穗序 …… 藤石松属 *Lycopodiastrum* Holub ex Dixit
          7. 不为攀缘藤本，主茎匍匐或少为直立；孢子囊穗单生、二叉或成总状穗。
            8. 茎直立；侧枝下部不分枝，顶部二叉分枝；孢子囊穗单生于小枝顶端 …… 笔直石松属 *Dendrolycopodium* A. Haines
            8. 茎横卧；侧枝一至多回二叉分枝；孢子囊穗单生或聚生于孢子枝顶端 …… 石松属 *Lycopodium* L.
  3. 叶远比茎发达，形状多样，结构复杂，具有明显的中脉；孢子囊聚生，形成囊群，孢子囊群的形态、大小和它们在叶上的分布各式各样。
    9. 孢子囊壁厚，由数层细胞组成，无环带（瓶尔小草科 Ophioglossaceae）
      10. 不育叶为单叶，叶脉网状；能育叶线形，不分枝 …… 瓶尔小草属 *Ophioglossum* L.

10. 不育叶二至三回羽状，叶脉分离；能育叶羽状分枝 ………………………… 阴地蕨属 *Botrychium* Sw.

9. 孢子囊壁薄，由单层细胞组成，有环带或环带不发达。

11. 植株全体无鳞片也无毛。

12. 叶一型；叶为二至四回羽状；叶柄基部不膨大，两侧无翅或气囊体；叶轴上常有大芽胞（碗蕨科 Dennstaedtiaceae） ………………………………………………… 稀子蕨属 *Monachosorum* Kunze

12. 叶或羽片二型；叶柄基部膨大，两侧具翅或气囊体。

13. 叶一回羽状，叶柄基部背面具瘤状气囊体；能育叶的羽片极狭缩，孢子囊成熟时布其下（瘤足蕨科 Plagiogyriaceae） ………………………………………………… 瘤足蕨属 *Plagiogyria* Mett.

13. 不育叶一至二回羽状，叶柄基部具翅；能育叶或羽片突化为穗状孢子囊序（紫萁科 Osmundaceae）。

14. 能育叶与不育叶同生于一叶；如不同生于一叶，则不育叶为二回羽状 …………………… ………………………………………………………………… 紫萁属 *Osmunda* L.

14. 能育叶与不育叶分开，不育叶为二回羽状深裂 ………… 桂皮紫萁属 *Osmundastrum* C. Presl

11. 植株多少有毛或鳞片，或仅幼时有黏质茸毛，不久消失。

15. 植株通体无鳞片而有毛。

16. 叶膜质，由单层细胞构成，二至四回羽裂；囊群盖成为管状、漏斗状或2瓣的囊苞；囊托伸长，常突出叶缘之外（膜蕨科 Hymenophyllaceae）。

17. 囊苞两瓣状 ………………………………………………… 膜蕨属 *Hymenophyllum* Sm.

17. 囊苞管状或漏斗状 ……………………………………………… 瓶蕨属 *Vandenboschia* Cop.

16. 植物体不如上述。

18. 叶二型；能育叶的变质羽片卷成筒状（球子蕨科 Onocleaceae） …………………………… ……………………………………………………………… 荚果蕨属 *Matteuccia* Todaro

18. 叶一型或二型；若为二型，能育叶不如上述。

19. 大型缠绕、攀缘植物；孢子囊群呈穗状，突出于叶边之外；环带生孢子囊顶端（海金沙科 Lygodiaceae） ………………………………………………… 海金沙属 *Lygodium* Sw.

19. 不为缠绕、攀缘植物；孢子囊群生于叶缘、叶缘内或叶背，从不突出于叶边之外；环带不为顶生。

20. 叶片一至多回等位二叉分枝；孢子囊群无盖（里白科 Gleicheniaceae） …………………… ………………………………………………………… 芒萁属 *Dicranopteris* Bernh.

20. 叶片羽状；孢子囊群有盖或无盖。

21. 孢子囊群无盖，圆形，生于小脉顶端（碗蕨科 Dennstaedtiaceae） …………………… ……………………………………………………………… 姬蕨属 *Hypolepis* Bernh.

21. 孢子囊群有盖。

22. 大型树状蕨类，根状茎密生金黄色长柔毛；叶片两面滑；囊群盖蚌壳状（金毛狗科 Cibotiaceae） ……………………………………………… 金毛狗属 *Cibotium* Kaulf.

22. 植株不为树蕨类，根状茎上毛不为金黄色；叶片上多少有毛；囊群盖不为蚌壳状（碗蕨科 Dennstaedtiaceae）。

23. 孢子囊群沿叶缘的一条边脉着生，汇合成线状；囊群盖由变质的叶边反卷而成，连续不断 ………………………………………………………… 蕨属 *Pteridium* Scopoli

23. 孢子囊群生小脉顶端，彼此分离。

24. 孢子囊群生于叶缘；囊群盖碗形 …………………………… 碗蕨属 *Dennstaedtia* Bernh.

24. 孢子囊群生于叶缘内；囊群盖半杯形或肾形 ……… 鳞盖蕨属 *Microlepia* Presl

15. 植株至少在根状茎上和幼叶的叶柄基部有鳞片。

25. 孢子囊群生于叶缘；囊群盖由叶边反卷而成，开向主脉（凤尾蕨科 Pteridaceae）。

26. 羽片或小羽片扇形或对开式；叶脉二叉分枝；囊群盖上有叶脉 ……………… 铁线蕨属 *Adiantum* L.
26. 羽片或小羽片不为扇形或对开式；叶脉羽状，少有网状；囊群盖上无叶脉。
27. 叶缘有连接各小脉的边脉，孢子囊群生于边脉上，线状；囊群盖线状，连续不断，边缘全缘；叶柄、叶轴禾秆色，稀栗褐色 …………………………………………………………… 凤尾蕨属 *Pteris* L.
27. 叶缘通常无边脉，孢子囊群生于小脉顶端，幼时圆形而分离，成熟时彼此相连成线状；叶柄、叶轴深栗色或栗黑色，稀禾秆色。
28. 叶片背面被白色或黄色蜡质粉末 ………………………………… 粉背蕨属 *Aleuritopteris* Fee
28. 叶片背面无蜡质粉末。
29. 叶三至四回羽状细裂；裂片小，能育羽片或裂片形如荚果 ……… 金粉蕨属 *Onychium* Kaulf.
29. 植株不如上述。
30. 囊群盖不连续，彼此分离，呈半圆形或长圆形 ………………… 碎米蕨属 *Cheilosoria* Trev.
30. 囊群盖连续，线状，偶中断。
31. 叶片五角形 ……………………………………………………… 粉背蕨属 *Aleuritopteris* Fee
31. 叶片卵形、长圆形或长圆披针形 ……………………………………… 旱蕨属 *Pellaea* Link
25. 孢子囊群生于叶缘内或叶背。
32. 孢子囊群生于叶缘内；具囊群盖，并朝外开向叶边。
33. 附生植物；根状茎上密被盾状着生的阔鳞片；叶柄基部有关节（骨碎补科 Davalliaceae）…………………………………………………………………………… 小膜盖蕨属 *Araiostegia* Cop.
33. 土生植物；根状茎上的鳞片钻形；叶柄基部无关节（鳞始蕨科 Lindsaeaceae）。
34. 叶一至二回羽状，末回羽片或裂片基部常不对称；孢子囊群横生于 2 至多条小脉顶端 ……………………………………… 香鳞始蕨属 *Osmolindsaea*（K. U. Kramer）Lehtonen et Christenh.
34. 叶三到四回细羽裂，末回裂片楔形或线状；孢子囊群纵生于 1 条小脉顶端 ……………………………………………………………………………………… 乌蕨属 *Stenoloma* Fee
32. 孢子囊群生于叶背；若具囊群盖，则不开向叶边。
35. 孢子囊群圆形。
36. 孢子囊群有盖。
37. 囊群盖下位，球形或坛形。
38. 小型植物；一回羽状；叶柄上部有关节（岩蕨科 Woodsiaceae）…………………………………………………………………………………… 岩蕨属 *Woodsia* R. Br.
38. 大中型植物；三至四回羽状；叶柄上部无关节（鳞毛蕨科 Dryopteridaceae）…………………………………………………………………………… 鳞毛蕨属 *Dryopteris* Adanson
37. 囊群盖上位，不为上述形状。
39. 囊群盖肾形、圆肾形，缺刻状着生。
40. 叶一回羽状；羽片以关节着生于叶轴，基部上侧多少呈耳状；叶脉分离（肾蕨科 Nephrolepidaceae）………………………………………………… 肾蕨属 *Nephrolepis* Schott
40. 叶一至多回羽状；羽片不以关节着生于叶轴；叶脉分离或网状。
41. 叶柄基部横切面有两条扁阔的维管束。
42. 植株遍体或至少在叶轴、羽轴上面有白色或灰白色针状毛。
43. 叶柄基部膨大成纺锤形，隐没于成簇的红棕色鳞片中（肿足蕨科 Hypodematiaceae）……………………………………………………………… 肿足蕨属 *Hypodematium* Kunze
43. 叶柄基部膨大，也无上述鳞片覆盖（金星蕨科 Thelpteridaceae）。
44. 叶脉分离。
45. 羽轴上面圆而隆起；小脉先端不达叶边；囊群盖小，淡绿色 ……………………………………………… 凸轴蕨属 *Metathelplypteris*（H. Ito）Ching

45. 羽轴下面凹陷成一条纵沟；叶脉伸达叶边；囊群盖大，棕色。

46. 叶轴下面的羽片着生处不具疣状气囊体；裂片基部一对叶脉伸达不具软骨质的缺刻以上的叶边；叶为草质，下面往往有橙红色的球形腺体 …………………………………………………………………… 金星蕨属 *Parathelypteris* (H. Ito) Ching

46. 叶轴下面的羽片着生处具疣状突起的褐色气囊体，裂片基部一对侧脉或仅上侧一脉伸达软骨质的缺刻底部；叶纸质或革质，下面无球形腺体 …………………………………………………………………… 假毛蕨属 *Pseudocyclosorus* Ching

44. 叶脉联结。

47. 叶脉联结成新月蕨型；羽片大，阔披针形；孢子囊群幼时圆形，成熟时往往成双汇合成新月蕨型 ………………………………………………… 新月蕨属 *Pronephrium* Presl

47. 叶脉联结成星毛蕨型；羽片小，狭披针形或三角状披针形………… 毛蕨属 *Cyclosorus* Link

42. 植株无上述针状毛，或有柔毛或腺毛。

48. 叶轴、羽轴及叶脉多少生有蠕虫形鳞片（蹄盖蕨科 Athyriaceae） …………………………………………………………………… 对囊蕨属 *Deparia* Hook. et Grev.

48. 叶轴、羽轴及叶脉无上述鳞片。

49. 根状茎直立或斜升；叶簇生，叶柄基部加厚成腹凹背凸的纺锤形（蹄盖蕨科 Athyriaceae） …………………………………………………………………… 蹄盖蕨属 *Athyrium* Roth

49. 根状茎横走；叶近生或远生，叶柄基部不如上述；叶两面被透明节状长毛（冷蕨科 Cystopteridaceae） ………………………………………… 亮毛蕨属 *Acystopteris* Nakai

41. 叶柄基部横切面有多条小圆形的维管束。

50. 各回羽轴上面有沟，互相连通，叶两面常具鳞片（鳞毛蕨科 Dryopteridaceae）。

51. 根状茎短而直立；叶簇生…………………………………… 鳞毛蕨属 *Dryopteris* Adanson

51. 根状茎长而横走或横卧；叶远生或近生 ……………………… 复叶耳蕨属 *Arachniodes* Blume

50. 各回羽轴上面无沟或仅浅凹，互不连通，叶两面常具多细胞节状毛。

52. 裂片基部一对小脉均出自主脉基部；孢子囊群通常生于小脉中部（鳞毛蕨科 Dryopteridaceae） …………………………………………………………… 肋毛蕨属 *Ctenitis* (C. Chr.) C. Chr.

52. 裂片基部上侧小脉主脉基部，下侧小脉出自小羽轴或羽轴；孢子囊群通常生于小脉顶端或近顶端（叉蕨科 Tectariaceae） ………………………………………… 叉蕨属 *Tectaria* Cav.

39. 囊群盖圆形，盾状着生（鳞毛蕨科 Dryopteridaceae）。

53. 叶一回羽状；叶脉网状，主脉两侧各有2～8行短阔的网眼 ……………… 贯众属 *Cyrtomium* Presl

53. 叶一至三回羽状；叶脉分离，偶见主脉两侧有一行狭长网眼 ………… 耳蕨属 *Polystichum* Roth

36. 孢子囊群无盖或囊群盖发育不良而早落。

54. 叶轴顶端具有能延续生长的芽，其两侧有一至数对二回羽状深裂的羽片（里白科 Gleicheniaceae） …………………………………………………………………… 里白属 *Diplopterygium* Presl

54. 植株不符上述情形。

55. 植株有积聚腐殖质的特化叶，或叶片基部扩大成阔耳状，以积聚腐殖质（水龙骨科 Polypodiaceae）。

56. 叶一型，叶片基部扩大成阔耳状…………………………… 连珠蕨属 *Aglaomorpha* Schott

56. 叶二型，积聚腐殖质的不育叶形状如槲叶或铙钹，呈干膜质或硬革质 …………………………………………………………………… 槲蕨属 *Drynaria* (Bory) J. Sm.

55. 植株不符上述情形。

57. 叶柄无关节。

58. 叶片遍体或至少各回羽轴上面有灰白色针状毛（金星蕨科 Thelpteridaceae）。
59. 叶片一回羽状；叶脉网结成斜方形网眼 …………………………… 新月蕨属 *Pronephrium* Presl
59. 叶片一至四回羽裂；叶脉分离。
60. 叶片卵状三角形，三至四回羽裂；羽轴上有多细胞长针毛；孢子囊上无刚毛 ……………………………………………………………………………… 针毛蕨属 *Macrothelypteris*（H. Ito）Ching
60. 叶片长圆形、披针形；二回羽裂；孢子囊上常有刚毛。
61. 叶片下面有边缘睫状的小鳞片；侧生羽片与叶轴合生…………… 卵果蕨属 *Phegopteris* Fee
61. 叶片下面无鳞片；侧重羽片彼此分离。
62. 羽片基部下侧有褐色气囊体；孢子囊上的刚毛钩状 …… 钩毛蕨属 *Cyclogramma* Tagawa
62. 羽片无气囊；孢子囊上的刚毛直，或无刚毛 ……… 方秆蕨属 *Glaphyropteridopsis* Ching
58. 植株无上述针状毛，有时疏生淡黄色头状腺体（蹄盖蕨科 Athyriaceae） ……………………………………………………………………………… 羽节蕨属 *Gymnocarpium* Newman
57. 叶柄基部有关节（水龙骨科 Polypodiaceae）。
63. 孢子囊群幼时有盾状或伞形隔丝覆盖。
64. 叶为扇形鸟足状掌裂 …………………………………………………… 扇蕨属 *Neocheiropteris* Christ
64. 叶为单叶，全缘或波状。
65. 叶一型。
66. 孢子囊群在主脉两侧常为不整齐的 2～3 行排列；侧脉明显…… 盾蕨属 *Neolepisorus* Ching
66. 孢子囊群在主脉两侧各为整齐的 1 行排列；侧脉不明显 …………………………………………………………………………… 瓦韦属 *Lepisorus*（J. Sm.）Ching
65. 叶二型、近二型或叶形多变。
67. 叶肉质；孢子囊群大，在主脉两侧各为整齐的 1 行 …… 伏石蕨属 *Lemmaphyllum* C. Presl
67. 叶草质至纸质；孢子囊群小而星散分布 …… 鳞果星蕨属 *Lepidomicrosorum* Ching et Shing
63. 孢子囊群幼时无隔丝覆盖。
68. 叶为单叶，边缘全缘或波状。
69. 叶密被星状毛；圆形孢子囊群紧密排列似布满叶背…………………… 石韦属 *Pyrrosia* Mirbel
69. 叶上无星状毛。
70. 主脉两侧各有 1 行排列整齐的孢子囊群；侧脉明显…………………… 修蕨属 Selliguea Bory
70. 主脉两侧有多行孢子囊群散生，若不 1～2 行，则排列不整齐；侧脉不明显 ……………………………………………………………………………… 星蕨属 *Microsorum* Link
68. 叶为一回羽状深裂或一回羽状。
71. 羽片以关节着生于叶轴 ……………………………… 节肢蕨属 *Arthromeris*（T. Moore）J. Sm.
71. 羽片或裂片无关节。
72. 叶片羽状深裂；叶脉全部联结成细密网眼。
73. 根状茎肉质，肥厚，具卵形鳞片；裂片全缘 …………… 瘤蕨属 *Phymatosorus* Pic. Serm.
73. 根状茎细长，不为肉质，具披针形鳞片；裂片边缘常具缺刻或锯齿 ……………………………………………………………………………… 修蕨属 *Selliguea* Bory
72. 叶片一回羽状，或羽状深裂至全裂；仅主脉两侧各有1～2 行网眼。
74. 叶片羽状深裂，羽片间有狭翅相连；狭翅上常有一与叶轴平行的狭长网眼 ……………………………………………………………………………… 水龙骨属 *Polypodiodes* Ching
74. 叶片至少下部为羽状，羽片以无翅叶轴彼此分开 …… 拟水龙骨属 *Polypodiastrum* Ching
35. 孢子囊群长形或线状。
75. 孢子囊群有盖。

76. 叶柄基部横切面有两条扁阔的维管束；孢子囊群与主脉斜交。
  77. 两条维管束向上汇合成“U”形；鳞片不透明。
    78. 叶脉联结成网状（肠蕨科 Diplaziopsidaceae） ……………………… 肠蕨属 *Diplaziopsis* C. Chr.
    78. 叶脉分离（蹄盖蕨科 Athyriaceae）。
      79. 孢子囊群通常生于叶脉背部，呈圆形，有圆肾形囊群盖，以弯缺处着生 ………………………………………………………………………………………………… 安蕨属 *Anisocampium* Presl
      79. 孢子囊群通常生于叶脉上侧或双生于一脉上下两侧，呈新月形、弯钩形或线状，囊群盖与孢子囊同形，以内侧着生。
        80. 叶为单叶或奇数一回羽状，顶生羽片与侧生羽片同形…………… 双盖蕨属 *Diplazium* Sw.
        80. 叶为一至三回羽状，叶片先端羽状分裂。
          81. 叶为二回羽状深裂；至少叶轴、羽轴下面有多细胞节状毛 ………………………………………………………………………………………… 对囊蕨属 *Deparia* Hook. et Grev.
          81. 叶为各种羽裂；叶轴、羽轴下面无多细胞节状毛。
            82. 叶柄基部常加厚成腹凹背凸的纺锤形；孢子囊群不双生一脉 ………………………………………………………………………………………… 蹄盖蕨属 *Athyrium* Roth
            82. 叶柄基部不加厚成纺锤形；孢子囊群常见双生一脉………… 双盖蕨属 *Diplazium* Sw.
  77. 两条维管束向上汇合成“X”形；鳞片透明（铁角蕨科 Asplenia-ceae）。
    83. 叶为草质，一回羽状；羽片为近对开式的不等边四边形或菱形 ………………………………………………………………………………………… 膜叶铁角蕨属 *Hymenasplenium* Hayata
    83. 叶草质、纸质或革质；叶片单一或常为一至四回羽状；羽片不为对开式不等边四边形 ………………………………………………………………………………………… 铁角蕨属 *Asplenium* L.
76. 叶柄基部横切面有多条圆形维管束；孢子囊群贴近主脉或羽轴并与之平行（乌毛蕨科 Blechnaceae）。
  84. 叶脉分离；叶革质；孢子囊群线形，连续不断 …………………… 荚囊蕨属 *Struthiopteris* Scopoli
  84. 叶脉网状；叶纸质或革质；孢子囊群长圆形，不连续 ………………… 狗脊属 *Woodwardia* Smith
75. 孢子囊群无盖。
  85. 孢子囊群沿小脉分布，若叶脉网状，则沿网眼分布。
    86. 植株遍体或至少叶轴和羽轴上有灰白色针毛（金星蕨科 Thelpteridaceae）。
      87. 叶柄淡禾秆色；侧生羽片与叶轴合生下延；叶轴、羽轴下面具鳞片 ………………………………………………………………………………………… 卵果蕨属 *Phegopteris* Fee
      87. 叶柄通常紫色或红棕色；侧生羽片不下延；叶轴、羽轴下面光滑或有毛而无鳞片 ………………………………………………………………………………………… 紫柄蕨属 *Pseudophegopteris* Ching
    86. 植株遍体无灰白色针毛，或有柔毛或腺毛。
      88. 叶片上面有肉质刺或羽片基部具关节；孢子囊群长圆形。
        89. 叶轴及各回羽轴相交处有一肉质角状扁粗刺；羽片无关节（蹄盖蕨科 Athyriaceae） ………………………………………………………………………………………… 角蕨属 *Cornopteris* Nakai
        89. 叶轴及各回羽轴相交处无肉质刺；羽片以关节着生（冷蕨科 Cystopteridaceae） ………………………………………………………………………………………… 羽节蕨属 *Gymnocarpium* Newman
      88. 叶片上面无肉质刺，羽片基部也无关节；孢子囊群线状（凤尾蕨科 Pteridaceae）。
        90. 叶一至二回羽状，软革质，下面密生鳞片或长绢毛………… 金毛裸蕨属 *Gymnopteris* Bernh.
        90. 叶一至三回羽状，草质或纸质，下面光滑或具短柔毛…………… 凤丫蕨属 *Coniogramme* Fée
  85. 孢子囊群不沿小脉分布，也不沿网眼分布。
    91. 叶柄基部有关节；叶为单叶至一回羽状（水龙骨科 Polypodiaceae） ………………………………………………………………………………………… 薄唇蕨属 *Leptochilus* Kaulf.

91. 叶柄基部无关节；叶为单叶。
  92. 叶为条带状或线状；孢子囊群与主脉平行，具带状或棒状隔丝（凤尾蕨科 Pteridaceae）……………………………………………………………………………… 书带蕨属 *Vittaria* Sm.
  92. 叶为披针形；孢子囊群与主脉斜交，无隔丝（水龙骨科 Polypodiaceae）……………………………………………………………………… 剑蕨属 *Loxogramme*（Blume）C. Presl

二、裸子植物分科检索表

1. 乔木、灌木或呈棕榈状。
  2. 叶为羽状复叶或扇形单叶。
    3. 叶为羽状复叶；树干短，不分枝，呈棕榈状 ……………………………… 苏铁科 Cycadaceae
    3. 叶为扇形单叶；树干高，且分枝，不呈棕榈状 ……………………………… 银杏科 Ginkgoaceae
  2. 叶为单叶，针形、条形、鳞形、刺形、钻形、披针形、卵形、椭圆形。
    4. 胚珠生于珠鳞腹面基部；3 枚至多数珠鳞组成雌球花；雌球花发育成球果，球果熟后木质化，稀为浆果状；种子无肉质的套被或假种皮。
      5. 球果的种鳞与苞鳞离生，仅基部合生，每种鳞有 2 粒种子 ……………………… 松科 Pinaceae
      5. 球果的种鳞与苞鳞合生，每种鳞有 1 至多粒种子。
        6. 常绿或落叶乔木；叶螺旋状排列，散生，稀交叉对生；每种鳞有 2～9 粒种子 ……………………………………………………………………………… 杉科 Taxodiaceae
        6. 常绿乔木或灌木；叶交叉对生或 3～4 叶轮生；每种鳞有 1 至多粒种子 ……………………………………………………………………………… 柏科 Cupressaceae
    4. 胚珠 1 至数枚；雌球花不发育成球果，而发育为核果状或坚果状种子，全部或部分包于肉质套被或肉质假种皮中。
      7. 胚珠通常倒生；种子着生在膨大的肉质种托上；雄蕊有 2 花药，花粉粒有气囊 ……………………………………………………………………………… 罗汉松科 Podocarpaceae
      7. 胚珠通常直立；种子基部无膨大的肉质种托；雄蕊有 3～9 花药，花粉粒无气囊。
        8. 雄蕊有 2～4（通常 3）花药；雌球花有长梗；假种皮全包种子 …… 三尖杉科 Cephalotaxaceae
        8. 雄蕊有 4～9 花药；雌球花有短梗或无梗；假种皮杯状、瓶状或全包种子 ……………………………………………………………………………… 红豆杉科 Taxaceae
1. 小灌木；叶退化成膜质，生于节上，二裂，裂片三角形，基部合生成鞘状；球花短缩，不成穗状 ……………………………………………………………………………… 麻黄科 Ephedraceae

三、被子植物分科检索表

1. 子叶 2 个，极稀 1 个或更多；多年生的木本植物且有年轮；叶片常为网状脉；花常为 5 出数或 4 出数（双子叶植物纲）。
  2. 花无真正的花冠（花被片逐渐变化，呈覆瓦状排列成 2 至数层的也可在此检索）；有或无花萼，有时可类似花冠。
    3. 花单性，雌雄同株或异株，其中雄花，或雌花和雄花均可呈柔荑花序或类似柔荑状的花序。
      4. 无花萼，或在雄花中存在。
        5. 雌花以花梗着生于椭圆形膜质苞片的中脉上，心皮 1 ……………………………………………………………… 漆树科 Anacardiaceae（九子母属 *Dobinea*）
        5. 雌花情形非如上述；心皮 2 或更多数。
          6. 多为木质藤本；叶为全缘单叶，具掌状脉；果为浆果 ……………………… 胡椒科 Piperaceae

6. 乔木或灌木；叶可呈多种类型，但常为羽状脉；果实不为浆果。
7. 果实为具多数种子的蒴果；种子有丝状茸毛 ………………………………… 杨柳科 Salicaceae
7. 果实为仅具 1 种子的小坚果、核果或核果状坚果。
8. 叶为羽状复叶；雄花有花被 ……………………………………………… 胡桃科 Juglandaceae
8. 叶为单叶（有时在杨梅科中可为羽状分裂）。
9. 果实为肉质核果；雄花无花被 ………………………………………… 杨梅科 Myricaceae
9. 果实为小坚果；雄花有花被 ……………………………………………… 桦木科 Betulaceae
4. 有花萼，或在雄花中不存在。
10. 子房下位。
11. 叶对生，叶柄基部互相连合 ………………………………………… 金粟兰科 Chloranthaceae
11. 叶互生。
12. 叶为羽状复叶 ……………………………………………………………… 胡桃科 Juglandaceae
12. 叶为单叶。
13. 果为蒴果 …………………………………………………………… 金缕梅科 Hamamelidaceae
13. 果为坚果。
14. 坚果封藏于一变大呈叶状的总苞中 ……………………………… 桦木科 Betulaceae
14. 坚果有一壳斗下托，或封藏在一多刺的果壳中 ………………………… 壳斗科 Fagaceae
10. 子房上位。
15. 植物体中具白色乳汁。
16. 子房 1 室；葚果 ……………………………………………………………………… 桑科 Moraceae
16. 子房 2～3 室；蒴果 ………………………………………………………… 大戟科 Euphorbiaceae
15. 植物体中无乳汁；或在大戟科的重阳木属中具红色汁液。
17. 子房为单心皮所成；雄蕊的花丝在花蕾中向内屈曲 ………………………… 荨麻科 Urticaceae
17. 子房为 2 枚以上的连合心皮所成；雄蕊的花丝在花蕾中常直立（在大戟科的重阳木属及巴豆属中则向前屈曲）。
18. 果实为 3 个（稀 2～4 个）离果所成蒴果；雄蕊 10 至多数，有时少于 10 个 ………………
……………………………………………………………………………… 大戟科 Euphorbiaceae
18. 果实为其他情形；雄蕊少数至数个（大戟科的黄桐树属为 6～10 个），或和花萼裂片同数且对生。
19. 雌雄同株的乔木或灌木。
20. 子房 2 室；蒴果 …………………………………………………… 金缕梅科 Hamamelidaceae
20. 子房 1 室；坚果或核果 ……………………………………………………………… 榆科 Ulmaceae
19. 雌雄异株的植物。
21. 草本或草质藤本；叶为掌状分裂或掌状复叶 ………………………………… 桑科 Moraceae
21. 乔木或灌木；叶全缘，或在重阳木属为 3 小叶所成的复叶 ………………………………
……………………………………………………………………………… 大戟科 Euphorbiaceae
3. 花两性或单性，但并不成为柔荑花序。
22. 子房或子房室内有数个至多数胚珠。
23. 子房下位或部分下位。
24. 雌雄同株或异株，如为两性花时，则成肉质穗状花序。
25. 草本，植物体含多量汁液；单叶常不对称 ………… 秋海棠科 Begoniaceae（秋海棠属 *Begonia*）
25. 木本。
26. 花两性，成肉质穗状花序；叶全缘 ………… 金缕梅科 Hamamelidaceae（山铜材属 *Chunia*）

26. 花单性，成头状花序，子房 2 室 ………………………………………………………… 金缕梅科 Hamamelidaceae（枫香树亚科 Liquidambaroideae）

24. 花两性，但不成肉质穗状花序。

27. 子房一室。

28. 无花被；雄蕊着生在子房上 ……………………………………………… 三白草科 Saururaceae

28. 有花被；雄蕊着生在花被上。

29. 茎肥厚，绿色，常具棘针；叶常退化；花被片和雄蕊都多数；浆果 ……………………………………………………………………………… 仙人掌科 Cactaceae

29. 茎不成上述形状；叶正常；花被片和雄蕊皆五出或四出数，或雄蕊数为前者的 2 倍；蒴果 ……………………………………………………………………………… 虎耳草科 Saxifragaceae

27. 子房 4 室或更多室。

30. 草质或木质藤本，雄蕊 6 或 12 ……………………………………… 马兜铃科 Aristolochiaceae

30. 直立或匍匐草本，多为水生植物，雄蕊 4 ……………………………………………………………… 柳叶菜科 Onagraceae（丁香蓼属 *Ludwigia*）

23. 子房上位。

31. 草本。

32. 雌蕊或子房 2 个，或更多数。

33. 复叶或多少有些分裂，稀可为单叶，全缘或具齿裂；心皮多数至少数 ……………………………………………………………………………… 毛茛科 Ranunculaceae

33. 单叶，叶缘有锯齿；心皮和花萼裂片同数 ……………………………………………………………… 虎耳草科 Saxifragaceae（扯根菜属 *Penthorum*）

32. 雌蕊或子房单独 2 个。

31. 木本。

34. 花的各部为整齐的三出数 ……………………………………………… 木通科 Lardizabalaceae

34. 花为其他情形。

35. 雄蕊数个至多数，连合成单体 ……………………………………………… 梧桐科 Sterculiaceae

35. 雄蕊多数，离生，花雌雄异株，具 4 个小型萼片 …………………………………………………… 连香树科 Cercidiphyllaceae（连香树属 *Cercidiphyllum*）

22. 子房或子房室内仅有 1 至数个胚珠。

36. 叶片中常有透明微点。

37. 叶为羽状复叶 ……………………………………………………………… 芸香科 Rutaceae

37. 叶为单叶，全缘或有锯齿。

38. 草本植物或有时在金粟兰科为木本植物；花无花被，常成简单或复合的穗状花序，但在胡椒科齐头绒属则成疏松总状花序。

39. 子房下位，仅一室有一胚珠；叶对生，叶柄在基部连合 ……………… 金粟兰科 Chloranthaceae

39. 子房上位；叶对生时，叶柄也不在基部连合。

40. 雌蕊由 3～6 近于离生心皮组成，每心皮各有 2～4 枚胚珠 …………………………………………………… 三白草科 Saururaceae（三白草属 *Saururus*）

40. 雌蕊由 1～4 合生心皮组成，仅一室，有 1 枚胚珠 ……………………………………………… 胡椒科 Piperaceae（齐头绒属 *Zippelia*、草胡椒属 *Peperomia*）

38. 乔木或灌木；花具一层花被；花序有各种类型，但不为穗状。

41. 花两性；果实仅一室，蒴果状，2～3 瓣裂开 …………………………………………………… 大风子科 Flacourtiaceae（三羊角树属 *Carrierea*）

41. 花单性，雌雄异株；果实2～4室，肉质或革质，很晚才裂开 ……………………………………………………………………………………… 大戟科 Euphorbiaceae（白树属 *Suregada*）

36. 叶片中无透明微点。

42. 雄蕊连成单体，至少在雄花中有这现象，花丝互相连合筒状或成一中柱。

43. 肉质寄生草本植物，具退化成鳞片状的叶片，无叶绿素 …………………… 蛇菰科 Balanophoraceae

43. 植物体非为寄生性，有绿叶。

44. 雌雄同株，雄花成球形头状花序，雄花以2个同生于1个有2室而具钩状芒刺的果壳中 ……………………………………………………………………… 菊科 Compositae（苍耳属 *Xanthium*）

44. 花两性，如为单性时，雄花和雌花也无上述情形。

45. 草本植物；花两性。

46. 叶互生 ……………………………………………………………………… 藜科 Chenopodiaceae

46. 叶对生。

47. 花显著，有连合成花萼的总苞…………………………………………… 紫茉莉科 Nyctaginaceae

47. 花微小，无上述情形的总苞 …………………………………………… 苋科 Amaranthaceae

45. 乔木或灌木，稀可为草本；花单性或杂性；叶互生。

48. 萼片成覆瓦状排列，至少在雄花中如此……………………………… 大戟科 Euphorbiaceae

48. 萼片成镊合状排列。花单性或雄花和两性花同株；花萼具4～5裂片或裂齿，雌花为3～6近于离生的心皮所成，各心皮于成熟时为革质或木质，呈蓇葖果状而不裂开 ……………………………………………………………………… 梧桐科 Sterculiaceae（苹婆属 *Sterculia*）

42. 雄蕊各自分离，有时仅为1个，或花丝成为分枝的簇丛（如大戟科的蓖麻属）。

49. 每花有雌花2至多数，近于或完全离生；或花的界限不明显时，则雌蕊多数，成一球形头状花序。

50. 花托下陷，呈杯状或坛状。

51. 灌木；叶对生；花被片在坛状花托的外侧排列成数层 ………………… 蜡梅科 Calycanthaceae

51. 灌木或草本；叶互生；花被片在杯状或坛状花托的边缘排列成一轮 ………… 蔷薇科 Rosaceae

50. 花托扁平或隆起，有时延长。

52. 乔木、灌木或木质藤本。

53. 花有花被 ……………………………………………………………………… 木兰科 Magnoliaceae

53. 花无花被。

54. 落叶灌木或小乔木；叶卵形，具羽状脉或锯齿缘，无托叶；花两性或杂性，在叶腋中丛生；翅果无毛，有柄………………………… 领春木科 Eupteleaceae（领春木属 *Euptelea*）

54. 落叶乔木；叶广阔，掌状分裂，叶缘有缺刻或大锯齿，有托叶围茎成鞘，易脱落；花单性，雌雄同株，分别聚成球状头状花序；小坚果，围以长柔毛而无柄 …………………… ……………………………………………… 悬铃木科 Platanaceae（悬铃木属 *Platanus*）

52. 草本或稀为亚灌木，有时为攀缘性。

55. 胚珠倒生或直生。

56. 叶片多少有些分裂或为复叶；无托叶或极微小；有花被（花萼）；胚珠倒生；花单生或成各种类型的花序 ……………………………………………………… 毛茛科 Ranunculaceae

56. 叶为全缘单叶；有托叶；无花被；胚珠直生；花成穗形总状花序 …………………… ……………………………………………………………………… 三白草科 Saururaceae

55. 胚珠常弯生，直立草本；单叶叶互生，果实肉质，浆果或核果，稀蒴果 ………………… ……………………………………………………………………… 商陆科 Phytolaccaceae

49. 每花仅有1个复合或单雌蕊，心皮有时于成熟后各自分离。

56. 子房下位或半下位。
57. 草本。
58. 水生或陆生草本，叶互生、对生或轮生，生于水中的常为篦齿状分裂；花小，两性或单性，腋生、单生或簇生，或成顶生的穗状花序、圆锥花序、伞房花序；萼片2～4或缺；花瓣2～4，早落，或缺；雄蕊2～8，排成2轮，外轮对萼分离；柱头2～4裂；胚珠与花柱同数，倒垂于其顶端。果为坚果或核果状 ………………………………………………………… 小二仙草科 Haloragidaceae
58. 陆生草本.
59. 寄生性肉质草本，无绿叶。
60. 花单性，雌花常无花被；无珠被及种皮 ……………………………… 蛇菰科 Balanophoraceae
60. 花杂性，有一层花被，两性花有1雄蕊；有珠被及种皮 ……………………………………………………………………………………… 锁阳科 Cynomoriaceae（锁阳属 *Cynomorium*）
59. 非寄生性植物，或于百蕊草属为半寄生性，但均有绿叶。
61. 叶对生，其形宽广而有锯齿缘 ……………………………………… 金粟兰科 Chloranthaceae
61. 叶互生，直立草本，叶片狭而细长 ……………… 檀香科 Santalaceae（百蕊草属 *Thesium*）
57. 灌木或乔木。
62. 子房3～10室。
63. 坚果1～2个，同生在1个木质且可裂为4瓣的壳斗里 ……………………………………………………………………………… 壳斗科 Fagaceae（水青冈属 *Fagus*）
63. 核果，并不生在壳斗里。
64. 雌雄异株，成顶生的圆锥花序，后者并不为叶状苞片所托 ……………………………………………………………………… 山茱萸科 Cornaceae（鞘柄木属 *Toricellia*）
64. 花杂性，形成球形的头状花序，后者为2～3白色叶状苞片所托 ………… 珙桐科 Davidiaceae
62. 子房1～2室，或在铁青树科的青皮木属中，子房的基部可为3室。
65. 花柱2个。
66. 蒴果，2瓣裂开 …………………………………………………… 金缕梅科 Hamamelidaceae
66. 果实呈核果状，或为蒴果状的瘦果，不开裂 ………………………………… 鼠李科 Rhamnaceae
65. 花柱1个或无花柱。
67. 叶片下面多少有些具皮屑状的附属物 ……………………………… 胡颓子科 Elaeagnaceae
67. 叶片下面无皮屑状或鳞片状的附属物。
68. 叶缘有锯齿或圆锯齿，稀可在荨麻科的紫麻属中有全缘者。
69. 叶对生，具羽状脉；雄花裸露，有雄蕊1～3个 ………………… 金粟兰科 Chloranthaceae
69. 叶互生，大都在叶基具三出脉；雄花具花被及雄蕊4个（稀可3个或5个）………………………………………………………………………………… 荨麻科 Urticaceae
68. 叶全缘，互生或对生。
70. 植物体寄生在乔木的树干或枝条上；果实成浆果状 ……………… 桑寄生科 Loranthaceae
70. 植物体大都陆生，或有时可为寄生性；果实成坚果状或核果状；胚珠1～5个。
71. 花多为单性；胚珠悬垂于基底胎座上 ……………………………… 檀香科 Santalaceae
71. 花两性或单性，胚珠倒生，倒悬于子房室的顶端，雄蕊10，为花萼裂片数的2倍 ……………………………………………… 使君子科 Combretaceae（诃子属 *Terminalia*）
56. 子房上位，如有花萼时，和它相分离，或在紫茉莉科或胡颓子科中，当果实成熟时，子房为宿存萼筒所包围。

72. 托叶鞘围抱茎的各节；草本，稀可为灌木或小乔木 ………………………………… 蓼科 Polygonaceae
72. 无托叶鞘，在悬铃木科有托叶鞘但易脱落。
73. 草本，或有时在藜科及紫茉莉科中为亚灌木。
74. 无花被。
75. 花两性或单性；子房一室，内仅有 1 个基生胚珠。
76. 叶基生，由 3 小叶而成；穗状花序在一个细长基生无叶的花梗上 ……… 小檗科 Berberidaceae
76. 叶茎生，单叶；穗状花序顶生或腋生，但常和叶相对生 ……………………………………………………………………………………………… 胡椒科 Piperaceae（胡椒属 *Piper*）
75. 花单性；子房 3 或 2 室。
77. 水生或微小的沼泽植物，无乳汁；子房 2 室，每室内含 2 个胚珠 ……………………………………………………………… 水马齿科 Callitrichaceae（水马齿属 *Callitriche*）
77. 陆生植物；有乳汁；子房 3 室，每室内仅含 1 个胚珠……………………… 大戟科 Euphorbiaceae
74. 有花被，当花为单性时，特别是雄花是如此。
78. 花萼呈花瓣状，且呈管状。
79. 花有总苞，有时这总苞类似花萼 ………………………………………… 紫茉莉科 Nyctaginaceae
79. 花无总苞。
80. 胚珠 1 个，在子房的近顶端处 …………………………………… 瑞香科 Thymelaeaceae
80. 胚珠多数，生在特立中央胎座上 ………………… 报春花科 Primulaceae（海乳草属 *Glaux*）
78. 花萼非上述情形。
81. 雄蕊周位，即位于花被上。
82. 叶互生，羽状复叶而有革质的托叶；花无膜质苞片；瘦果 ……………………………………………………………………………… 蔷薇科 Rosaceae（地榆属 *Sanguisorba*）
82. 叶对生，或在蓼科的冰岛蓼属为互生，单叶，无草质托叶；花有膜质苞片。
83. 花被片和雄蕊各为 5 或 4 枚，对生；囊果；托叶膜质 …………… 石竹科 Caryophyllaceae
83. 花被片和雄蕊各为 3 枚，互生；坚果，无托叶 ……………………………………………………………………… 蓼科 Polygonaceae（冰岛蓼属 *Koenigia*）
81. 雄蕊下位，即位于子房下。
84. 花柱或其分枝为 2 或数个，内侧常为柱头面。
85. 子房常为数个至多数心皮连合而成 ………………………………… 商陆科 Phytolaccaceae
85. 子房常为 2 或 3（或 5）心皮连合而成。
86. 子房 3 室，稀可 2 或 4 室………………………………………………… 大戟科 Euphorbiaceae
86. 子房 1 或 2 室。
87. 叶为掌状复叶或具掌状脉而有宿存托叶 ……………………………………………………………………… 桑科 Moraceae（大麻亚科 Cannabioideae）
87. 叶具羽状脉，或稀可为掌状脉而无托叶，也可在藜科中叶退化成鳞片或为肉质而形如圆筒。
88. 花有草质而带绿色或灰绿色的花被及苞片 …………………… 藜科 Chenopodiaceae
88. 花有干膜质而常有色泽的花被及苞片 ………………………… 苋科 Amaranthaceae
84. 花柱 1 个，常顶端有柱头，也可无柱头。
89. 花两性。
90. 雌蕊为单心皮；花萼由 2～3 个膜质且宿存的萼片组成；雄蕊 2～3 个 ………………………………………………………… 毛茛科 Ranunculaceae（星叶草属 *Circaeaster*）
90. 雌蕊由 2 合生心皮组成。

91. 萼片 2 片；雄蕊多数 ………………………………… 罂粟科 Papaveraceae（博落回属 *Macleaya*）

91. 萼片 4 片；雄蕊 2 或 4 ………………………………… 十字花科 Cruciferae（独行菜属 *Lepidium*）

89. 花单性。

92. 沉没于淡水中的水生植物；叶细裂成丝状 …… 金鱼藻科 Ceratophyllaceae（金鱼藻属 *Ceratophyllum*）

92. 陆生植物，茎常富含纤维，花被单层，雄蕊与花被片同数，均为 4～5，二者相对生……………………………………………………………………………………………………… 荨麻科 Urticaceae

73. 木本植物或亚灌木。

93. 果实和子房均为 2 至数室，或在大风子科中为不完全的 2 至数室。

94. 花常为两性。

95. 萼片 4 或 5，稀可 3，呈覆瓦状排列。

96. 雄蕊 4 个；4 室的蓇葖果 …………………………………………… 水青树科 Tetracentraceae

96. 雄蕊多数；浆果状的核果 ……………………………………………… 大戟科 Euphorbiaceae

95. 萼片多 5 片，呈镊合状排列。

97. 雄蕊多数，具刺的蒴果………………………………………… 杜英科（猴欢喜属 *Sloanea*）

97. 雄蕊与萼片同数而互生，各为 4 或 5，核果、浆果状核果、蒴果状核果 ……………………………………………………………………………………………… 鼠李科 Rhamnaceae

94. 花为单性（雌雄同株或异株）或杂性。

98. 果实各种；种子无胚乳或有少量胚乳。

99. 雄蕊常 8 个，果实坚果状或为有翅的蒴果；羽状复叶或单叶………… 无患子科 Sapindaceae

99. 雄蕊 5 个或 4 个；且和萼片互生；核果有 2～4 个小核；单叶 ………………………………………………………………………… 鼠李科 Rhamnaceae（鼠李属 *Rhamnus*）

98. 果实多呈蒴果状，无翅，种子常有胚乳。

100. 果实为具 2 室的蒴果，有木质或革质的外种皮及角质的内果皮 ……………………………………………………………………………… 金缕梅科 Hamamelidaceae

100. 果实纵为蒴果时，也不像上述情形。

101. 胚珠具腹脊；果实有各种类型，但多为胞间裂开的蒴果 ………… 大戟科 Euphorbiaceae

101. 胚珠具背脊；果实为胞背裂开的蒴果，或有时呈核果状 ……………… 黄杨科 Buxaceae

93. 果实及子房均为 1 或 2 室，稀可在无患子科的荔枝属及韶子属中为 3 室，或在卫矛科的十齿花属中，子房的下部为 3 室，而上部为 1 室。

102. 花萼具显著的萼筒，且常呈花瓣状。

103. 叶无毛或下面有柔毛；萼筒整个脱落 ……………………………………… 瑞香科 Thymelaeaceae

103. 叶下面具银白色或棕色的鳞片；萼筒或其下部永久宿存，当果实成熟时，变为肉质而紧密包着子房……………………………………………………………………… 胡颓子科 Elaeagnaceae

102. 花萼不是上述情形，或无花被。

104. 花药以 2 或 4 舌瓣裂开 ……………………………………………………………… 樟科 Lauraceae

104. 花药不以舌瓣裂开。

105. 叶对生。

106. 果实为有双翅或呈圆形的翅果 ………………………………………………… 槭树科 Aceraceae

106. 果实为有单翅而呈细长形兼矩圆形的翅果 ……………………………… 木犀科 Oleaceae

105. 叶互生。

107. 叶为羽状复叶。

108. 叶为二回羽状复叶，或退化仅具叶状柄…… 含羞草科 Mimosaceae（金合欢属 *Acacia*）

108. 叶为一回羽状复叶。

109. 花两性或杂性 ……………………………………………………………… 无患子科 Sapindaceae

109. 雌雄异株 …………………………………………… 漆树科 Anacardiaceae（黄连木属 *Pistacia*）

107. 叶为单叶。

110. 花均无花被。

111. 多为木质藤本；叶全缘；花两性或杂性，成紧密的穗状花序 ……………………………… ……………………………………………………………… 胡椒科 Piperaceae（胡椒属 *Piper*）

111. 乔木；叶缘有锯齿或缺刻；花单性。

112. 叶宽广，具掌状脉及掌状分裂，叶缘具缺刻或大锯齿，有托叶，围茎成鞘，但易脱落；雌雄同株，雌花和雄花分别成球形的头状花序；雌蕊为单心皮而成；小坚果为倒圆锥形而有棱角，无翅也无梗，但围以长柔毛 ………………… 悬铃木科 Platanaceae（悬铃木属 *Platanus*）

112. 叶椭圆形至卵形，具羽状脉及锯齿缘，无托叶；雌雄异株，雄花聚成疏松有苞片的簇丛，雌花单生于苞片的腋内，雌蕊为 2 心皮而成；小坚果扁平，具翅且有柄，但无毛 …………… …………………………………………………… 杜仲科 Eucommiaceae（杜仲属 *Eucommia*）

110. 花常有花萼，尤其在雄花。

113. 植物体内有乳汁 ……………………………………………………………………… 桑科 Moraceae

113. 植物体内无乳汁。

114. 花柱或其分枝 2 或数个，但在大戟科的核果树属（*Drypetes*）中则柱头几无柄，呈盾状或肾脏形。

115. 雌雄异株或有时为同株，叶全缘或具波状齿。

116. 矮小灌木或亚灌木；果实干燥，包藏于具有长柔毛而互相连合双角状的 2 苞片中，胚体弯曲如环 …………………………………………………………… 藜科 Chenopodiaceae

116. 乔木或灌木；果实呈核果状，常具 1 室含 1 种子，不包藏于苞片内，胚体直 ………… ……………………………………………………………………… 大戟科 Euphorbiaceae

115. 花两性或单性；叶缘多有锯齿，稀可全缘。

117. 雄蕊多数 ………………………………………………………… 大风子科 Flacourtiaceae

117. 雄蕊 10 个或较少。

118. 子房 2 室，每室有 1 个至数个胚珠；果实为木质蒴果 …… 金缕梅科 Hamamelidaceae

118. 子房 1 室，仅含 1 胚珠；果实不是木质蒴果 ………………………… 榆科 Ulmaceae

114. 花柱 1 个，也可有时（如荨麻属）不存在，而柱头呈画笔状。

119. 叶缘有锯齿，子房为 1 心皮而成。

120. 花生于当年新枝上；雄蕊多数 …………………… 蔷薇科 Rosaceae（臭樱属 *Maddenia*）

120. 花生于老枝上；雄蕊与萼片同数……………………………………… 荨麻科 Urticaceae

119. 叶全缘或边缘有锯齿；子房为 2 个以上连合心皮所成。

121. 花下位，雌雄异株，稀可杂性；雄蕊多数，果实呈浆果状；无托叶 …………………… ……………………………………………… 大风子科 Flacourtiaceae（柞木属 *Xylosma*）

121. 花周位，两性；雄蕊 5～12 个；果实呈蒴果状；有托叶，但易脱落。

122. 花为腋生的簇丛或头状花序；萼片 4～6 片 ………………………………………… ………………………………… 大风子科 Flacourtiaceae（山羊角树属 *Carrierea*）

122. 花为腋生的伞形花序；萼片 10～14 片 ……………………………………………… ………………………………… 卫矛科 Celastraceae（十齿花属 *Dipentodon*）

2. 花具花萼也具花冠，或有 2 层以上的花被片，有时花冠可为蜜腺叶所代替。

123. 花冠常为离生的花瓣所组成。

124. 成熟雄蕊（或单体雄蕊的花药）多在 10 个以上，通常多数，或其数超过花瓣的 2 倍。
125. 花萼和 1 个或更多的雌蕊多少有些互相愈合，即子房下位或半下位。
126. 水生草本植物；子房多室 ……………………………………………………………… 睡莲科 Nymphaeaceae
126. 陆生植物；子房 1 至数室，也可心皮为 1 个至数个，或在海桑科中为多室。
127. 植物体具肥厚的肉质茎，多有刺，常无真正叶片 ……………………………… 仙人掌科 Cactaceae
127. 植物体为普通形态，有真正的叶片。
128. 草本植物，或稀可为亚灌木。
129. 花单性，雌雄同株；花鲜艳，多成腋生聚伞花序；子房 2～4 室 ………………………………………………………………………………… 秋海棠科 Begoniaceae（秋海棠属 *Begonia*）
129. 花常两性。
130. 叶基生或茎生，呈心形；花为三出数 …… 马兜铃科 Aristolochiaceae（细辛属 *Asarum*）
130. 叶基生，叶片圆柱状或扁平，肉质；萼片 2，花瓣 4 或 5；蒴果盖裂 ……………………………………………………………………………… 马齿苋科 Portulacaceae（马齿苋属 *Portulaca*）
128. 乔木或灌木。
131. 叶通常对生，或在石榴科的石榴属中有时可互生。
132. 叶缘常有锯齿或全缘；花序（除山梅花族外）常有不孕的边缘花 ……………………………………………………………………………………………… 虎耳草科 Saxifragaceae
132. 叶全缘；花序无不孕花。
133. 叶为脱落性；花萼呈朱红色 ……………………… 石榴科 Punicaceae（石榴属 *Punica*）
133. 叶为常绿性，常有油腺点；花萼不呈朱红色；雄蕊多数，少是定数，插生于花盘边缘，胚珠常多数 ……………………………………………………………… 桃金娘科 Myrtaceae
131. 叶互生。
134. 花瓣细长形兼长方形，最后向外翻转 …… 八角枫科 Alangiaceae（八角枫属 *Alangium*）
134. 花瓣不成细长形，或纵为细长形时，也不向外翻转。
135. 叶无托叶，单叶，互生，通常具锯齿、腺质锯齿或全缘；果为核果，其形歪斜 ……………………………………………………………… 山矾科 Symplocaceae（山矾属 *Symplocos*）
135. 叶有托叶。
136. 花呈伞房、圆锥、伞形或总状等花序，稀可单生；子房 2～5 室，或心皮 2～5 个，下位，每室或每心皮有胚珠 1～2 个，稀可有时为 3～10 个或为多数；果实为肉质或木质假果；种子无翅 …………………… 蔷薇科 Rosaceae（苹果亚科 Maloideae）
136. 花呈头状或肉穗花序；子房 2 室，半下位，每室有胚珠 2～6 个；果为木质蒴果；种子有或无翅………… 金缕梅科 Hamamelidaceae（马蹄荷亚科 Exbucklandioideae）
125. 花萼和 1 个或更多的雌蕊互相分离，即子房上位。
137. 花为周位花。
138. 萼片和花瓣相似，覆瓦状排列成数层，着生于坛状花托的外侧 ……………………………………………………………………… 蜡梅科 Calycanthaceae（夏蜡梅属 *Calycanthus*）
138. 萼片和花被有分化，在萼筒或花托的边缘排列成 2 层。
139. 叶对生或轮生，花瓣在花芽时成皱褶状，雄蕊通常为花瓣的倍数，着生于萼筒上，蒴果革质或膜质 ……………………………………………………………… 千屈菜科 Lythraceae

139. 叶互生，单叶或复叶；花瓣不呈皱褶状。
140. 花瓣宿存；雄蕊花丝的下部连成筒 …………………………………………………… 亚麻科 Linaceae
140. 花瓣脱落性；雄蕊互相分离。
141. 草本植物，具二出数的花朵；萼片 2 片，早落性；花瓣 4 片 ……………………………………………………………… 罂粟科 Papaveraceae（花菱草属 *Eschscholtzia*）
141. 木本或草本植物，具五出或四出数的花朵。
142. 花瓣镊合状排列；果实为荚果；叶多为二回羽状复叶，有时叶片退化，而叶柄发育为叶状柄；心皮 1 个 …………………………………………………… 含羞草科 Mimosaceae
142. 花瓣覆瓦状排列；果实为核果、蓇葖果或瘦果；叶为单叶或复叶；心皮 1 个至多数 ……………………………………………………………………… 蔷薇科 Rosaceae
137. 花为下位花，或至少在果实时花托扁平或隆起。
143 雌蕊少数至多数，互相分离或微有连合。
144. 水生植物。
145. 叶片呈盾状，全缘 …………………………………………………… 睡莲科 Nymphaeaceae
145. 叶片不呈盾状，多少有些分裂或为复叶 ……………………………… 毛茛科 Ranunculaceae
144. 陆生植物。
146. 茎为攀缘性。
147. 草质藤本。
148. 花显著，两性花 ……………………………………………………… 毛茛科 Ranunculaceae
148. 花小型，单性，雌雄异株 ……………………………………………… 防己科 Menispermaceae
147. 木质藤本或为蔓生灌木。
149. 叶对生，复叶由 3 小叶组成，或顶端小叶形成卷须 ……………………………………………………………… 毛茛科 Ranunculaceae（锡兰莲属 *Naravelia*）
149. 叶互生，单叶；花单性。
150. 叶为羽状脉，叶常有透明腺点；心皮多数，结果时聚生成一球状的肉质体或散布于极延长的花托上 ……………………………………………………… 五味子科 Schisandraceae
150. 叶常具掌状脉，叶无透明腺点；心皮 3～6，果为核果或核果状 ……………………………………………………………… 防己科 Menispermaceae
146. 茎直立，不为攀缘性。
151. 雄蕊的花丝连成单体 …………………………………………………… 锦葵科 Malvaceae
151. 雄蕊的花丝互相分离。
152. 草本植物，稀可为亚灌木；叶片多少有些分裂或为复叶。
153. 无托叶；种子有胚乳 ……………………………………………… 毛茛科 Ranunculaceae
153. 多有托叶；种子无胚乳 ……………………………………………… 蔷薇科 Rosaceae
152. 木本植物；叶片全缘或边缘有锯齿，也稀有分裂者。
154. 萼片及花瓣均为镊合状排列；胚乳具嚼痕 ……………………… 番荔枝科 Annonaceae
154. 萼片及花瓣均为覆瓦状排列，且二者形态相同，三出数，排列成 3 层或多层；胚乳无嚼痕 …………………………………………………………… 木兰科 Magnoliaceae
143. 雌蕊 1 个，但花柱或柱头为 1 至多数。
155. 叶片中具透明微点。
156. 叶互生，羽状复叶或退化为仅有 2 顶生叶 ……………………………… 芸香科 Rutaceae
156. 叶对生，单叶 …………………………………………………………… 藤黄科 Guttiferae
155. 叶片中无透明微点。

157. 子房单纯，仅具1子房室。
 158. 乔木或灌木；花瓣呈镊合状排列；果为荚果 ………………………………… 含羞草科 Mimosaceae
 158. 草本植物；花瓣呈覆瓦状排列；果不为荚果。
  159. 花为五出数；蓇葖果 ……………………………………………………………… 毛茛科 Ranunculaceae
  159. 花为三出数；浆果 ………………………………………………………………… 小檗科 Berberidaceae
157. 子房为复合性。
 160. 子房1室，或在马齿苋科土人参属中子房基部为3室。
  161. 特立中央胎座，草本，叶互生或对生；子房的基部3室，有胚珠多数 ……………………………………………………………………………… 马齿苋科 Portulacaceae（土人参属 *Talinum*）
  161. 侧膜胎座。
   162. 灌木或小乔木，植物体不含乳汁，萼片2～7或更多，花瓣2～7，果实为浆果和蒴果……………………………………………………………………………… 大风子科 Flacourtiaceae
   162. 草本植物，可稀为亚灌木，植物体常有乳汁或有色液汁；萼片2～3；果为蒴果，稀有蓇葖果或坚果……………………………………………………………… 罂粟科 Papaveraceae
 160. 子房2室至多室，或为不完全的2至多室。
  163. 水生草本植物；花瓣为多数雄蕊或鳞片状的蜜腺叶所代替 ……………………………………………………………………… 睡莲科（萍蓬草属 *Nuphar*）
  163. 木本植物，或陆生草本植物。
   164. 萼片于蕾内呈镊合状排列。
    165. 雄蕊互相分离或连成数束。
     166. 花药以顶端2孔裂开 ……………………………………………… 杜英科 Elaeocarpaceae
     166. 花药纵长裂开 …………………………………………………………… 椴树科 Tiliaceae
    165. 雄蕊连为单体；至少内层者如此，并且多少有些连成管状。
     167. 花单性；萼片2或3 ……………………………… 大戟科 Euphorbiaceae（油桐属 *Vernicia*）
     167. 花常两性；萼片多5片，稀可较少。
      168. 花药2室；多有不育雄蕊；叶为单叶或掌状分裂 ………………… 梧桐科 Sterculiaceae
      168. 花药1室；无不育雄蕊；花粉粒表面有刺；叶有各种情形 ………… 锦葵科 Malvaceae
   164. 萼片于蕾中呈覆瓦状或旋转状排列，或有时（如大戟科的巴豆属）近于呈镊合状排列。
    169. 雌雄同株或稀可异株；果实为蒴果，由2～4个各自裂为2爿的离果所成 ……………………………………………………………………………… 大戟科 Euphorbiaceae
    169. 花常两性，或在猕猴桃科的猕猴桃属中为杂性或雌雄异株；果实为其他情形。
     170. 草本植物，植物体内含乳汁…………………………………………… 罂粟科 Papaveraceae
     170. 木本植物；植物体内不含乳汁。
      171. 蔓生或攀缘灌木；雄蕊互相分离；子房5室或更多室，浆果，常可食 ……………………………………………………………………………… 猕猴桃科 Actinidiaceae
      171. 直立乔木或灌木；雄蕊至少在外层者连为单体，或连成3～5束而着生于花瓣的基部；子房5～3室。
       172. 花药能转动，以顶端孔裂开；浆果；胚乳颇丰富 ……………………………………………… 猕猴桃科 Actinidiaceae（水东哥属 *Saurauia*）
       172. 花药能或不能转动，常纵裂；果实有各种情形；胚乳通常量微小 ……………………………………………………………………………… 山茶科 Theaceae
124. 成熟雄蕊10个或较少，如多于10个时，其数并不超过花瓣的2倍。
 173. 成熟雄蕊与花瓣同数，且和它对生。

174. 雌蕊 3 个至多数，离生。

175. 叶常为单叶；花小型；核果；心皮 3～6 个，呈星状排列，各含 1 胚珠……………………………………………………………………………… 防己科 Menispermaceae

175. 叶为掌状复叶或由 3 小叶组成；花中型；浆果；心皮 3 个至多数，轮状或螺旋状排列，各含 1 个或多数胚珠……………………………………………………… 木通科 Lardizabalaceae

174. 雌蕊 1 个。

176. 子房 2 至数室。

177. 花萼裂齿不明显或微小；以卷须缠绕他物的木质或草质藤本 ………………… 葡萄科 Vitaceae

177. 花萼具 4～5 裂片；乔木、灌木或草本植物，有时虽也可为缠绕性，但无卷须。

178. 雄蕊合生为单体；叶为单叶；每子房室内含胚珠 2～6 个 ……………… 梧桐科 Sterculiaceae

178. 雄蕊互相分离；或稀可在其下部合生成一管。

179. 叶无托叶；萼片各不相等，呈覆瓦状排列；花瓣不相等，在内层的 2 片常很小 ……………………………………………………………………………… 清风藤科 Sabiaceae

179. 叶常有托叶；萼片同大，呈镊合状排列；花瓣均大小同形。

180. 叶为单叶 ……………………………………………………………… 鼠李科 Rhamnaceae

180. 叶为 1～3 回羽状复叶 …………………………… 葡萄科 Vitaceae（火筒树属 *Leea*）

176. 子房 1 室（在马齿苋科的土人参属中则子房的下部多少有些成为 3 室）。

181. 子房下位或半下位，叶多对生或轮生，全缘，浆果或核果……………… 桑寄生科 Loranthaceae

181. 子房上位。

182. 花药以舌瓣裂开 …………………………………………………… 小檗科 Berberidaceae

182. 花药不以舌瓣裂开。

183. 缠绕草本；胚珠 1 个；叶肥厚，肉质 ……………… 落葵科 Basellaceae（落葵属 *Basella*）

183. 直立草本；或有时为木本；胚珠 1 个至多数。

184. 花瓣 6～9 片；雌蕊单纯 ……………………………………… 小檗科 Berberidaceae

184. 花瓣 4～8 片；雌蕊复合。

185. 常为草本，萼片 2，花瓣常 5 片，基底胎座…………………… 马齿苋科 Portulacaceae

185. 攀缘灌木或藤本，稀直立或乔木状，通常雌雄同株，花萼裂片 4～5 片，花瓣呈覆瓦状排列，胚珠有 2 层珠被…………………… 紫金牛科 Myrsinaceae（酸藤子属 *Embelia*）

173. 成熟雄蕊和花瓣不同数；如同数时则雄蕊与它互生。

186. 花萼或其筒部和子房多少有些相连合。

187. 每子房室内含胚珠或种子 2 个至多数。

188. 花药以顶端孔裂开；草本或木本植物；叶对生或轮生，大部分于叶片基部具 3～9 脉 ……………………………………………………………………………… 野牡丹科 Melastomataceae

188. 花药纵长裂开。

189. 草本或亚灌木；有时为攀缘性。

190. 具卷须的攀缘性草本；花单性 ……………………………………… 葫芦科 Cucurbitaceae

190. 无卷须的植物；花常两性。

191. 萼片或花萼裂片 2 片；植物体多少肉质而多水分 ……………………………………………………………… 马齿苋科 Portulacaceae（马齿苋属 *Portulaca*）

191. 萼片或花萼裂片 4～5；植物体常不为肉质。

192. 花萼裂片呈覆瓦状或镊合状排列；花柱 2 个或更多；种子具胚乳 ……………………………………………………………………… 虎耳草科 Saxifragaceae

192. 花萼裂片呈镊合状排列；花柱1个；具2～4裂，或为1呈头状的柱头；种子无胚乳 ……………………………………………………………………………………………… 柳叶菜科 Onagraceae

189. 乔木或灌木，有时为攀缘性。

193. 叶互生。

194. 花数朵至多数成头状花序；常绿乔木；叶革质，全缘或具浅裂 …… 金缕梅科 Hamamelidaceae

194. 花呈总状或圆锥花序。

195. 灌木；叶为掌状分裂，基部具3～5脉；子房1室，有多数胚 …… 茶藨子科 Grossulariaceae

195. 乔木或灌木；叶缘有锯齿或细锯齿，有时全缘，具羽状脉；子房3～5室，每室内具2至数个胚珠，或在山茉莉属中为多数，干燥或木质核果，或蒴果，有时具棱角或有翅 …………………………………………………………………………… 安息香科 Styracaceae（野茉莉科）

193. 叶常对生（使君子科的榄李属例外，同科的风车子属也可有时为互生，或互生和对生共存一枝上）。

196. 胚珠多数，除冠盖藤属自子房顶端垂悬外，均位于侧膜胎座或中轴胎座上；浆果或蒴果；叶缘有锯齿或为全缘；种子含胚乳 …………………………………………… 虎耳草科 Saxifragaceae

196. 胚珠2个至6个，倒悬于子房室的顶；坚果、核果或翅果；叶全缘或稍呈波状；种子1颗，无胚乳 ……………………………………………………………………………… 使君子科 Combretaceae

187. 每子房室内仅含胚珠或种子1个。

197. 果实裂开为2个干燥的离果，并共同悬于一果梗上；花序常为伞形花序（在变豆菜属及鸭儿属中为不规则的花序，在刺芹属则为头状花序） ………………………………………… 伞形科 Umbelliferae

197. 果实不裂开或裂开而不是上述情形的；花序可为各种类型。

198. 草本植物。

199. 花柱或柱头2～4个；种子具胚乳；果实为小坚果或核果，具棱角或有翅 …………………………………………………………………………………………… 小二仙草科 Haloragidaceae

199. 花柱1个，柱头2裂的；种子无胚乳；果为蒴果，不开裂，外被硬钩毛；陆生草本植物，具对生叶；花白色或粉红色，2基数，具花管 …………… 柳叶菜科 Onagraceae（露珠草属 *Circaea*）

198. 木本植物。

200. 果实干燥或为蒴果状。

201. 子房2室；花柱2个 ………………………………………………… 金缕梅科 Hamamelidaceae

201. 子房1室；花柱1个。

202. 花序伞房状或圆锥状 …………………………………………………… 莲叶桐科 Hernandiaceae

202. 花序头状 ……………………………………… 蓝果树科 Nyssaceae（喜树属 *Caimptotheca*）

200. 果实核果状或浆果状。

203. 叶互生或对生；花瓣呈镊合状排列；花序为各种类型，但稀为伞形或头状，有时且可生于叶上。

204. 花瓣3～5片，卵形至披针形；花药短 …………………………………… 山茱萸科 Cornaceae

204. 花瓣4～10片，狭窄形并向外翻转；花药细长 …………………………………………………………………………………… 八角枫科 Alangiaceae（八角枫属 Alangium）

203. 叶互生；花瓣呈覆瓦状或镊合状排列；花序常为伞形或头状。

205. 子房1室；花柱1个；花杂性兼雌雄异株，雌花单生或以少数朵至数朵聚生，雌花多数，腋生为有花梗的簇丛 ……………………………… 蓝果树科 Nyssaceae（蓝果树属 *Nyssa*）

205. 子房2室或更多室；花柱2～5个；如子房为1室而具1花柱时（如马蹄参属），则花两性，形成顶生类似穗状的花序 ……………………………………………………… 五加科 Araliaceae

186. 花萼和子房相分离。

206. 叶片中有透明油点。

207. 整齐花（辐射对称），稀可两侧对称；果实不为荚果 …………………………… 芸香科 Rutaceae

207. 整齐花（辐射对称）或不整齐花；果实为荚果。

208. 整齐花，花瓣与萼齿同数，镊合状排列；雄蕊 5～10（通常与花冠裂片同数或为其倍数）或多数，突露于花被之外，十分显著 ……………………………………… 含羞草科 Mimosaceae

208. 不整齐花，花萼和花冠覆瓦状排列，雄蕊 10 枚或较少。

209. 花稍两侧对称，近轴的 1 枚花瓣位于相邻两侧的花瓣之内；花丝通常分离 ……………………………………………………………………………… 云实科 Caesalpiniaceae

209. 花两侧对称，近轴的 1 枚花瓣（旗瓣）位于相邻两侧的花瓣（翼瓣）之外，远轴的 2 枚花瓣（龙骨瓣）基部沿连接处合生呈龙骨状，雄蕊通常为二体（9＋1）雄蕊或单体雄蕊，稀分离 ……………………………………………………………………………… 蝶形花科 Papilionaceae

206. 叶片中无透明油点。

210. 雌蕊 2 个或更多，互相分离或仅有局部的联合；也可子房分离而花柱连合成 1 个。

211. 多水分的草本，具肉质的茎及叶 ……………………………………………… 景天科 Crassulaceae

211. 植物体为其他情形。

212. 花为周位花。

213. 花的各部分呈螺旋状排列，萼片逐渐变为花瓣；雄蕊 5 或 6 个；雌蕊多数 ……………………………………………………… 蜡梅科 Calycanthaceae（蜡梅属 *Chimonanthus*）

213. 花的各部分呈轮状排列，萼片和花瓣甚有分化。

214. 雌蕊 2～4 个，各有多数胚珠；种子有胚乳，无托叶 …………… 虎耳草科 Saxifragaceae

214. 雌蕊 2 个至多数，各有 1 个至数个胚珠；种子无胚乳；有或无托叶 …… 蔷薇科 Rosaceae

212. 花为下位花，或在悬铃木科中微呈周位。

215. 草本或亚灌木。

216. 各子房的花柱互相分离。

217. 叶常互生或基生，多少有些分裂；花瓣脱落性，较萼片为大，或于天葵属稍小于成花瓣状的萼片 ………………………………………………………… 毛茛科 Ranunculaceae

217. 叶对生或轮生，单叶，全缘；花瓣宿存性，较萼片小 …………………………………………………………………………… 马桑科 Coriariaceae（马桑属 *Coriaria*）

216. 各子房合具 1 共同的花柱或柱头；叶为羽状复叶，花为五出数；花萼宿存；花中有与花瓣互生的腺体；雄蕊 10 个 ……………………………………… 牻牛儿苗科 Geraniaceae

215. 乔木、灌木或木本的攀缘植物。

218. 叶为单叶。

219. 叶对生或轮生 …………………………………… 马桑科 Coriariaceae（马桑属 *Coriaria*）

219. 叶互生。

220. 叶为脱落性，具掌状脉；叶柄基部扩张成帽状以覆盖腋芽 ……………………………………………………… 悬铃木科 Platanaceae（悬铃木属 *Platanus*）

220. 叶为常绿性或脱落性，具羽状脉；雌蕊 7 个至多数（稀可少至 5 个）；直立或缠绕性藤本；花两性或单性 ……………………………………… 木兰科 Magnoliaceae

218. 叶为复叶。

221. 叶对生 ………………………………………………… 省沽油科 Staphyleaceae

221. 叶互生。

222. 木质藤本；叶为掌状复叶或三出复叶…………………………………………………… 木通科 Lardizabalaceae
222. 乔木或灌木（有时在牛栓藤科中有缠绕性者）；叶为羽状复叶。
223. 果实为1含多数种子的浆果，状似猫屎…………… 木通科 Lardizabalaceae（猫儿屎属 *Decaisnea*）
223. 果实为翅果、核果或蒴果 ………………………………………………………………… 苦木科 Simaroubaceae
210. 雌蕊1个，或至少其子房为1个。
224. 雌蕊或子房确是单纯的，仅1室。
225. 果实为核果或浆果。
226. 花为三出数，稀可二出数；花药以舌瓣裂开 …………………………………………… 樟科 Lauraceae
226. 花为五出或四出数；花药纵向裂开。落叶具枝刺灌木；雄蕊10或多数 ……………………………………………………………………… 蔷薇科 Rosaceae（扁核木属 *Prinsepia*）
225. 果实为蓇葖果或荚果。
227. 果实为蓇葖果；落叶灌木；叶为单叶，蓇葖果内含2至数个种子 ……………………………………………………………… 蔷薇科 Rosaceae（绣线菊亚科 Spiraeoideae）
227. 果实为荚果。
228. 整齐花，花瓣与萼齿同数，镊合状排列；雄蕊5～10（通常与花冠裂片同数或为其倍数）或多数，突露于花被之外，十分显著 ………………………………………… 含羞草科 Mimosaceae
228. 不整齐花，花萼和花冠覆瓦状排列，雄蕊10枚或较少。
229. 花稍两侧对称，近轴的1枚花瓣位于相邻两侧的花瓣之内；花丝通常分离 ……………………………………………………………………………… 云实科 Caesalpiniaceae
229. 花两侧对称，近轴的1枚花瓣（旗瓣）位于相邻两侧的花瓣（翼瓣）之外，远轴的2枚花瓣（龙骨瓣）基部沿连接处合生呈龙骨状，雄蕊通常为二体（9+1）雄蕊或单体雄蕊，稀分离 ……………………………………………………………………………… 蝶形花科 Papilionaceae
224. 雌蕊或子房并非单纯者，有1个以上的子房室或花柱、柱头、胎座等部分。
230. 子房1室或因有1假隔膜的发育而成2室，有时下部2～5室，上部1室。
231. 花下位，花瓣4片，稀可更多。
232. 萼片2片……………………………………………………………………………… 罂粟科 Papaveraceae
232. 萼片4～8片。
233. 子房柄常细长，呈线状；果为有坚韧外果皮的浆果或瓣裂蒴果 ……………………………………………………………………… 白花菜科 Capparaceae（山柑科）
233. 子房柄极短或不存在，子房为2个心皮连合组成，常具2子房室及1假隔膜；果实为长角果或短角果 ……………………………………………………………………… 十字花科 Cruciferae
231. 花周位或下位，花瓣3～5片，稀可2片或更多。
234. 每子房室内仅有胚珠1个。
235. 乔木，或稀为灌木‘叶常为羽状复叶。
236. 叶常为羽状复叶，具托叶及小托叶 ……… 省沽油科 Staphyleaceae（瘿椒树属 *Tapiscia*）
236. 叶常为羽状复叶或单叶，无托叶及小托叶 ……………………………… 漆树科 Anacardiaceae
235. 木本或草本；叶为单叶。
237. 乔木或灌木，稀可在樟科的无根藤属则为缠绕性寄生草本；叶常互生，无膜质托叶；花为三出数或二出数；花药以舌瓣裂开；浆果或核果 ………………………… 樟科 Lauraceae
237. 草本或亚灌木；叶互生或对生；具膜质托叶；花被3～5片，花药纵裂；瘦果卵形或椭圆形，具3棱或双凸镜状，极少具4棱，有时具翅或刺，包于宿存花被内或外露 ……………………………………………………………………………… 蓼科 Polygonaceae
234. 每子房室内胚珠2个至多数。

238. 乔木、灌木或木质藤本。
239. 花瓣及雄蕊均着生于花萼上 ………………………………………………… 千屈菜科 Lythraceae
239. 花瓣及雄蕊均着生于花托上（或在西番莲科中着生于子房柄上）。
240. 核果或翅果，仅有 1 种子；花萼具显著的 4 或 5 裂片，微小而不能长大 ……………………… ……………………………………………………………………………… 茶茱萸科 Icacinaceae
240. 蒴果或浆果；内有 2 个至多数种子。
241. 花两侧对称；萼片 5，外面 3 枚小，里面 2 枚大，常呈花瓣状，或 5 枚几相等；花瓣 5，通常仅 3 枚发育，雄蕊 8，花丝通常合生成向后开放的鞘（管），或分离…… 远志科 Polygalaceae
241. 花辐射对称；叶互生，全缘或有波状浅齿或皱折；花萼、花瓣、雄蕊各 5 个，子房常有子房柄 ……………………………………… 海桐花科 Pittosporaceae（海桐花属 *Pittosporum*）
238. 草本或亚灌木。
242. 胎座位于子房室的中央或基底。
243. 花瓣着生于花萼的喉部 ………………………………………………… 千屈菜科 Lythraceae
243. 喉部着生于花托上。
244. 萼片 2 片；叶互生，稀可对生 …………………………………………… 马齿苋科 Portulacaceae
244. 萼片 5 或 4 片；叶对生 ……………………………………………… 石竹科 Caryophyllaceae
242. 胎座为侧膜胎座。
245. 食虫植物，具生有腺体刚毛的叶片 ……………………………………… 茅膏菜科 Droseraceae
245. 非食虫植物，也无生有腺体茸毛的叶片，花两侧对称，花有 1 位于前方的距状物；蒴果 3 瓣裂开 ……………………………………………………………………………… 堇菜科 Violaceae
230. 子房 2 室或更多室。
246. 花瓣形状彼此极不相等。
247. 每子房室内有数个至多数胚珠。
248. 子房 2 室 ………………………………………………………………… 虎耳草科 Saxifragaceae
248. 子房 5 室 ………………………………………………………………… 凤仙花科 Balsaminaceae
247. 每子房室内仅有 1 个胚珠。
249. 子房 3 室；雄蕊离生；叶盾状，叶缘具棱角或波纹 ……………………………………… ……………………………………………… 旱金莲科 Tropaeolaceae（旱金莲属 *Tropaeolum*）
249. 子房 2 室（稀可 1 或 3 室）；雄蕊合生为一单体；叶不呈盾状，全缘 …… 远志科 Polygalaceae
246. 花瓣形状彼此相等或微有不等，且有时花也可为两侧对称。
250. 雄蕊数和花被数既不相等，也不是它的倍数。
251. 叶多数。
252. 雄蕊 4～10 个，常 8 个。
253. 蒴果……………………………………………………………… 七叶树科 Hippocastanaceae
253. 翅果 ……………………………………………………………………… 槭树科 Aceraceae
252. 雄蕊 2 个，也稀可为 4 个，萼片及花瓣均为四出数 ……………………… 木犀科 Oleaceae
251. 叶互生。
254. 叶为单叶，多全缘，或在油桐属中可具 3～7 裂；花单性……………… 大戟科 Euphorbiaceae
254. 叶为单叶或复叶；花两性或杂性。
255. 萼片为镊合状排列；单体雄蕊 ……………………………………… 梧桐科 Sterculiaceae
255. 萼片为覆瓦状排列；雄蕊离生。
256. 子房 4 室或 5 室，每子房室内有 8～12 个胚珠；种子具翅 ………………………… ……………………………………………………… 楝科 Meliaceae（香椿属 *Toona*）

256. 子房常3室，每子房室内有1至数个胚珠；种子无翅。

257. 花小型或中型；下位，萼片互相分离或微有合生 …………………………… 无患子科 Sapindaceae

257. 花大型，美丽，周位，萼片互相合生成一钟形的花萼 …………………………………………… 伯乐树科 Bretschneideraceae（钟萼木科）（伯乐树属 *Bretschneidera*）

250. 雄蕊数和花瓣数相等，或是它的倍数。

258. 每子房室内有胚珠或种子3个至多数。

259. 叶为复叶。

260. 雄蕊合生为单体 …………………………………………………………………… 酢浆草科 Oxalidaceae

260. 雄蕊彼此互相分离。

261. 叶互生。

262. 叶为二至三回的三出叶，或为掌状叶 …………………………………… 虎耳草科 Saxifragaceae

262. 叶为一回羽状复叶……………………………………………… 楝科 Meliaceae（香椿属 *Toona*）

261. 叶对生，单数羽状复叶 ………………………………………………… 省沽油科 Staphyleaceae

259. 叶为单叶。

263. 草本或亚灌木。

264. 花周位；花托多少有些中空。

265. 雄蕊着生于杯状花托的边缘 …………………………………………… 虎耳草科 Saxifragaceae

265. 雄蕊着生于杯状或管状花萼（或即花托）的内侧 ……………………… 千屈菜科 Lythraceae

264. 花下位；花托常扁平。

266. 叶对生，稀可互生或轮生，常全缘。陆生草本植物，茎节通常膨大，具关节…………… ……………………………………………………………………………… 石竹科 Caryophyllaceae

266. 叶互生或基生，稀可对生，边缘有锯齿，或叶退化为无绿色组织的鳞片。

267. 草本或亚灌木；有托叶；萼片呈镊合状排列，脱落性 ………………………… ……………………………… 椴树科 Tiliaceae（田麻属 *Corchoropsis*、黄麻属 *Corchorus*）

267. 多年生常绿草本，或为死物寄生植物而无绿色组织；无托叶；萼片呈覆瓦状排列，宿存性…………………………………………………………………… 鹿蹄草科 Pyrolaceae

263. 木本植物。

268. 花瓣常有彼此衔接或其边缘互相依附的柄状瓣爪 ……………………………………… ……………………………………… 海桐花科 Pittosporaceae（海桐花属 *Pittosporum*）

268. 花瓣无瓣爪，或仅具互相分离的细长柄状瓣爪。

269. 花托空凹；萼片呈镊合状排列或覆瓦状排列。

270. 叶互生，边缘有锯齿，常绿性 ………………… 茶藨子科 Grossulariaceae（鼠刺属 *Itea*）

270. 叶对生，稀可轮生或互生；全缘，脱落性；子房2～6室，仅具1花柱；胚珠多数，着生于中轴胎座上 ……………………………………………………… 千屈菜科 Lythraceae

269. 花托扁平或微凸；萼片呈覆瓦状或于杜英科中呈镊合状排列。

271. 花为四出数；果实呈浆果状或核果状；花药纵裂或顶端舌瓣裂开。

272. 穗状花序腋生于当年新枝上；花瓣先端具齿裂 ……………………………… ……………………………………… 杜英科 Elaeocarpaceae（杜英属 *Elaeocarpus*）

272. 穗状花序腋生于经年老枝上；花瓣完整 …………………………………… ………………………………………… 旌节花科 Stachyuraceae（旌节花属 *Stachyurus*）

271. 花为五出数；果实呈蒴果状；花药顶端孔裂。

273 花粉粒单纯，子房3室 ……………………… 桤叶树科 Clethraceae（桤叶树属 *Clethra*）

273. 花粉粒复合，成为四合体；子房5室 ………………………………… 杜鹃花科 Ericaceae

258. 每子房室内有胚珠或种子 1 或 2 个。

274. 草本植物，有时基部呈灌木状。

275. 花单性、杂性或雌雄异株。

276. 具卷须的藤本；叶为二回三出复叶……… 无患子科 Sapindaceae（倒地铃属 *Cardiospermum*）

276. 直立草本或亚灌木；叶为单叶 ……………………………………………… 大戟科 Euphorbiaceae

275. 花两性。

277. 萼片呈镊合状排列；果实有刺 ……………………… 椴树科 Tiliaceae（刺蒴麻属 *Triumfetta*）

277. 萼片呈覆瓦状排列；果实无刺。

278. 雄蕊互相分离；花柱互相合生 ………………………………… 牻牛儿苗科 Geraniaceae

278. 雄蕊互相合生；花柱彼此分离 ……………………………………………… 亚麻科 Linaceae

274. 木本植物。

279. 叶对生；花瓣 5 或 4，全缘；每果实具 2 个或连合为 1 个的翅果 …………… 槭树科 Aceraceae

279. 叶互生，如为对生时，则果实不为翅果。

280. 叶为复叶，或稀可为单叶而有具翅的果实。

281. 雄蕊为单体；萼片及花瓣均为四出至六出数；花药8～12 个，无花丝，直接着生于雄蕊管的喉部或裂齿之间 ………………………………………………………………… 楝科 Meliaceae

281. 雄蕊各自分离。

282. 叶为单叶；果实为一具 3 翅而其内仅有 1 个种子的小坚果 ………………………………………………………………… 卫矛科 Celastraceae（雷公藤属 *Tripterygium*）

282. 叶为复叶；果实无翅。

283. 花柱 3～5 个；叶常互生，脱落性 ……………………………… 漆树科 Anacardiaceae

283. 花柱 1 个；叶互生或对生。

284. 叶为羽状复叶，互生，常绿性或脱落性；果实有各种类型 …… 无患子科 Sapindaceae

284. 叶为掌状复叶，对生，脱落性；果实为蒴果 …………… 七叶树科 Hippocastanaceae

280. 叶为单叶；果实无翅。

285. 雄蕊合生成单体，或如为 2 轮时，至少其内轮者如此，有时其花药无花丝。

286. 花单性；萼片或花瓣裂片 2～6 片，呈镊合状或覆瓦状排列……… 大戟科 Euphorbiaceae

286 花两性；萼片 5 片，呈覆瓦状排列，子房 3～5 室，果实呈蒴果状 …… 亚麻科 Linaceae

285. 雄蕊各自分离。

287. 果实呈蒴果状。

288. 叶互生，或稀可对生或轮生；花下位，叶脱落性或常绿性，子房 3 室，稀可 2 或 4 室，有时多至 15 室（如算盘子属） ………………………………… 大戟科 Euphorbiaceae

288. 叶对生或互生；花周位 ……………………………………………… 卫矛科 Celastraceae

287. 果实通常为浆果状核果，具 2 至多数分核，通常 4 枚；花下位，雌雄异株或杂性 ……………………………………………………………… 冬青科 Aquifoliaceae（冬青属 *Ilex*）

123. 花瓣多少有些合生。

289. 成熟雄蕊或单体雄蕊的花药数多于花瓣裂片。

290. 心皮 1 个至数个，互相分离或大致分离。

291. 叶为单叶或有时可为羽状复叶，对生，肉质 ……………………………… 景天科 Crassulaceae

291. 叶为二回羽状复叶，互生，不呈肉质 …………………………………… 含羞草科 Mimosaceae

290. 心皮 2 个或更多，合生成一复合性子房。

292. 花单性，雌雄异株，有时为杂性；雌花的萼结果时常增大；花冠壶形、钟形或管状；雄蕊 4 至多数，通常 16 枚，分离；浆果肉质 …………………………………………… 柿科 Ebenaceae

292. 花两性。
293. 花瓣合生一盖状物，或花萼裂片及花瓣均可合成为 1 或 2 层的盖状物。
294. 叶为单叶，具有透明腺点 ………………………………………………………… 桃金娘科 Myrtaceae
294. 叶为掌状复叶，具有透明腺点 ……………………………………………………… 五加科 Araliaceae
293. 花瓣及花萼裂片均不合生成盖状物。
295. 每子房室中有 3 个至多数胚珠。
296. 雄蕊 5～10 个或其数不超过花瓣裂片的 2 倍，稀可在野茉莉科的银钟花属其数可达 16 个，而为花瓣裂片的 4 倍。
297. 雄蕊合生成单体或其花丝于基部互相合生，花药纵裂，花粉粒单生。
298. 叶为复叶；子房上位；花柱 5 个 ………………………………………… 酢浆草科 Oxalidaceae
298. 叶为单叶；子房下位或半下位；花柱 1 个；乔木或灌木，常有星状毛 ……………………… …………………………………………………………… 野茉莉科 Styracaceae（安息香科）
297. 雄蕊各自分离；花药顶端孔裂，花粉粒为四合型 ………………………… 杜鹃花科 Ericaceae
296. 雄蕊多数。
299. 萼片和花瓣常各为多数，而无显著的区分；子房下位；植物体肉质，绿色，常具棘针，而其叶退化 ……………………………………………………………………… 仙人掌科 Cactaceae
299. 子房和花瓣常为 5 片，而有显著的区分；子房上位。
300. 萼片呈镊合状排列；雄蕊连成单体 ………………………………………… 锦葵科 Malvaceae
300. 萼片呈显著的覆瓦状排列。
301. 雄蕊合生成五束，且每束着生于花瓣的基部；花药顶端孔裂；浆果 ………………… ……………………………………………… 猕猴桃科 Actinidiaceae（水冬哥属 *Saurauia*）
301. 雄蕊的基部合生成单体；花药纵裂；蒴果 …… 山茶科 Theaceae（紫茎属 *Stewartia*）
295. 每子房室中常仅有 1 或 2 个胚珠。
302. 植物体常具星状茸毛 ………………………………………… 安息香科 Styracaceae（野茉莉科）
302. 植物体无星状茸毛。
303. 子房下位或半下位；果实歪斜 …………………… 山矾科 Symplocaceae（山矾属 *Symplocos*）
303. 子房上位；雄蕊相互合生为单体；果实成熟时分离为离果 ……………… 锦葵科 Malvaceae
289. 成熟雄蕊并不多于花冠裂片或有时因花丝的分裂则可过之。
304. 雄蕊和花冠裂片为同数且对生。
305. 果实内有数个至多数种子。
306. 乔木或灌木；果实呈浆果状或核果状 ……………………………………… 紫金牛科 Myrsinaceae
306. 草本；果实呈蒴果状 …………………………………………………………… 报春花科 Primulaceae
305. 果实内仅有 1 个种子。
307. 子房下位或半下位；常为半寄生性灌木，叶对生………………………… 桑寄生科 Loranthaceae
307. 子房上位。
308. 花两性。
309. 攀缘性草本；萼片 2 片；果为肉质宿存花萼所包围 ……………………………………… ………………………………………………………… 落葵科 Basellaceae（落葵属 *Basella*）
309. 直立草本或亚灌木，有时为攀缘性；萼片或萼裂片 5；果实为蒴果或瘦果，不为花萼所包围 ……………………………………………………… 白花丹科 Plumbaginaceae（蓝雪科）
308. 花单性，雌雄异株；攀缘性灌木。
310. 雄蕊合生为单体；雌蕊单纯性 ……………………………………… 防己科 Menispermaceae
310. 雄蕊各自分离；雌蕊复合性 ………………………… 茶茱萸科 Icacinaceae（微花藤属 *Iodes*）

304. 雄蕊和花冠裂片为同数且互生，或雄蕊数较花冠裂片为少。
311. 子房下位。
312. 植物体常以卷须而攀缘或蔓生；胚珠及种子皆为水平于侧膜胎座上 ……… 葫芦科 Cucurbitaceae
312. 植物体直立，如为攀缘时也无卷须；胚珠及种子并不为水平生长。
313. 雄蕊互相合生。
314. 花整齐或花两侧对称，成头状花序，或在苍耳属中，雌花序为一仅含 2 花的果壳，其外生有钩状刺毛；子房 1 室，内仅有 1 个胚珠 ……………………………………………… 菊科 Compositae
314. 花多两侧对称，单生或呈总状或总状花序排列呈圆锥状；子房 2 成中轴胎座，内有多数胚珠；花冠裂片呈镊合状排列，雄蕊 5 个；具分离的花丝及合生的花药 ………………………………………………………………… 桔梗科 Campanulaceae（半边莲亚科 Lobelioideae）
313. 雄蕊各自分离。
315. 雄蕊和花冠相分离或近于分离。
316. 花药顶孔开裂；花粉粒连合成四分体；灌木或亚灌木 ………………………………………………………………………… 杜鹃花科 Ericaceae（越橘亚科 Vaccinioideae ）
316. 花药纵裂；花粉粒单纯；多为草本；花冠整齐，子房 2～5 室，内有多数胚珠 ……………………………………………………………………………………… 桔梗科 Campanulaceae
315. 雄蕊着生于花冠上。
317. 雄蕊 4 个或 5 个，和花冠裂片同数。
318. 叶互生；每子房室内有多数胚珠 ………………………………………… 桔梗科 Campanulaceae
318. 叶对生或轮生；每子房室内有 1 个至多数胚珠。
319. 叶轮生，如为对生时，则有托叶存在 ……………………………… 茜草科 Rubiaceae
319. 叶对生，无托叶或稀可有明显的托叶。
320. 花序多为聚伞花序 …………………………………………… 忍冬科 Caprifoliaceae
320. 花序为头状花序 ……………………………………………… 川续断科 Dipsacaceae
317. 雄蕊 1～4 个，其数较花冠裂片为少。
321. 子房 1 室。
322. 胚珠多数，生于侧膜胎座上 ………………………………… 苦苣苔科 Gesneriaceae
322. 胚珠 1 个，垂悬于子房顶端 ………………………………… 川续断科 Dipsacaceae
321. 子房 2 室或更多室，具中轴胎座。
323. 落叶或常绿灌木；叶片常全缘或边缘具锯齿 ………………… 忍冬科 Caprifoliaceae
323. 陆生草本；叶片常有很多的分裂 …………………………… 败酱科 Valerianaceae
311. 子房上位。
324. 子房深裂为 2～4 部分；花柱 1～2，均自子房裂片之间伸出。
325. 花冠两侧对称或稀可整齐；叶对生 ……………………………………… 唇形科 Labiatae
325. 花冠整齐；叶互生。
326. 花柱 2 个；多年生匍匐性小草本；叶片呈圆肾形 ………………………………………………………………………… 旋花科 Convolvulaceae（马蹄金属 *Dichondra*）
326. 花柱 1 个 ……………………………………………………………………… 紫草科 Boraginaceae
324. 子房完整或微有分割，或为 2 个分离的心皮所组成；花柱自子房的顶端伸出。
327. 雄蕊的花丝各自 3 裂，雄蕊 2 个 ………… 罂粟科 Papaveraceae（荷包牡丹亚科 Fumarioideae）
327. 雄蕊的花丝单纯。
328. 花冠不整齐，常多少有些呈二唇状。
329. 成熟雄蕊 5 个。

330 雄蕊和花冠离生…………………………………………………………………… 杜鹃花科 Ericaceae
330. 雄蕊着生于花冠上 ………………………………………………………………… 紫草科 Boraginaceae
329. 成熟雄蕊 2 个或 4 个，退化雄蕊有时也可存在。
331. 每子房室内仅含 1 或 2 个胚珠（如为后一情形时，也可在次 331 项检索）。
332. 叶对生或轮生；雄蕊 4 个，稀可 2 个；胚珠直立，稀可垂悬。
333. 子房 2～4 室，共有 2 个或更多的胚珠 ………………………………… 马鞭草科 Verbenaceae
333. 子房 1 室，仅含 1 个胚珠 ……………………………… 透骨草科 Phrymaceae（透骨草属 *Phryma*）
332. 叶互生或基生；雄蕊 2 个或 4 个，胚珠垂悬；子房 2 室，每子房室内仅有 1 个胚珠 …………
………………………………………………………………………………… 玄参科 Scrophulariaceae
331. 每子房室内有 2 个至多数胚珠。
334. 子房 1 室具侧膜胎座或中央胎座（有时可因侧膜胎座的深入而成 2 室）。
335. 草本植物或木本植物，不为寄生性，也非食虫性。
336. 多为乔木或木质藤本；叶为单叶或复叶，对生或轮生，稀可互生；种子有翅，但无胚乳
………………………………………………………………………………… 紫葳科 Bignoniaceae
336. 多为草本；叶为单叶，基生或对生；种子无翅，有或无胚乳 ……… 苦苣苔科 Gesneriaceae
335. 草本植物，为寄生性或食虫性。
337. 植物体寄生于其他植物的根部，而无绿叶存在；雄蕊 4 个；侧膜胎座 …………………
……………………………………………………………………………… 列当科 Orobanchaceae
337. 植物体为食虫性；有绿叶存在；雄蕊 2 个；特立中央胎座；多为水生或沼泽生植物，且有具距的花冠 ……………………………………………………………… 狸藻科 Lentibulariaceae
334. 子房 2～4 室，具中轴胎座，或于角胡麻科中为子房 1 室而具侧膜胎座。
338. 叶对生；种子无胚乳，位于胎座的钩状突起上 ………………………………… 爵床科 Acanthaceae
338. 叶互生或对生；种子有胚乳，位于中轴胎座上。
339. 花冠裂片具深缺刻；成熟雄蕊 2 个 ……………… 茄科 Solanaceae（蛾蝶花属 *Schizanthus*）
339. 花冠裂片全缘，或仅先端具一凹陷；成熟雄蕊 2 个或 4 个 ……… 玄参科 Scrophulariaceae
328. 花冠整齐，或近于整齐。
340. 雄蕊数较花冠裂片为少。
341. 子房 2～4 室，每室内仅含 1 或 2 个胚珠。
342. 雄蕊 2 个……………………………………………………………………………… 木犀科 Oleaceae
342. 雄蕊 4 个；叶对生 ……………………………………………………………… 马鞭草科 Verbenaceae
341. 子房 1 室或 2 室，每室内有数个至多数胚珠。
343. 雄蕊 2 个；每子房室内有 4～10 个胚珠垂悬于室的顶端 ……………………………………
……………………………………………………………… 木犀科 Oleaceae（连翘属 *Forsythia*）
343. 雄蕊 4 个或 2 个；每子房室内有多数胚珠着生于中轴或侧膜胎座上。
344. 子房 1 室，内具分歧的侧膜胎座，或因胎座深入而使子房成 2 室 …… 苦苣苔科 Gesneriaceae
344. 子房为完全的 2 室，内具中轴胎座。
345. 花冠于蕾中常折叠；子房 2 心皮的位子偏斜……………………………………… 茄科 Solanaceae
345. 花冠于蕾中不折叠，而呈覆瓦状排列；子房的 2 心皮位于前后方 ……………………………
……………………………………………………………………………… 玄参科 Scrophulariaceae
340. 雄蕊和花冠裂片同数。
346. 子房 2 个，或为 1 个而成熟后呈双角状。
347. 雄蕊各自分离；花粉粒也彼此分离 …………………………………………… 夹竹桃科 Apocynaceae
347. 雄蕊互相连合；花粉粒连成花粉块 …………………………………………… 萝藦科 Asclepiadaceae

346. 子房 1 个，不成双角状。

348. 子房 1 室或因 2 侧膜胎座的深入而成 2 室。

349. 子房为 1 心皮所成。

350. 花显著，呈漏斗形而簇生；果实为 1 瘦果，有棱或有翅 ……………………………………………………………………………… 紫茉莉科 Nyctaginaceae（紫茉莉属 *Mirabilis*）

350. 花小型而形成球形的头状花序；果实为荚果，成熟后则裂为仅含 1 种子的节荚 ……………………………………………………………………………… 含羞草科 Mimosaceae（含羞草属 *Mimosa*）

349. 子房为 2 个以上连合心皮所成。

351. 乔木或攀缘性灌木，稀可为一攀缘性草本，而体内具乳汁（如心翼果属）；果实呈核果状（但心翼果属则为干燥的翅果），内有 1 个种子 ……………………………… 茶茱萸科 Icacinaceae

351. 草本或亚灌木，或于旋花科的丁公藤属中为攀缘灌木；果实为蒴果状（或于丁公藤属中呈浆果状），内有 2 个或更多的种子。

352. 花冠裂片呈覆瓦状排列；叶基生，单叶，边缘具齿裂 ……………………………………… 苦苣苔科 Gesneriaceae.（苦苣苔属 *Conandron*、世纬苣苔属 *Tengia*）

352. 花冠裂片常呈旋转状或内折的镊合状排列。

353. 攀缘性灌木；果实呈浆果状，内有少数种子 ……………………………………………………………… 旋花科 Convolvulaceae（丁公藤属 *Erycibe*）

353. 直立陆生或漂浮水面的草本；果实呈蒴果状，内有少数至多数种子 ……………………………………………………………………………… 龙胆科 Gentianaceae

348. 子房 2～10 室。

354. 无绿叶而为缠绕性的寄生植物 ……………………………………………… 菟丝子科 Cuscutaceae

354. 不是上述的无叶寄生植物。

355. 叶常对生，且多在两叶之间具有托叶所成的连接线或附属物 ……………… 马钱科 Loganiaceae

355. 叶常互生，或有时基生，如为对生时，其两叶之间也无托叶所成的联系物，有时其叶也可轮生。

356. 雄蕊和花冠离生或近于离生。

357. 灌木或亚灌木；花药顶端孔裂；花粉粒为四合体；子房常 5 室 ……… 杜鹃花科 Ericaceae

357. 一年生或多年生草本，常为缠绕性；花药纵裂；花粉粒单纯；子房常 3～5 室 ……………………………………………………………………………… 桔梗科 Campanulaceae

356. 雄蕊着生于花冠的筒部。

358. 雄蕊 4 个，稀可在冬青科为 5 个或更多。

359. 无主茎的草本，具由少数至多数花朵所形成的穗状花序生于一基生的花葶上 ……………………………………………………………… 车前科 Plantaginaceae（车前属 *Plantago*）

359. 乔木、灌木，或具有主茎的草本。

360. 叶互生，多常绿 ……………………………… 冬青科 Aquifoliaceae（冬青属 *Ilex*）

361. 叶对生或轮生。

361. 子房 2 室，每室内有多数胚珠 ………………………………… 玄参科 Scrophulariaceae

360. 子房 2 室至多室，每室内有 1 或 2 个胚珠 ……………………… 马鞭草科 Verbenaceae

358. 雄蕊 5 个，稀可更多。

362. 每子房室内仅有 1 或 2 个胚珠。

363. 子房 1 室，稀可 3～5 室；胚珠自子房室近顶端垂悬；木本植物；叶全缘；花柱 2 个；子房具柄，2 室，每室内仅有 1 个胚珠；翅果；无托叶 ………… 茶茱萸科 Icacinaceae

363. 子房1～4室；胚珠在子房室基底或中轴的基部直立或上举；无托叶；花柱1个，稀可2个，有时在紫草科的破布木属中其先端可成两次的2分。

364. 果实为核果；花冠有明显的裂片，并在蕾中呈覆瓦状或旋转状排列；叶全缘或有锯齿；通常均为直立木本或草本，多粗壮或具刺毛 …………………………………… 紫草科 Boraginaceae

364. 果实为蒴果；花瓣完整或具裂片；叶全缘或具裂片，但无锯齿缘；通常为缠绕性稀可为直立草本，或为半木质的攀缘性植物至大型木质藤本；萼片多相互分离；花冠常完整而几无裂片，于蕾中呈螺旋状排列，也可有时深裂而其裂片成内折的镊合状排列 ……… 旋花科 Convolvulaceae

362. 每子房室内有多数胚珠；多无托叶。

365. 花冠多于蕾中折叠，其裂片呈覆瓦状排列；或在曼陀罗属成旋转状排列，稀可在枸杞属和颠茄属中，并不于蕾中折叠，而成覆瓦状排列；雄蕊的花丝无毛；浆果，或成纵裂或横裂的蒴果 …………………………………………………………………………………… 茄科 Solanaceae

365. 花冠不于蕾中折叠，其裂片呈覆瓦状排列；雄蕊的花丝具茸毛（尤以后方的3个如此）。

366. 室间开裂的蒴果 …………………………… 玄参科 Scrophulariaceae（毛蕊花属 *Verbascum*）

366. 浆果；有刺灌木 …………………………………………… 茄科 Solanaceae（枸杞属 *Lycium*）

1. 子叶1个；茎常无中央髓部，也无年轮状的生长；叶多具平行脉；花为三出数，有时为四出数，但极少为五出数（单子叶植物纲）。

367. 木本植物，或其叶于芽中呈折叠状；植物体多甚高大，呈棕榈状，具简单或分枝少的主干，花序为圆锥或穗状花序，托以佛焰状苞片 ……………………………………………………… 棕榈科 Palmae

367. 草本植物，或稀可为木质茎，但其叶于芽中从不呈折叠状。

368. 无花被或在眼子菜科中很小。

369. 花包藏于或附托以呈覆瓦状排列的壳状鳞片（特称为颖）中，由多花至1小花形成小穗（自形态学观点而言，此小穗实即简单的穗状花序）。

370. 秆多少有些呈三棱形，实心；茎生叶呈三行排列；叶鞘封闭；花药以基底附着花丝；果实为三棱形小坚果 …………………………………………………………… 莎草科 Cyperaceae

370. 秆常呈圆筒形，中空；茎生叶呈二行排列；叶鞘常在一侧纵裂开；花药以其中部附着花丝；果实通常为颖果 ……………………………………………………………… 禾本科 Gramineae

369. 花虽有时排列为具总苞的头状花序，但并不包藏于呈壳状的鳞片中。

371. 植物体微小，无真正的叶片，仅具无茎而漂浮水面或沉没水中的叶状体 ………………………………………………………………………………………… 浮萍科 Lemnaceae

371. 植物体常具茎，也具叶，其叶有时可呈鳞片状。

372. 水生植物，其为沉没水中或漂浮水面的叶片。

373. 花单性，不排列呈穗状花序。

374. 叶互生，花呈球形的头状花序 …… 黑三棱科 Sparganiaceae（黑三棱属 *Sparganium*）

374. 叶多对生或轮生；花单生，或在叶腋间形成聚伞花序；多年生草本；雌蕊为1个或更多而互相分离的心皮所成；胚珠自子房室顶端垂悬 …… 眼子菜科 Potamogetonaceae

373. 花两性或单性，排列成简单的穗状花序或聚伞花序；花排列于穗轴的周围；胚珠常仅1个 ………………………………………………………… 眼子菜科 Potamogetonaceae

372. 陆生或沼泽植物，常有位于空气中的叶片。

375. 叶有柄，全缘或有各种形状的分裂，具网状脉；花形成一肉穗花序，后者常有一大型而常具色彩的佛焰苞片 …………………………………………………………… 天南星科 Araceae

375. 叶无柄，细长形、剑形，或退化为鳞片状，常具平行脉。

376. 花形成紧密的穗状花序。

377. 穗状花序位于一呈二棱形的基生花葶的一侧，而另一侧则延伸为叶状的佛焰苞片；花两性 ……………………………………………………………………… 天南星科 Araceae（菖蒲属 *Acorus*）

377. 穗状花序位于一圆柱形花梗的顶端，形如蜡烛而无佛焰苞片；雌雄同株……… 香蒲科 Typhaceae

376. 花序有各种形式。

378. 花单性，呈头状花序。

379. 头状花序单生于基生无叶的花葶顶端；叶狭窄，呈禾草状，有时叶为膜质……………………………………………………………………… 谷精草科 Eriocaulaceae（谷精草属 *Eriocaulon*）

379. 头状花序散生于具叶的主茎或枝条的上部，雄性者在上，雌性者在下；叶细长，呈扁三棱形，直立或漂浮水面，基部呈鞘状 ……………… 黑三棱科 Sparganiaceae（黑三棱属 *Sparganium*）

378. 花常两性，雌蕊由 3 心皮结合而成；茎多丛生，圆柱形或压扁，表面常具纵沟棱，常不分枝，绿色 ……………………………………………………………………… 灯心草科 Juncaceae

368. 有花被，常显著，且呈花瓣状。

380. 雌蕊多数，互相分离；叶片条形、披针形、卵形、椭圆形、箭形等，叶柄长短随水位深浅有明显变化；花常轮生，成总状或圆锥花序；瘦果……………………………………… 泽泻科 Alismataceae

380. 雌蕊 1 个，复合性或于百合科的岩菖蒲属中其心皮近于分离。

381. 子房上位，或花被与子房相互分离。

382. 花被分化为花萼和花冠 2 轮，后者于百合科的重楼族中，有时为细长形或线状的花瓣所组成，稀可缺如。

383. 花形成紧密而具鳞片的头状花序；雌蕊 3 个；子房 1 室 ……………………………………………………………………… 黄眼草科 Xyridaceae（黄眼草属 *Xyris*）

383. 花不形成头状花序；雄蕊数在 3 个以上。

384. 叶互生，基部具鞘，平行脉；花为腋生或顶生的聚伞花序；雄蕊 6 个，或因退化而数较少 ……………………………………………………………………… 鸭跖草科 Commelinaceae

384. 叶以 3 片或更多生于茎的顶端而成 1 轮，网状脉而于基部具 3～5 脉；花单独顶生；雄蕊 6 个、8 个或 10 个 ……………………………………… 百合科 Liliaceae（重楼属 *Paris*）

382. 花被裂片彼此相同或近于相同，或于百合科的白丝草属中极不相同，又在同科的油点草属中其外层 3 个花被裂片的基部呈囊状。

385. 花小型，花被裂片绿色或棕色；花序圆锥状、聚伞状或头状，顶生、腋生；果实通常为室背开裂的蒴果；胚珠多数或仅 3 数 ……………………………………… 灯心草科 Juncaceae

385. 花大型或中型，或有时为小型，花被裂片多少有些明显的色彩。

386. 直立或漂浮的水生植物；雄蕊 6 个，彼此不相同，或有时有不育者 ……………………………………………………………………… 雨久花科 Pontederiaceae

386. 陆生植物；雄蕊 6 个、4 个或 2 个，彼此相同。

387. 花为四出数，叶对生或轮生，具有显著纵脉及密生的横脉 ……………………………………………………………………… 百部科 Stemonaceae（百部属 *Stemona*）

387. 花为三出数或四出数；叶常基生或互生，较少为对生或轮生。

388. 攀缘或直立小灌木，常绿或有时落叶，叶为二列的互生，全缘 ……………………………………………………………………… 菝葜科 Smilacaceae

388. 多年生草本；叶基生或茎生，后者多为互生，较少为对生或轮生 ……………………………………………………………………… 百合科 Liliaceae

381. 子房下位，或花被多少有些与子房相愈合。

389. 花两侧对称或为不对称。
 390. 花被片均成花瓣状；雄蕊和花柱多少有些互相连合 ………………………………… 兰科 Orchidaceae
 390. 花被片并不是均成花瓣状，其外层者形如萼片；雄蕊和花柱相分离。
  391. 后方的1个雄蕊常为不育性，其余5个则均发育而具花药。
   392. 苞片扁平或具槽，芽时旋转或多少覆瓦状排列，绿、褐、红或暗紫色，但绝不为黄色；花常因退化而为单性；浆果伸长，肉质 ……………………………… 芭蕉科 Musaceae（芭蕉属 *Musa*）
   392. 苞片淡黄色或黄色，干膜质，宿存；花为杂性；浆果三棱状卵形，被极密硬毛 ………………
 ………………………………………………………… 芭蕉科 Musaceae（地涌金莲属 *Musella*）
  391. 后方的1个雄蕊发育而具有花药，其余5个则退化，或变形为花瓣状。
   393. 花药2室；萼片互相合生为一萼筒，有时呈佛焰苞状 …………………… 姜科 Zingiberaceae
   393. 花药1室；萼片互相分离或至多彼此相衔接；子房3室，每子房室内有多数胚珠位于中轴胎座上；各不育雄蕊呈花瓣状，互相于基部简短合生 …… 美人蕉科 Cannaceae（美人蕉属 *Canna*）
389. 花常辐射对称，也即花整齐或近于整齐。
 394. 水生草本，植物体部分或全部沉没于水中 ……………………………………… 水鳖科 Hydrocharitaceae
 394. 陆生草本。
  395. 植物体为攀缘性；叶片宽广，具网状脉和叶柄 ………………………………… 薯蓣科 Dioscoreaceae
  395. 植物体不为攀缘性；叶具平行脉。
   396. 雄蕊3个。
    397. 叶2行排列，两侧扁平而无背腹面之分，由下向上重叠跨覆；雄蕊和花被的外层裂片相对生
 ………………………………………………………………………………………… 鸢尾科 Iridaceae
    397. 叶不为2行排列；茎生叶为鳞片状；雄蕊和花被的内层裂片相对生 …………………………
 ……………………………………………………………………………… 水玉簪科 Burmanniaceae
   396. 雄蕊6个。
    398. 子房部分下位 ………………………………………………………………………………
 …… 百合科 Liliaceae（粉条儿菜属 *Aletris*、沿阶草属 *Ophiopogon*、球子草属 *Peliosanthes*）
    398. 子房完全下位 ……………………………………………………………… 石蒜科 Amaryllidaceae

第二节　贵州西部常见维管植物图鉴

一、蕨类植物

（一）石松科 Lycopodiaceae

主要识别特征：土生；主茎伸长呈匍匐状或攀缘状，或短而直立；侧枝二叉分枝或近合轴分枝；叶为小型单叶，仅具中脉，一型；螺旋状排列，钻形、线形至披针形；孢子囊穗圆柱形或柔荑花序状，通常生于孢子枝顶端或侧生；孢子叶膜质，一型，边缘有锯齿；孢子囊无柄，生在孢子叶叶腋，肾形，二瓣开裂；孢子球状四面形。

石松 *Lycopodium japonicum* Thunb.（彩片1）

土生；匍匐茎二至三回分叉，绿色，被稀疏的叶；侧枝直立，多回二叉分枝；叶螺旋状排列，密集，披针形或线状披针形，无柄；孢子囊穗（3）4～8个集生于长达30 cm的总柄，总柄上苞片螺旋状稀疏着生，形状如叶片；孢子囊穗直立，圆柱形，具长小柄；孢子叶阔卵形，先端急尖，具芒状长尖头，边缘膜质，啮蚀状，纸质；孢子囊生于孢子叶腋，略外露，圆肾形，黄色；生于海拔100～3 300 m的林下、灌丛下、草坡、路边或岩石上。

（二）卷柏科 Selaginellaceae

主要识别特征：土生，石生；常绿或夏绿，通常为多年生草本植物；茎单一或二叉分枝，根托生分枝的腋部；主茎直立或长匍匐，或短匍匐，然后直立，多次分枝，或具明显的不分枝的主茎；叶螺旋排列或排成 4 行，单叶，具叶舌，主茎上的叶通常排列稀疏，一型或二型，在分枝上通常成 4 行排列；孢子叶穗生茎或枝的先端，或侧生于小枝上，紧密或疏松，四棱形或压扁；孢子叶 4 行排列，一型或二型；孢子囊近轴面生于叶腋内叶舌的上方，二型，在孢子叶穗上各式排布。

江南卷柏 *Selaginella moellendorffii* Hieron.（彩片 2）

土生或石生；直立，高 20～55 cm，具一横走的地下根状茎和游走茎；根托只生于茎的基部；主茎中上部羽状分枝，茎圆柱状；侧枝 5～8 对，二至三回羽状分枝；主茎上的叶排列较疏，一型，分枝的叶交互排列，二型，边缘具白边；分枝上的腋叶卵形，边缘有细齿，中叶卵圆形，覆瓦状排列，先端具芒，边缘有细齿，侧叶卵状三角形，先端急尖，边缘有细齿；孢子叶穗紧密，四棱柱形，单生于小枝顶端；孢子叶一型，卵状三角形，边缘有细齿，具白边，先端渐尖，龙骨状；大孢子叶分布于孢子叶穗中部的下侧；大孢子浅黄色，每囊 4 枚；小孢子橘黄色；生于海拔 100～1 500 m 的林下或溪边。

（三）木贼科 Equisetaceae

主要识别特征：小型或中型蕨类；土生、湿生或浅水生；根茎长而横行，黑色，分枝，有节，节上生根，被茸毛；地上枝直立，圆柱形，绿色，有节，中空有腔，表皮常有硅质小瘤，单生或在节上有轮生的分枝；节间有纵行的脊和沟；叶鳞片状，轮生，在每个节上合生成筒状的叶鞘（鞘筒）包围在节间基部；孢子囊穗顶生，圆柱形或椭圆形；孢子叶轮生，盾状，彼此密接，每个孢子叶下面生有 5～10 个孢子囊。

1. 节节草 *Equisetum ramosissima* Desf.（彩片 3）

小型植物；根茎直立，横走或斜升，黑棕色，节和根疏生黄棕色长毛或光滑无毛；地上枝多年生；枝一型，高 20～60 cm，中部直径 1～3 mm，节间长 2～6 cm，绿色，主枝多在下部分枝，常形成簇生状；主枝有脊 5～14 条，脊的背部弧形，有一行小瘤或有浅色小横纹；鞘筒狭长达 1 cm，下部灰绿色，上部灰棕色；鞘齿 5～12 枚，三角形，灰白色或少数中央为黑棕色，边缘（有时上部）为膜质，背部弧形，宿存，齿上气孔带明显；侧枝较硬，圆柱状，有脊 5～8 条，脊上平滑或有一行小瘤或有浅色小横纹；鞘齿 5～8 个，披针形，革质但边缘膜质，上部棕色，宿存；孢子囊穗短棒状或椭圆形，长 0.5～2.5 cm，中部直径0.4～0.7 cm，顶端有小尖突，无柄；生于海拔 100～3 300 m 的潮湿路旁、沙地、荒原或溪沟边。

2. 笔管草 *Equisetum ramosissimum* Desf. subsp. *debile*（Roxb. ex Vaucher）Hauke（彩片 4）

大中型植物；根茎直立或横走，黑棕色，节和根密生黄棕色长毛或光滑无毛；地上枝多年生，枝一型；高可达 60 cm 或更多，中部直径 3～7 mm，节间长 3～10 cm，绿色，成熟主枝有分枝；主枝有脊 10～20 条，脊的背部弧形，有一行小瘤或有浅色小横纹；鞘筒短，下部绿色，顶部略为黑棕色；鞘齿 10～22 枚，狭三角形，上部淡棕色，膜质，下部黑棕色革质，扁平，两侧有明显的棱角，齿上气孔带明显或不明显；侧枝较硬，圆柱状，有脊 8～12 条，脊上有小瘤或横纹；鞘齿 6～10 个，披针形，较短，膜质，淡棕色；孢子囊穗短棒状或椭圆形，长 1～2.5 cm，中部直径 0.4～0.7 cm，顶端有小尖突，无柄；生于海拔 3 200 m以下的河边或溪沟边。

（四）紫萁科 Osmundaceae

主要识别特征：陆生中型；根状茎粗肥，直立，树干状或匍匐状，包有叶柄的宿存基部，幼时叶片上被有棕色黏质腺状长茸毛；叶柄长而坚实，基部膨大，两侧有狭翅如托叶状的附属物；叶片大，一至二回羽状，一型或二型，或往往同叶上的羽片为二型；叶脉分离，二叉分歧；孢子囊大，圆球形，大都有柄，裸露，着生于强度收缩变质的孢子叶（能育叶）的羽片边缘。

紫萁 *Osmunda japonica* Thunb.（彩片 5）

根状茎短而粗，直立；叶簇生，二型；叶柄禾秆色，幼时被密茸毛；叶片为三角状卵形，二回羽状；羽片 3～8 对，对生，卵形或长圆形，基部一对稍大，有柄，斜展，奇数羽状；小羽片 5～9 对，对生或近对生，无柄，长圆形或长圆披针形，先端钝，基部圆形，顶生的同形，边缘有均匀的细锯齿；叶为纸质至近革质，干后棕绿色，幼时被棕色绵毛；叶脉两面明显，羽状，侧脉二叉，小脉达于锯齿；孢子叶稍高于不育叶，二回羽状，羽片和小羽片均短缩，小羽片变成线形，孢子囊沿中肋两侧背面密生；有时不育叶先端 2～3 对羽片也可产生孢子；生于海拔 2 500 m 以下的林下溪边的酸性土壤。

（五）里白科 Gleicheniaceae

主要识别特征：陆生植物，有长而横走的根状茎，被鳞片或被节状毛；叶为一型，有柄，不以关节着生于根状茎；叶片一回羽状，或由于顶芽不发育，主轴都为一至多回二叉分枝或假二叉分枝，每一分枝处的腋间有一被毛或鳞片和叶状苞片所包裹的休眠芽；顶生羽片为一至二回羽状；末回裂片（或小羽片）为线状；叶为纸质或近革质，下面往往为灰白或灰绿色；孢子囊群小而圆，无盖，由 2～6 个无柄孢子囊组成，生于叶下面小脉的背上，成一行排列于主脉和叶边之间；孢子囊为陀螺形，有一条横绕中部的环带。

1. 芒萁 *Dicranopteris pedata*（Houtt.）Nakaike（彩片 6）

植株通常高 45～80（120）cm；根状茎长而横走，坚硬，密被暗棕色节状毛；叶远生，叶柄圆柱形，棕禾秆色；叶轴一至三回二叉分枝，各回分叉处两侧均各有一对托叶状的羽片，宽披针形；一回羽轴被暗棕色毛；末回羽片披针形或宽披针形，向顶端变狭，尾状，基部上侧变狭，篦齿状深裂几达羽轴；裂片线状披针形，顶钝，常微凹，羽片基部上侧的数对裂片极短，三角形至长圆形；叶为纸质，上面黄绿色或绿色，沿羽轴被锈色毛，后变无毛，下面灰白色，沿中脉及侧脉疏被锈色毛；侧脉两面隆起，明显，小脉直达叶缘；孢子囊群圆形，在主脉两侧各成一行；生于海拔 2 000 m 以下的红壤丘陵荒坡或马尾松林下。

2. 里白 *Diplopterygium glaucum*（Thunb. ex Houtt）Nakai（彩片 7）

根状茎横走，被棕色披针形鳞片；叶远生，叶柄光滑，暗棕色；叶轴一至三回二叉分枝；顶芽密被鳞片，芽苞二回羽状细裂；羽片对生，具短柄，长圆形，中部最宽，向顶端渐尖，基部稍变狭，二回羽状深裂；小羽片多数，互生，平展，无柄，线状披针形，顶端渐尖，基部截形，羽状深裂；裂片多数，互生，平展，宽披针形，钝头，基部汇合，边缘全缘；叶草质，上面绿色，无毛，下面灰白色，沿小羽轴及中脉疏被锈色短星状毛，后变无毛；羽轴棕绿色，上面平，两侧有边，下面圆，光滑；中脉上面平，下面凸起，侧脉两面可见，叉状分枝，直达叶缘；孢子囊群圆形，中生，生于上侧小脉上，由 3～4 个孢子囊组成；生于海拔 1 500 m 的林下或沟边。

（六）槐叶蘋科 Salviniaceae

主要识别特征：小型漂浮水生蕨类；根状茎细弱，有明显直立或呈“之”字形的主干，侧枝腋生或腋外生，呈羽状分枝，或假二歧分枝，通常横卧漂浮于水面；叶无柄，成两列互生于茎上，覆瓦状排列，每个叶片深裂而分为背腹两部分；背裂片浮在水面，长圆形或卵状，下表面隆起，形成空腔，称共生腔，腔内寄生鱼腥藻；腹裂片近似贝壳状，膜质，覆瓦状紧密排列，沉于水下；孢子果有大小两种，多为双生；大孢子果体积远比小孢子果小，位于小孢子果下面，内藏一个大孢子；小孢子果体积是大孢子果的 4～6 倍，呈球形或桃状，内含多数小孢子囊。

满江红 *Azolla pinnata* subsp. *asiatica* R. M. K. Saunders et K. Fowler（彩片 8）

小型漂浮植物，植物体呈圆形或三角状；根状茎细长横走，茎羽状分枝，向下生须根，向上生叶；叶小，鳞片状，无柄，互生，覆瓦状排列成两行，叶片深裂为背裂片和腹裂片；背裂片长圆形或卵形，肉质，绿色，营光合作用，在秋后常变为紫红色，边缘无色透明，上表面密被乳状瘤突；腹裂片贝壳状，无色透明，多少饰有淡紫红色，斜沉水中，营吸收作用；孢子果双生沉水的裂片上，大孢子果体积小，长卵形；小孢子果体积远较大，圆球形，顶端有短喙，果壁薄而透明；生于水田和静水沟塘中。

（七）鳞始蕨科 Lindsaeaceae

主要识别特征：陆生植物；根状茎短而横走，或长而蔓生，有陵齿蕨型的“鳞片”（即仅由 2～4 行大而有厚壁的细胞组成，或基部为鳞片状，上面变为长针毛状）；叶同型，有柄，与根状茎之间不以关节相连，羽状分裂，草质，光滑；叶脉分离；孢子囊群为叶缘生的汇生囊群，着生在二至多条细脉的结合线上，或单独生于脉顶，位于叶边或边内，有盖；囊群盖为两层，里层为膜质，外层即为绿色叶边；孢子囊为水龙骨型，柄长而细，有 3 行细胞。

乌蕨 *Odontosoria chinensis* J. Sm.（彩片 9）

根状茎短而横走，密被深棕色钻形鳞片；叶近生或丛生，叶柄禾秆色至棕禾秆色，上面有浅沟，有光泽；叶片卵形至披针形，先端渐尖，基部不变狭，四回羽状深裂；羽片互生，有短柄，斜展，卵状披针形，下部三回羽状；末回小羽片倒披针形，先端截形，有齿牙，基部楔形，下延；叶坚草质，干后棕褐色，通体光滑；叶脉上面不显，下面明显，在小裂片上为二叉分枝；孢子囊群边缘着生，每裂片上一枚或二枚，顶生 1～2 条细脉上；囊群盖灰棕色，革质，倒卵形或杯形，与叶缘等长，全缘或多少啮蚀状，宿存；生于海拔 200～1 900 m的酸性山地的林下或路边。

（八）凤尾蕨科 Pteridaceae

主要识别特征：陆生，大型、中型或小型蕨类植物；根状茎长而横走，或短而直立或斜升，密被狭长或披针形、质厚的鳞片；叶一型，有柄；叶片长圆形或卵状三角形，一回羽状或二至三回羽裂，或为卵状三角形至五角形或长圆形，三至四回羽状细裂，或叶片多为一至三回以上的羽状复叶或一至三回二叉掌状分枝；叶脉分离，网眼内不具内藏小脉；孢子囊群线形或球形，孢子囊群生于叶缘，囊群盖由叶边反卷而成，开向主脉。

1. 团羽铁线蕨 *Adiantum capillus-junonis* Rupr.（彩片 10）

根状茎短而直立，连同叶柄基部被褐色披针形鳞片；叶簇生，叶柄纤细如铁丝，深栗色，有光泽，光滑；叶片披针形，奇数一回羽状；羽片4～8对，互生，具明显的柄，羽片团扇形或近圆形，基部对称，圆楔形或圆形，两侧全缘，上缘圆形，能育羽片不育边缘具细齿牙；不育羽片上缘具细齿牙；叶草质，草绿色，两面均无毛；羽轴及羽柄均为栗色，有光泽，叶轴先端常延伸成鞭状，能着地生根，行无性繁殖；叶脉分离，扇状分枝；孢子囊群每羽片1～5枚，长圆形或长条形，囊群盖同形，上缘平直，纸质，棕色，宿存；生于海拔300～2 500 m的石灰岩地区溪边、林缘、石灰岩洞口内外的石隙或石上。

2. 半月形铁线蕨 *Adiantum philippense* L.（彩片11）

根状茎短而直立，连同叶柄基部被披针形、褐色鳞片；叶簇生，叶柄栗色，有光泽，光滑；叶片长圆披针形，奇数一回羽状；羽片5～12对，对开式，半月形或半圆肾形，彼此疏离，先端圆钝或向下弯，上缘圆形，基部不对称；能育叶的边缘近全缘或具2～4浅缺刻，不育叶的边缘浅裂至中裂；上部羽片与下部羽片同形而略变小，顶生羽片扇形，略大于其下的侧生羽片；叶草质，草绿色或棕绿色，两面均无毛；羽轴、羽柄均与叶柄同色，有光泽，叶轴先端往往延长成鞭状，着地生根，行无性繁殖；叶脉分离，扇状分枝，两面均明显；孢子囊群线状长圆形，每羽片2～6枚，以浅缺刻分开，囊群盖同形，上缘平直或微凹，膜质，褐色或棕绿色；生于海拔300～2 000 m的阴湿溪边林下酸性土壤上。

3. 银粉背蕨 *Aleuritopteris argentea*（S. G. Gmel.）Fée（彩片12）

根状茎直立或斜升，连同叶柄基部被披针形、棕色鳞片；叶簇生，叶柄红棕色，有光泽，光滑；叶片五角形，长宽近相等，二至三回羽状分裂；羽片2～5对，基部一对羽片最大，三角形，其基部下侧一片裂片最大，长圆披针形，有裂片3～4对；末回裂片三角形或镰刀形，以圆缺刻分开；叶草质至薄革质，下面被乳白色或淡黄色粉末，裂片边缘有明显而均匀的细齿牙；叶轴、羽轴与叶柄同色；叶脉不明显；孢子囊群圆形，成熟后靠合呈线状；囊群盖膜质，全缘，连续；生于海拔2 600 m以下的石灰岩缝中或山坡岩石上。

4. 裸叶粉背蕨 *Aleuritopteris duclouxii*（Christ）Ching（彩片13）

根状茎短而直立或斜升，连同叶柄基部密被披针形鳞片；鳞片深棕色，具淡棕色狭边；叶簇生；叶柄乌木色或栗褐色，粗壮，光滑而有光泽；叶片五角形，二回羽状分裂；羽片2～3对，基部一对羽片最大，三角形，先端尾状上弯呈镰状，羽轴上侧全缘或只有少数短裂片，下侧裂片发达，基部一片裂片最大，全缘；叶革质，淡黄色，两面光滑，下面不被白色粉末；叶轴、羽轴与叶柄同色；叶脉分离，不明显；孢子囊群圆形，成熟后汇合成线状；囊群盖膜质，棕黄色，全缘，线状，不断裂；生于海拔1 200～2 000 m的山坡石隙。

5. 滇西旱蕨 *Cheilanthes brausei* Fraser-Jenk.（彩片14）

植株高15～30 cm；根状茎短而直立，密被亮黑色而有棕色狭边的钻状披针形鳞片；叶多数，簇生；叶柄深栗色，有光泽，幼时上面有不明显狭沟，并有少数短刚毛，成熟后圆柱形，基部密被棕色狭披针形的细长鳞片，向上鳞片变小而渐稀；叶片卵状三角形或长圆三角形，顶部羽裂渐尖，并有尾头，中部以下二回深羽裂；羽片3～5对，基部一对较大，卵状三角形，长尾头，基部上侧与叶轴并行，下侧斜生，深羽裂达羽轴狭翅；裂片4～8对，彼此疏离，下侧的较上侧的为长，基部一片尤甚，线状披针形，短尖头，基部以狭翅和羽轴相连；基部以上的裂片全缘；第二对羽片向上略渐缩短；叶脉在裂片上羽状分叉，斜上，不达叶边，下面隆起，上面不见；叶干后纸质，灰褐绿色，两面无毛，叶轴和叶柄同色，上面有不明显的纵沟，密被棕色短刚毛及少数钻状小鳞片；孢子囊群生小脉顶端，囊群盖由叶边在小脉顶端以下处反折而成，反折处形成明显的绿色边沿，盖膜质，棕色，边缘啮蚀状；生于2 300～3 200 m河边石上。

6. 粟柄金粉蕨 *Onychium japonicum* var. *lucidum*（D. Don）Christ（彩片15）

又称高山乌蕨；根状茎横走，被深棕色披针形鳞片；叶近生或远生，一型或偶有近二型，叶柄基部黑色，略有鳞片，向上为禾秆色，光滑；叶片阔卵形至卵状披针形，基部楔形，先端渐尖，五回羽状细裂；羽片10～15对，互生；基部一对最大，卵状三角形，四回羽状细裂；各回小羽片均为上先出，顶部通常不育；末回能育小羽片长圆形或短线状；不育小羽片线状，上部有一二锐尖齿；叶薄纸质，两面无毛；叶轴及各回羽轴上面有沟，下面圆形，每末回小羽片有中脉一条，能育的有斜上的侧脉和边脉相连。孢子囊群生小脉顶端的连接脉上；囊群盖长圆形，灰白色，全缘；生于海拔1 200～3 500 m的山坡林缘、路边或疏林下。

7. 欧洲凤尾蕨 *Pteris cretica* L.（彩片16）

根状茎直立或斜升，密被黑褐色鳞片；叶簇生，二型或近二型；叶柄禾秆色，光滑；叶片卵圆形，一回羽状；不育叶的羽片2～5对，对生，斜向上，下部的有短柄，线状披针形，基部一对二叉（稀三叉），向上的无柄，狭披针形或披针形，叶缘有软骨质的边并有尖锯齿；能育叶的羽片3～8对，下部1～2对有短柄并为二叉，向上的无柄，线状，仅不育部分有尖齿；顶生三叉羽片的基部不下延或下延；叶纸质，绿色或灰绿色，无毛；叶轴禾秆色，光滑；叶脉明显，主脉下面隆起，侧脉两面均明显；孢子囊群线状，囊群盖同形，膜质，全缘；生于海拔400～3 200 m的林下或石缝中。

8. 蜈蚣草 *Pteris vittata* L.（彩片17）

根状茎短而直立，密被鳞片；叶簇生，一型；叶柄坚硬，深禾秆色至浅褐色，基部以上疏生鳞片；叶片倒披针形，一回羽状；侧生羽片20～50对，无柄，互生或近对生，中部羽片最长，狭线状，先端渐尖，基部扩大，两侧呈耳形，不与叶轴合生，不育叶缘有细而均匀的密锯齿；下部羽片较疏离，无柄，向下羽片逐渐缩短，基部羽片仅为耳形；顶生羽片与侧生羽片同形；叶薄革质，暗绿色，无光泽，无毛；叶轴禾秆色，疏被鳞片；主脉下面隆起并为浅禾秆色，侧脉纤细，密接，斜展，单一或分叉；在成熟的植株上除下部缩短的羽片不育外，其他羽片几乎均能育；生于海拔2 000 m以下的路旁、桥边、石缝中或石灰岩山地上。

（九）碗蕨科 Dennstaedtiaceae

主要识别特征：陆生，中型或大型蕨类植物；根状茎长而横走，被多细胞的灰白色刚毛，或密被锈黄色或栗色的有节长柔毛；叶一型；叶片通常卵形、卵状长圆形或卵状三角形，或一至四回羽状；叶轴上面有一纵沟，两侧为圆形，小羽片或末回裂片偏斜，基部不对称，下侧楔形，上侧截形，多少为耳形凸出；叶脉分离，羽状分枝；孢子囊群圆形或线状，沿叶缘生或近叶缘顶生于一条小脉上；囊群盖或为叶缘生的碗状，或为多少变质的向下反折的叶边的锯齿（或小裂片），或为不齐叶边生的半杯形或小口袋形，其基部和两侧着生于叶肉，上端向叶边开口，或仅以阔基部着生；孢子囊为梨形，有细长的由3行细胞组成的柄；环带直立。

1. 碗蕨 *Dennstaedtia scabra*（Wall. ex Hook.）T. Moore（彩片18）

植株高达1 m；根状茎长而横走；叶疏生，叶柄红棕色或淡栗色，稍有光泽，下面圆形，上面有沟，与叶轴密被棕色毛；叶片卵状披针形或三角状长圆形，三至四回羽状深裂；

羽片10～20对，长圆形或长圆状披针形，先端渐尖，斜向上，基部一对最大，二至三回羽状深裂；一回小羽片长圆形，上先出，基部上方一片几与叶轴平行，二回羽状深裂；二回小羽片阔披针形，基部有狭翅相连，先端钝或短尖；末回小羽片全缘或1～2裂，小裂片钝头，边缘无锯齿；叶坚草质，干后棕绿色，两面沿各羽轴及叶脉均被灰色透明的毛；叶脉羽状分叉，小脉不达到叶边，每个小裂片有小脉一条；孢子囊群圆形，位于裂片的小脉顶端；囊群盖碗形，灰绿色，略有毛；生于海拔500～2 400 m的林下或溪边。

2. 蕨 *Pteridium aquilinum*（L.）Kuhn var. *latiusculum*（Desv.）Underw. ex A. Heller.（彩片19）

植株高可达1 m；根状茎长而横走，密被锈黄色柔毛；叶远生，叶柄褐棕色或棕禾秆色，光滑，上面有浅纵沟1条；叶片阔三角形至长圆三角形，先端渐尖，基部圆楔形，三回羽状；羽片7～10对，对生或近对生，斜展，基部一对最大，卵状三角形，二回羽状；一回小羽片长圆状披针形，略斜展，具短柄；末回小羽片或裂片长圆形，钝头或近圆头，无柄；叶干后近革质或纸质，暗绿色，上面光滑，下面在裂片主脉上多少被棕色或灰白色的疏毛或近无毛；叶脉羽状，侧脉分叉；孢子囊群沿叶边缘着生，线状；囊群盖两层，线状；生于海拔2 500 m以下的林缘、荒坡或酸性土地。

（十）铁角蕨科 Aspleniaceae

主要识别特征：多为中型或小型的石生或附生草本植物；根状茎横走、卧生或直立，被具透明粗筛孔的褐色或深棕色的披针形小鳞片；叶远生、近生或簇生，有柄，基部不以关节着生；叶柄草质，常为栗色并有光泽，在羽状叶上的各回羽轴上面有1条纵沟，两侧往往有相连的狭翅；叶形变异极大，单一，深羽裂或经常为一至三回羽状细裂；叶脉分离，上先出，一至多回二歧分枝，小脉不达叶边；孢子囊群多为线状，沿小脉上侧着生，通常有囊群盖；囊群盖厚膜质或薄纸质，全缘，以一侧着生于叶脉；孢子囊为水龙骨型，环带垂直，间断；孢子两侧对称，椭圆形或肾形，单裂缝。

云南铁角蕨 *Asplenium exiguum* Bedd.（彩片20）

根茎短而直立，先端密被鳞片；鳞片披针形，黑褐色，先端尾状；叶簇生，叶柄绿色或亮栗色，有光泽，上面有浅纵沟，疏被黑褐色纤维状小鳞片；叶片线状至线状披针形，先端深羽裂，或往往延伸成鞭状，着地生根，基部渐狭，二回羽裂；羽片10～20对，长圆形至三角状卵形，先端圆钝，顶端缺刻内往往有1个芽胞，基部不对称，上侧截形并与叶轴平行，下侧楔形，边缘深羽裂几达主脉，下部的向基部逐渐远离并缩小，渐变为扇形或耳形；裂片2～4对，线状或舌形，先端钝并有2～3个齿，边缘全缘；叶草质，两面光滑；叶轴淡禾秆色，或有时下部与叶柄同色，上面有狭纵沟；叶脉羽状，两面不显，侧脉分叉；孢子囊群椭圆形，棕色，生于小脉中部或下部，成熟后常布满羽片；囊群盖同形，膜质，全缘；生于海拔280～2 200 m石灰岩地区的林下、路边、岩石缝隙中。

（十一）金星蕨科 Thelypteridaceae

主要识别特征：陆生植物；根状茎粗壮，分枝或不分枝，直立、斜升或细长而横走，顶端被鳞片；鳞片基生，披针形，筛孔狭长，背面往往有灰白色短刚毛或边缘有睫毛；叶簇生，近生或远生，柄细，禾秆色，不以关节着生；叶一型，多为长圆披针形或倒披针形，通常二回羽裂，各回羽片基部对称，羽片基部着生处下面常有一膨大的疣状气囊体；叶草质或纸质，干后绿色或褐绿色，两面照例被灰白色单细胞针状毛；羽片下面往往饰有橙色或橙红色、有柄或无柄的球形或棒形腺体；孢子囊群或为圆形、长圆形或粗短线状，背生于叶脉，有盖或无盖；或不集生成群而沿网脉散生，无盖。

1. 长根金星蕨 *Parathelypteris beddomei*（Baker）Ching（彩片 21）

根茎长而横走，连同叶柄基部被棕色、卵形鳞片；叶远生或近生，叶柄纤细，向上禾秆色，光滑；叶片披针形，先端渐尖并羽裂，基部变狭，二回羽状深裂；羽片 20～30 对，互生，无柄，彼此接近，下部多对羽片向下逐渐缩小成耳形，中部羽片最大，披针形，羽裂；裂片长圆形，先端圆头，全缘；叶草质，下面常有橙黄色的圆球形腺体，沿羽轴和叶被灰白色长毛，上面沿羽轴和叶脉被短针毛；叶脉羽状，两面可见，侧脉单一，斜上，伸达叶边；孢子囊群圆形，生于侧脉近顶部，靠近叶边，囊群盖圆肾形，小，棕色，厚膜质，无毛，宿存；生于海拔 650～2 500 m 的路边、山坡林缘、疏林下或湿地。

2. 延羽卵果蕨 *Phegopteris decursivepinnata*（H. C. Hall）Fée（彩片 22）

根状茎短而直立，连同叶柄基部被红棕色、披针形鳞片；叶簇生，叶柄淡禾秆色；叶片披针形，先端渐尖并羽裂，向基部渐变狭，边缘具粗齿，二回羽裂一回羽状；羽片 20～30 对，狭披针形，互生，先端渐尖，基部阔而下延，羽片沿叶轴以圆耳状或三角形的翅相连；裂片卵状三角形，先端钝或圆，全缘，向上下两端的羽片逐渐缩短，基部一对羽片常缩小成耳片；叶草质，沿叶轴、羽轴和叶脉两面被灰白色的针状毛，下面混生分叉或星状的毛，叶轴和羽轴下面疏生棕色鳞片；叶脉羽状，侧脉单一，伸达叶边；孢子囊群卵形或近圆形，生于侧脉的近顶端，无囊群盖；生于海拔 2 000 m 以下的平原、丘陵、河沟两岸或林缘路边。

3. 披针新月蕨 *Pronephrium penangianum*（Hook.）Holttum（彩片 23）

根茎长而横走，偶被棕色、披针形鳞片；叶远生；叶柄基部褐色，向上淡棕色至禾秆色，光滑；叶片长圆形至长圆披针形，奇数一回羽状；侧生羽片 10～15 对，披针形，先端渐尖，基部阔楔形，边缘有锯齿，齿端锐尖；叶纸质，光滑；叶脉明显，侧脉并行，小脉先端联结，在侧脉间基部形成一个斜方形网眼，小脉交结点向上伸出外行小脉，不与上面的小脉交结点相连，形成 2 列狭长的斜方形网眼；孢子囊群圆形，在侧脉间排成 2 列，无盖，成熟时常两两汇生成新月形；孢子囊上无针毛；生于海拔 900～1 500 m 的林下沟溪边阴湿处。

（十二）球子蕨科 Onocleaceae

主要识别特征：土生；根状茎粗短，直立或横走，被膜质的卵状披针形至披针形鳞片；叶簇生或疏生，有柄，二型：不育叶绿色，草质或纸质，椭圆披针形或卵状三角形，一回羽状至二回深羽裂，羽片线状披针形至阔披针形，羽裂深达 1/2，裂片镰状披针形至椭圆形，叶脉羽状，分离或联结成网状；能育叶椭圆形至线状，一回羽状，羽片强度反卷成荚果状，深紫色至黑褐色，成圆柱状或圆球形，叶脉分离，在裂片上为羽状或叉状分枝，能育的末回小脉的先端常突起成囊托；孢子囊群圆形，着生于囊托上；囊群盖下位或为无盖，外为反卷的变质叶片包被；孢子囊圆球形，有长柄，环带由 36～40 个增厚细胞组成，纵行。

东方荚果蕨 *Pentarhizidium orientale*（Hook.）Hayata（彩片 24）

根状茎短而直立，木质，连同叶柄基部密被鳞片；鳞片披针形，全缘，膜质，棕色；叶簇生，二型；不育叶叶柄基部褐色，向上禾秆色，连同叶轴、羽轴疏生狭披针形鳞片，鳞片脱落后留下褐色的新月形鳞痕，叶片长椭圆形，先端渐尖并为羽裂，基部不变狭，二回羽裂，羽片 15～20 对，披针形，基部 1～2 对略反折，裂片长椭圆形；叶纸质，两面光滑；叶脉羽状，明显，侧脉单一或少有分叉；能育叶一回羽状，羽片多数，羽片强度反卷成荚果状，深紫色，有光泽，平直而不呈念珠状；孢子囊群圆形，成熟时汇合成线状，囊群盖灰白色，膜质；生于海拔 1 000～2 700 m 的林下、溪边。

（十三）乌毛蕨科 Blechnaceae

主要识别特征： 土生；根状茎横走或直立，被具细密筛孔的全缘、红棕色鳞片；叶一型或二型，有柄，叶片一至二回羽裂，厚纸质至革质，无毛或常被小鳞片；叶脉分离或网状；孢子囊群为长的汇生囊群，或为椭圆形，着生于与主脉平行的小脉上或网眼外侧的小脉上，均靠近主脉；囊群盖同形，开向主脉，很少无盖；孢子囊大，环带纵行而于基部中断。

1. 狗脊 *Woodwardia japonica*（L. f.）Smith（彩片 25）

根状茎粗短而直立，连同叶柄基部密被鳞片；鳞片大，披针形，深棕色，全缘；叶簇生，叶柄禾秆色，坚硬，向上连同叶轴羽轴疏生深棕色鳞片；叶片长卵形，先端渐尖，二回羽裂；侧生羽片 6～16 对，披针形至狭披针形，基部一对羽片略缩短，下部羽片较长，顶生羽片卵状披针形或长三角状披针形，大于其下的侧生羽片，其基部一对裂片往往伸长；裂片三角形，先端尖或急尖，边缘有细锯齿，基部一对缩小，下侧一片呈圆形、卵形或耳形；叶纸质至革质，两面光滑；叶脉明显，羽轴及主脉两面均隆起，在羽轴及主脉两侧各有 1 行狭长网眼，其外侧尚有若干不整齐的多角形网眼，其余小脉分离，直达叶边；孢子囊群线状，着生于主脉两侧的狭长网眼上，呈单行排列，囊群盖同形，革质，棕褐色，成熟时开向主脉或羽轴；生于海拔 1 800 m 以下酸性山地的疏林下、溪边、路旁。

2. 顶芽狗脊 *Woodwardia unigemmata*（Makino）Nakai（彩片 26）

根状茎直立或横卧，连同叶柄基部密被鳞片；鳞片大，棕色，披针形，薄膜质；叶簇生，叶柄禾秆色，略被鳞片；叶片长卵形或椭圆形，先端渐尖，基部圆楔形，二回深羽裂；羽片 8～15 对，阔披针形，先端尾尖，基部圆截形；裂片披针形，先端渐尖，边缘具尖锯齿，下部几对略缩短，但不变形；叶革质，叶轴及羽轴下面疏被棕色纤维状小鳞片；叶轴近先端具 1 枚被棕色鳞片的腋生大芽胞；叶脉明显，羽轴两面及主脉上面隆起，在羽轴及主脉两侧各有 1 行狭长网眼，狭长网眼外尚有 1～2 行不整齐的多角形网眼，侧脉单一或二叉，先端有纺锤形水囊，直达叶边；孢子囊群粗短线状，着生于主脉两侧的狭长网眼上，下陷于叶肉，囊群盖同形，厚膜质，棕色或棕褐色，成熟时开向主脉；生于海拔 450～3 000 m 疏林下、路边灌丛中。

（十四）肿足蕨科 Hypodematiaceae

主要识别特征： 中小型的生于石灰岩的旱生植物；根状茎粗壮，横卧或斜升，连同叶柄膨大的基部密被蓬松的大鳞片；叶近生或近簇生；叶柄基部膨大成梭形，隐没于鳞片中；叶片卵状长圆形至五角状卵形，先端渐尖并羽裂，三至四回羽状或五回羽裂，通常基部一对羽片最大，三角状披针形至三角状卵形，基部不对称；叶草质或纸质，干后灰绿色或淡褐绿色，两面连同叶轴和各回羽轴通常被灰白色的单细胞柔毛或针状毛；孢子囊群圆形，背生于侧脉中部；囊群盖特大，膜质，灰白色或淡棕色，圆肾形或马蹄形。

肿足蕨 *Hypodematium crenatum*（Forssk.）Kuhn et Decken（彩片 27）

根状茎粗壮，横走，连同叶柄基部密被鳞片；鳞片披针形，膜质，亮红棕色，成簇生长；叶近生，叶柄禾秆色，基部膨大成纺锤状，向上仅被灰白色柔毛；叶片卵状五角形，先端渐尖并羽裂，基部圆心形，三回羽状或四回羽裂；羽片 6～9 对，基部一对最大，三角状长圆形；小羽片长圆形，羽轴下侧的小羽片较上侧的为大；裂片长圆形，先端圆钝，边缘全缘或略成波状；叶草质至纸质，两面连同叶轴和各回羽轴被灰白色柔毛；叶脉分离，两面明显，侧脉羽状、单一；孢子囊群圆形，生于侧脉中部；囊群盖大，圆肾形或马蹄形，浅灰色，密被柔毛，宿存；生于海拔 2 300 m 以下的干旱石灰岩缝或砖墙上。

（十五）鳞毛蕨科 Dryopteridaceae

主要识别特征：中等大小或小型陆生植物；根状茎短而直立或斜升，具簇生叶，或横走具散生或近生叶，连同叶柄（至少下部）密被鳞片；鳞片狭披针形至卵形，基部着生，棕色或黑色，质厚，边缘多少具锯齿或睫毛；叶簇生或散生，有柄；叶柄上面有纵沟，多少被鳞片；叶片一至五回羽状，纸质或革质，干后淡绿色，光滑，或叶轴、各回羽轴和主脉下面多少被披针形或钻形鳞片；各回小羽轴和主脉下面圆而隆起，上面具纵沟，并在着生处开向下一回小羽轴上面的纵沟，基部下侧下延，光滑无毛；羽片和各回小羽片基部对称或不对称，叶边通常有锯齿或有触痛感的芒刺；叶脉通常分离，小脉单一或二叉，不达叶边，顶端往往膨大呈球杆状的小囊；孢子囊群小，圆，顶生或背生于小脉，有盖。

1. 刺齿贯众 *Cyrtomium caryotideum*（Wall. ex Hook. et Grev.）C. Presl（彩片 28）

根状茎直立，连同叶柄基部密被阔披针形、黑棕色鳞片；叶簇生，叶柄禾秆色，向上光滑，上面有浅纵沟；叶片长圆形至长圆披针形，基部不变狭，奇数一回羽状；羽片 3～7 对，互生，镰状阔披针形，先端尾尖，基部圆楔形，上侧有长而尖的三角形耳状凸起，边缘密生刺状尖齿；顶生羽片大，卵形或菱状卵形，三叉状；叶纸质，上面光滑，下面疏生小鳞片；叶轴上面有浅纵沟，下面疏生小鳞片；叶脉网状，小脉沿主脉两侧联结成多行网眼，具内藏小脉 1～3 条；孢子囊群圆形，生于内藏小脉中下部，几乎遍布羽片背面，囊群盖圆盾形，边缘有齿；生于海拔 600～2 500 m 的林下。

2. 贯众 *Cyrtomium fortunei* J. Sm.（彩片 29）

根状茎直立，连同叶柄基部密被深棕色、阔披针形鳞片；叶簇生，叶柄禾秆色，疏被鳞片，上面有浅纵沟；叶片长圆披针形，基部不变狭，奇数一回羽状；羽片 7～19 对，互生，镰状披针形，先端渐尖，基部偏斜，上侧近截形有时有耳状凸起，下侧楔形，边缘具齿；顶生羽片狭卵形，下部有时二至三叉；叶纸质，两面光滑；叶轴上面有浅沟，下面疏生鳞片；叶脉网结，小脉联结成 2～3 行网眼，具内藏小脉 1～2 条；孢子囊群圆形，生于内藏小脉中部以上，遍布羽片背面，囊群盖圆盾形，全缘；生于海拔 140～2 200 m 的空旷地石灰岩缝或林下。

3. 变异鳞毛蕨 *Dryopteris varia*（L.）Kuntze（彩片 30）

根状茎横卧或斜升，连同叶柄基部密被黑褐色、狭披针形鳞片，鳞片先端纤维状；叶簇生，叶柄禾秆色，向上连同叶轴、羽轴密被鳞片；叶片五角状长圆形至阔卵形，先端突然狭缩成长尾状，二回羽状至三回羽裂；羽片披针形，基部一对最大，呈不对称的三角形，羽轴下侧的小羽片比上侧的大，其基部下侧小羽片特别伸长，小羽片披针形，羽状浅裂至深裂；末回小羽片（或裂片）披针形，顶端短渐尖，边缘羽状浅裂或有齿；叶革质，两面光滑；小羽轴和裂片主脉下面疏被棕色泡状鳞片；叶脉羽状，下面明显，侧脉分叉或单一；孢子囊群圆形，较大，生于小脉中上部，囊群盖圆肾形，棕色，全缘；生于海拔 1 500 m 以下的酸性山地。

（十六）肾蕨科 Nephrolepidaceae

主要识别特征：中型草本，土生或附生；根状茎长而横走，有腹背之分，或短而直立，辐射状，并发出极细瘦的匍匐枝，生有小块茎，二者均被鳞片；鳞片以伏贴的阔腹部盾状着生；叶一型，簇生而叶柄不以关节着生于根状茎上，或为远生，2 列而叶柄以关节着生于明显的叶足上或蔓生茎上；叶片长而狭，披针形或椭圆披针形，一回羽状，分裂度粗，羽片多数，基部不对称，无柄，以关节着生于叶轴，全缘或多少具缺刻；叶脉分离，侧脉羽状，几达叶边，小脉先端具明显的水囊，上面往往有1个白色的石灰质小鳞片；叶草质或纸质；孢子囊群表面生，单一，圆形，顶生于每组叶脉的上侧一小脉，或背生于小脉中部，近叶边以1行排列或远离叶边以多行排列；囊群盖圆肾形或少为肾形。

肾蕨 *Nephrolepis auriculata*（L.）C. Presl（彩片31）

根状茎短而直立，连同叶柄基部密被淡棕色、线状披针形鳞片；根状茎下部有粗铁丝状的棕褐色匍匐茎向四处蔓生，疏被鳞片，有纤细的须根；匍匐茎分枝上生有球状块茎，密被与根状茎同样的鳞片；叶簇生；叶柄暗褐色，向上连同叶轴被淡棕色披针形鳞片；叶片线状披针形，一回羽状；羽片多数，常密集而呈覆瓦状排列，无柄，以关节着生于叶轴，披针形，先端钝或短尖，基部不对称，上侧凸起呈三角状耳形，下侧为圆楔形，边缘有浅钝齿；向基部的羽片渐缩短；叶纸质，两面光滑；叶脉明显，侧脉纤细；孢子囊群圆肾形，生于侧脉的上侧小脉顶端，在主脉两侧各成1行，近叶缘；囊群盖肾形，宿存；生于海拔1 500 m以下的石上、石隙或树干上。

（十七）水龙骨科 Polypodiaceae

主要识别特征：中型或小型蕨类，通常附生；根状茎长而横走，被鳞片；鳞片盾状着生，通常具粗筛孔；叶一型或二型，以关节着生于根状茎上；单叶，全缘，或分裂，或羽状，草质或纸质，无毛或被星状毛；叶脉网状，网眼内通常有分叉的内藏小脉，小脉顶端具水囊；孢子囊群通常为圆形或近圆形，或为椭圆形，或为线状，无盖而有隔丝；孢子囊具长柄，纵行环带；孢子椭圆形，单裂缝，两侧对称。

1. 黄瓦韦 *Lepisorus asterolepis*（Baker）Ching ex S. X. Xu（彩片32）

根状茎长而横走，褐色，密被披针形鳞片；鳞片基部卵状，网眼细密，透明，棕色，老时易从根状茎脱落；叶远生或近生，叶柄长3～7 cm，禾秆色；叶片阔披针形，长10～25 cm，短圆钝头，叶下部1/3处为最宽，1.2～3 cm，向基部突然狭缩成楔形并下延，干后两面通常呈黄色或淡黄色，光滑，革质；主脉上下均隆起，小脉隐约可见；孢子囊群圆形或椭圆形，聚生在叶片的上半部，位于主脉与叶边之间，在叶片下面隆起，在叶片上面成穴状凹陷，相距较近，孢子囊群成熟后扩展而彼此密接或接触；生于海拔1 000～3 500 m的林下树干或岩石上。

2. 庐山石韦 *Pyrrosia sheareri*（Baker）Ching（彩片33）

根状茎粗壮，横卧，密被线状棕色鳞片，鳞片边缘具睫毛；叶近生，一型；叶柄粗壮，基部密被鳞片，向上疏被星状毛；叶片阔披针形，近基部处为最宽，向上渐狭，基部近心形或圆截形，叶边全缘，叶干后软厚革质，上面淡灰绿色或淡棕色，几光滑无毛，但布满洼点，下面棕色，被一层较厚、分支臂为披针形星状毛；主脉粗壮，两面均隆起，侧脉可见，小脉不显；孢子囊群呈不规则的点状排列于侧脉间，布满基部以上的叶片下面，无盖，幼时被星状毛覆盖，成熟时孢子囊开裂而呈砖红色；生于海拔300～2 500 m的疏林下树干或岩石上。

3. 三角叶盾蕨（变型）*Neolepisorus ovatus*（Bedd.）Ching f. *deltoideus*（Baker）Ching（彩片34）

根状茎横走，密生卵状披针形鳞片，鳞片边缘有疏锯齿；叶远生，叶柄密被鳞片，叶片三角形，不规则浅裂或羽状深裂，裂片一至多对，披针形，彼此有阔的间隔分开，基部以阔翅（宽约1 cm）相连；叶干后厚纸质，上面光滑，下面多少有小鳞片；主脉隆起，侧脉明显，开展直达叶边，小脉网状，有分叉的内藏小脉；孢子囊群圆形，沿主脉两侧排成不整齐的多行，或在侧脉间排成不整齐的一行，幼时被盾状隔丝覆盖；生于海拔600～2 000 m的山地林下。

4. 蟹爪叶盾蕨（变型）*Neolepisorus ovatus*（Bedd.）Ching f. *doryopteris*（Christ）Ching（彩片35）

本变形叶片阔卵形，基部二回深羽裂，裂片狭长披针形，宽0.8～1.5 cm；彼此以狭翅（翅宽3～5 mm）相连；生于山谷溪边和灌木下阴湿处。

5. 紫柄假瘤蕨 *Selliguea crenatopinnata*（C. B. Clarke）S. G. Lu（彩片36）

根状茎细长而横走，密被棕色披针形鳞片；叶远生，叶柄长10～20 cm，紫色，无毛；叶片长5～15 cm，宽5～10 cm，三角状卵形，羽状深裂或基部达全裂；裂片3～6对，彼此远离，基部以狭翅相连，顶端钝圆或锐尖，基部明显收缩，边缘具波状齿，或达波状半裂；叶脉明显，小脉网状，具棒状内藏小脉；叶纸质，两面光滑无毛；孢子囊群圆形或椭圆形，在裂片（或羽片）中脉两侧各一行，居中或靠近中脉着生；生于海拔1 900～2 900 m的松林下。

6. 友水龙骨（原变型）*Polypodiodes amoena*（Wall. ex Mett.）Ching（彩片37）

附生植物；根状茎横走，密被暗棕色披针形鳞片，鳞片边缘有细齿；叶远生，叶柄光滑无毛；叶片卵状披针形，羽状深裂，基部略收缩，顶端羽裂渐尖；裂片披针形，顶端渐尖，边缘有锯齿，基部1～2对裂片向后反折；叶脉极明显，网状，在叶轴两侧各具1行狭长网眼，在裂片中脉两侧各具1～2行网眼，内行网眼具内藏小脉，分离的小脉顶端具水囊，几达裂片边缘；叶厚纸质，背面叶轴及裂片中脉具有较多的披针形、褐色鳞片；孢子囊群圆形，在裂片中脉两侧各1行，着生于内藏小脉顶端，位于中脉与边缘之间，无盖；生于海拔1 000～2 500 m的石上或大树干基部。

二、裸子植物

（一）苏铁科 Cycadaceae

主要识别特征：常绿木本植物，树干粗壮，常不分枝；营养叶大型，羽状深裂，集生于枝顶；雌雄异株，孢子叶球顶生；游动精子多纤毛。

苏铁 *Cycas revoluta* Thunb.（彩片38）

柱状主干，常不分枝；叶革质，大型，羽状深裂，簇生茎顶；雌雄异株，雄球花圆柱形，花药通常3个聚生；大孢子密生淡黄色或淡灰黄色茸毛，上部的顶片卵形至长卵形，边缘羽状分裂，裂片12～18对，条状钻形，胚珠2～6枚，生于大孢子叶柄的两侧，有茸毛；种子红褐色或橘红色，倒卵圆形或卵圆形，密生灰黄色短茸毛；花期6—7月，种子10月成熟。

（二）银杏科 Ginkgoaceae

主要识别特征：落叶乔木，枝有长短枝之分，叶扇形，先端2裂或波状缺刻，具分叉脉序，在长枝上螺旋状散生，在短枝上簇生；球花单性，雌雄异株，精子多纤毛；种子核果状，具3层种皮。

银杏 *Ginkgo biloba* L.（彩片 39）

乔木；叶扇形，短枝叶顶端常具波状缺刻，长枝顶端常 2 裂；球花雌雄异株，雄球花柔荑花序状，下垂，雄蕊花药常 2 个；雌球花具长梗，梗顶端常分两叉，每叉顶生一盘状珠座，胚珠着生其上，通常仅一个叉端的胚珠发育成种子；种子具长梗，下垂，常为椭圆形、长倒卵形、卵圆形或近圆球形；花期 3—4 月，种子 9—10 月成熟。

（三）松科 Pinaceae

主要识别特征：常绿或落叶乔木，叶条形或针形；针形叶 2～5 针成一束；雌雄同株；雄球花具多数螺旋状着生的小孢子叶，每个小孢子叶有 2 个花粉囊，花粉多有气囊；雌球花由多数螺旋状着生的珠鳞与苞鳞所组成，每珠鳞的腹（上）面具两枚倒生胚珠，苞鳞与珠鳞分离（仅基部合生）；种子通常有翅。

1. 雪松 *Cedrus deodara*（Roxb.）G. Don（彩片 40）

乔木；枝平展、微斜展或微下垂，小枝常下垂；叶在长枝上辐射伸展，短枝之叶成簇生状，针形，坚硬，上部较宽，先端锐尖，下部渐窄，常呈三棱形，叶之腹面两侧各有 2～3 条气孔线，背面 4～6 条；雄球花长卵圆形或椭圆状卵圆形；雌球花卵圆形；球果成熟前淡绿色，微有白粉，熟时红褐色，卵圆形或宽椭圆形；中部种鳞扇状倒三角形，上部宽圆，边缘内曲，中部楔状，下部耳形，基部爪状，鳞背密生短茸毛；苞鳞短小；种子近三角状，种翅宽大，较种子为长。

2. 华山松 *Pinus armandii* Franch.（彩片 41）

乔木；幼树树皮灰绿色或淡灰色，平滑；针叶 5 针一束；球果圆锥状长卵圆形，种子黄褐色、暗褐色或黑色，倒卵圆形；花期 4—5 月，球果第二年 9—10 月成熟。

3. 云南松 *Pinus yunnanensis* Franch.（彩片 42）

乔木；树皮褐灰色，深纵裂，裂片厚或裂成不规则的鳞状块片脱落；针叶通常 3 针一束，稀 2 针一束；雄球花圆柱状，聚集成穗状；球果圆锥状卵圆形，鳞盾通常肥厚、隆起，有横脊，鳞脐微凹或微隆起，有短刺；种子褐色，近卵圆形或倒卵形，连翅长 1.6～1.9 cm；花期 4—5 月，球果第二年 10 月成熟。

（四）杉科 Taxodiaceae

主要识别特征：常绿或落叶乔木，树干端直；叶螺旋状排列，披针形、钻形或条形；小孢子叶及珠鳞螺旋状排列；花粉囊常 3～4 个，花粉无气囊；珠鳞与苞鳞半合生，珠鳞的腹面基部有 2～9 枚直立或倒生胚珠；种子周围或两侧有窄翅。

1. 杉木 *Cunninghamia lanceolata*（Lamb.）Hook.（彩片 43）

乔木；叶在主枝上辐射伸展，侧枝之叶基部扭转成二列状，披针形或条状披针形，通常微弯，革质、坚硬，边缘有细缺齿，上面深绿色，下面淡绿色，沿中脉两侧各有 1 条白粉气孔带；雄球花圆锥状，有短梗，通常 40 余个簇生枝顶，雌球花单生或 2～3（～4）个集生，绿色，苞鳞横椭圆形，先端急尖，上部边缘膜质，有不规则的细齿，长宽几相等；球果卵圆形，熟时苞鳞革质，棕黄色，三角状卵形；种鳞很小，先端三裂，腹面着生 3 粒种子；种子扁平，长卵形或矩圆形，两侧边缘有窄翅；花期 4 月，球果 10 月下旬成熟。

2. 日本柳杉 *Cryptomeria japonica*（Thunb. ex L. f.）D. Don（彩片 44）

乔木；树皮红棕色；大枝近轮生，平展或斜展；小枝细长，常下垂，绿色，枝条中部的叶较长，叶钻形略向内弯曲，先端内曲，四边有气孔线；雄球花单生叶腋，集生于小枝上部，成短穗状花序状；雌球花顶生于短枝上；球果圆球形或扁球形，种鳞 20 枚左右，上部有 4～5 个短三角形裂齿，鳞背中部或中下部有一个三角状分离的苞鳞尖头；能育的种鳞有 2 粒种子；种子近椭圆形，边缘有窄翅；花期 4 月，球果 10 月成熟。

3. 水杉 *Metasequoia glyptostroboides* Hu et Cheng（彩片 45）

乔木；树皮灰色、灰褐色或暗灰色；叶条形，上面淡绿色，下面色较淡，沿中脉有两条较边带稍宽的淡黄色气孔带，每带有 4～8 条气孔线，叶在侧生小枝上列成两列，羽状，冬季与枝一同脱落；球果下垂，近四棱状球形或矩圆状球形，成熟前绿色，熟时深褐色；种鳞木质，盾形，交叉对生，鳞顶扁菱形，中央有一条横槽，基部楔形；能育种鳞有 5～9 粒种子；种子扁平，倒卵形，周围有翅，先端有凹缺；花期 2 月下旬，球果 11 月成熟。

（五）柏科 Cupressaceae

主要识别特征：常绿木本；叶鳞形或刺形，对生或轮生；孢子叶球单性，雌雄异株或同株；小孢子叶交互对生，花粉囊多于 2 个，花粉无气囊；珠鳞交互对生或轮生，珠鳞腹面基部有一至多枚直立胚珠，苞鳞与珠鳞完全愈合；球果球形，熟时张开或肉质合生呈浆果状，种子无翅或具翅。

1. 圆柏 *Juniperus chinensis* L.（彩片 46）

乔木；叶二型，即刺叶及鳞叶；刺叶生于幼树之上，老龄树则全为鳞叶，壮龄树兼有刺叶与鳞叶；雌雄异株，雄球花黄色，椭圆形，雄蕊 5～7 对，常有 3～4 枚花药；球果近圆球形，两年成熟，熟时暗褐色，被白粉或白粉脱落，有 1～4 粒种子；种子卵圆形，扁，顶端钝。

2. 刺柏 *Juniperus formosana* Hayata（彩片 47）

乔木；小枝下垂，三棱形；叶三叶轮生，条状披针形或条状刺形，上面稍凹，中脉微隆起，绿色，两侧各有 1 条白色气孔带；雄球花圆球形或椭圆形，药隔先端渐尖，背有纵脊；球果近球形或宽卵圆形，熟时淡红褐色，被白粉或白粉脱落；种子半月圆形，具 3～4 条棱脊。

3. 侧柏 *Platycladus orientalis*（L.）Franco（彩片 48）

乔木；枝条向上伸展或斜展，生鳞叶的小枝细，向上直展或斜展，扁平，排成一平面；叶鳞形，交互对生；孢子叶球单性同株，雄球花黄色，卵圆形；雌球花近球形，蓝绿色，被白粉；球果近卵圆形，成熟前近肉质，蓝绿色，被白粉，成熟后木质，开裂；种子无翅或有极窄之翅；花期 3—4 月，球果 10 月成熟。

（六）罗汉松科 Podocarpaceae

主要识别特征：常绿乔木或灌木；叶条形、披针形，螺旋状散生、近对生或交叉对生；雌雄异株；雄球花穗状，雄蕊多数，花粉有气囊；雌球花单生叶腋或苞腋，胚珠由辐射对称或近于辐射对称的囊状或杯状的套被所包围；种子核果状或坚果状，全部或部分为肉质或较薄而干的假种皮所包，或苞片与轴愈合发育成肉质种托。

罗汉松（原变种）*Podocarpus macrophyllus*（Thunb.）D. Don var. *macrophyllus*（彩片 49）

乔木；叶螺旋状着生，条状披针形，微弯，长 7～12 cm，宽 7～10 mm，先端尖，基部楔形；雄球花穗状、腋生，常 3～5 个簇生于极短的总梗上；雌球花单生叶腋；种子卵圆形，先端圆，熟时肉质假种皮紫黑色，种托肉质圆柱形，红色或紫红色；花期 4—5 月，种子

8—9 月成熟。

（七）红豆杉科 Taxaceae

主要识别特征：常绿乔木或灌木；叶条形或披针形，螺旋状排列或交叉对生，下面沿中脉两侧各有 1 条气孔带；孢子叶球单性异株，雄球花单生叶腋或苞腋，或组成穗状花序集生于枝顶，每个小孢子叶有 4～9 个花粉囊，花粉无气囊；雌球花单生或 2～3 个组成球序，基部具多数覆瓦状排列或交叉对生的苞片，胚珠 1 枚，直立，生于盘状或漏斗状的大孢子叶——珠托内；种子核果状，包于珠托发育来的肉质而鲜艳的假种皮中。

红豆杉 *Taxus wallichiana* var. *chinensis*（Pilg.）Florin（彩片 50）

乔木；叶排列成两列，条形，微弯或较直，上面深绿色，有光泽，下面淡黄绿色，有两条气孔带，中脉带上有密生均匀而微小的圆形角质乳头状突起点，常与气孔带同色；雄球花淡黄色，雄蕊 8～14 枚，花药 4～8（多为 5～6）枚；种子生于杯状红色肉质的假种皮中，间或生于近膜质盘状的种托（即未发育成肉质假种皮的珠托）之上，常呈卵圆形。

三、被子植物

（一）木兰科 Magnoliaceae

主要识别特征：木本，单叶互生，全缘，节上有托叶环痕；花单生，常同被，三基数；雄蕊、雌蕊多数，离生，螺旋排列于伸长的花托上，子房上位；多为蓇葖果。

1. 荷花木兰 *Magnolia grandiflora* L.（彩片 51）

常绿乔木；小枝、芽、叶下面、叶柄均密被褐色或灰褐色短毛；叶厚革质，椭圆形、长圆状椭圆形或倒卵状椭圆形；花白色，有芳香；花被片 9～12 片，厚肉质，倒卵形；花丝扁平，紫色；雌蕊群椭圆形，密被长毛；心皮卵形，花柱呈卷曲状；聚合果圆柱状长圆形或卵圆形，密被褐色或淡灰黄色毛；花期 5—6 月，果期 9—10 月。

2. 西康天女花 *Oyama wilsonii*（Finet & Gagnepain）N. H. Xia & C. Y. Wu（彩片 52）

落叶灌木或小乔木；叶纸质，椭圆状卵形，或长圆状卵形，上面沿中脉及侧脉初被灰黄色柔毛，下面密被银灰色平伏长柔毛；花与叶同时开放，白色，芳香，花梗下垂，被褐色长毛；花被片 9 片，近等大，宽匙形或倒卵形，顶端圆，基部具短爪；雄蕊紫红色，花丝短，红色；雌蕊群绿色，卵状圆柱形；聚合果下垂，圆柱形，熟时红色后转紫褐色，蓇葖具喙；花期 5—6 月，果期 9—10 月。

3. 玉兰 *Yulania denudata*（Desr.）D. L. Fu（彩片 53）

落叶乔木；叶纸质，倒卵形、宽倒卵形或倒卵状椭圆形；花蕾卵圆形，花先叶开放，芳香；花梗显著膨大，密被淡黄色长绢毛；花被片 9 片，白色，基部常带粉红色，近相似，长圆状倒卵形；聚合果圆柱形；一年开花两次，花期 2—3 月，果期 8—9 月。

4. 紫玉兰 *Yulania liliiflora*（Desr.）D. L. Fu（彩片 54）

落叶灌木；叶椭圆状倒卵形或倒卵形，先端急尖或渐尖，基部渐狭沿叶柄下延至托叶痕；花蕾卵圆形，被淡黄色绢毛；花叶同时开放，瓶形；花被片 9～12 片，外轮 3 片萼片状，紫绿色，披针形，内两轮肉质，外面紫色或紫红色，内面带白色，花瓣状，椭圆状倒卵形；雄蕊紫红色，雌蕊群淡紫色；聚合果深紫褐色，变褐色，圆柱形；成熟蓇葖近圆球形；花期 3—4 月，果期 8—9 月。

(二) 蜡梅科 Calycanthaceae

主要识别特征：落叶或常绿灌木；单叶对生，全缘或近全缘；花两性，辐射对称，单生于侧枝的顶端或腋生，通常芳香，黄色、黄白色、褐红色或粉红白色，先叶开放；花被片多数，最外轮的似苞片，内轮的呈花瓣状；雄蕊两轮，外轮的能发育，雄蕊5～30枚，内轮的败育；心皮少数至多数，离生；花托杯状；聚合瘦果着生于坛状的果托之中。

蜡梅 *Chimonanthus praecox*（L.）Link（彩片55）

落叶灌木；叶纸质至近革质，卵圆形、椭圆形、宽椭圆形至卵状椭圆形；先花后叶，芳香；花被片圆形、长圆形、倒卵形、椭圆形或匙形，无毛，内部花被片比外部花被片短，基部有爪；雄蕊花丝比花药长或等长，花药向内弯，无毛，药隔顶端短尖，退化雄蕊长3 mm；心皮基部被疏硬毛，花柱长达子房3倍，基部被毛；果托近木质化，坛状或倒卵状椭圆形，口部收缩，并具有钻状披针形的被毛附生物；花期11月至翌年3月，果期4—11月。

(三) 樟科 Lauraceae

主要识别特征：木本；有香气，单叶互生，革质，全缘，三出脉或羽状脉；花3基数，轮状排列，花被2轮，雄蕊4轮，其中1轮退化，花药瓣裂；雌蕊3心皮构成，子房1室；常为核果。

1. 樟 *Cinnamomum camphora*（L.）Presl（彩片56）

常绿大乔木；叶互生，革质，卵状椭圆形，先端急尖，基部宽楔形至近圆形，全缘，常具离基三出脉，侧脉及支脉脉腋上面明显隆起，下面有明显腺窝，窝内常被柔毛；圆锥花序腋生，总梗与各级序轴均无毛或被灰白至黄褐色微柔毛；花绿白或带黄色，花被外面无毛或被微柔毛，内面密被短柔毛，花被筒倒锥形，花被裂片椭圆形；能育雄蕊9枚，花丝被短柔毛，退化雄蕊3枚，位于最内轮，箭头形；子房球形，无毛；果卵球形或近球形，紫黑色；花期4—5月，果期8—11月。

2. 山鸡椒 *Litsea cubeba*（Lour.）Pers.（彩片57）

落叶灌木或小乔木，枝、叶具芳香味；叶互生，披针形或长圆形，先端渐尖，基部楔形，纸质，两面均无毛，羽状脉；伞形花序单生或簇生；花被裂片6片，宽卵形；能育雄蕊9枚，花丝中下部有毛，第3轮基部的腺体具短柄；退化雌蕊无毛；子房卵形，花柱短，柱头头状；果近球形，成熟时黑色；花期2—3月，果期7—8月。

(四) 三白草科 Saururaceae

主要识别特征：多年生草本；茎具明显的节；叶互生，单叶；托叶贴生于叶柄上；花两性，聚集成稠密的穗状花序或总状花序，具总苞或无总苞，苞片显著，无花被；雄蕊3、6或8枚，离生或贴生于子房基部或完全上位；雌蕊由3～4心皮所组成，离生或合生；果为分果爿或蒴果顶端开裂。

蕺菜 *Houttuynia cordata* Thunb.（彩片58）

腥臭草本；茎下部伏地，节上轮生小根，上部直立，无毛或节上被毛；叶薄纸质，有腺点，背面尤甚，卵形或阔卵形，顶端短渐尖，基部心形，背面常呈紫红色，叶脉5～7条，全部基出或最内1对离基约5 mm从中脉发出；花小，聚集成顶生或与叶对生的穗状花序，基部有4片长圆形或倒卵形的白色花瓣状总苞片；花期4—7月。

(五) 睡莲科 Nymphaeaceae

主要识别特征：水生草本；具根状茎；叶心形至盾形，浮水；花大，单生，两性，辐射对称，萼片、花瓣逐渐过渡；雄蕊多数，雌蕊由3至多数心皮构成，分裂或结合成多室子房，子房上位至下位，果实浆果状。

1. 莲 *Nelumbo nucifera* Gaertn. Fruct. et Semin.（彩片59）

多年生水生草本；根状茎横生，肥厚，节间膨大，内有多数纵行通气孔道，节部缢缩；叶圆形，盾状；花美丽，芳香；花瓣红色、粉红色或白色，矩圆状椭圆形至倒卵形；花药条形，花丝细长；心皮多数，埋藏于倒圆锥形之花托（莲蓬）之中；坚果椭圆形或卵形，种子（莲子）卵形或椭圆形；花期6—8月，果期8—10月。

2. 白睡莲 *Nymphaea alba* L.（彩片60）

多年水生草本；根状茎匍匐；叶革质，近圆形，基部裂片稍重叠，全缘或波状，两面无毛；叶柄盾状着生；花芳香；花梗略和叶柄等长；花瓣20～25，白色，卵状椭圆形，外轮比萼片稍长；花托圆柱形；花药先端不延长；柱头具14～20条辐射线，扁平；浆果扁平至半球形；种子椭圆形；花期6—8月，果期8—10月。

（六）毛茛科 Ranunculaceae

主要识别特征：多草本；叶互生，常分裂或复叶，花两性，多辐射对称，雄蕊、雌蕊多数，分离，着生于凸起的花托上；多为聚合瘦果。

1. 黄草乌 *Aconitum vilmorinianum* Kom.（彩片61）

块根椭圆球形或胡萝卜形；茎缠绕，疏被反曲的短柔毛或几无毛，分枝；叶片坚纸质，五角形，基部宽心形，三全裂达或近基部，中央裂片宽菱形，急尖或短渐尖，侧裂片斜扇形，不等二裂稍超过中部，表面疏被紧贴的短柔毛，背面只沿脉疏被短柔毛；花序有3～6朵花，花序轴和花梗密被淡黄色反曲短柔毛；小苞片狭线状，密被短柔毛；萼片紫蓝色，外面密被短柔毛，上萼片高盔形；花瓣无毛，距长约3 mm，向后弯曲；雄蕊无毛，心皮5个，无毛或子房上部疏生短毛；蓇葖果直，无毛；种子三棱形，只在一面密生横膜翅；8—10月开花。

2. 草玉梅 *Anemone rivularis* Buch.-Ham.（彩片62）

草本；根状茎木质，基生叶3～5，叶片心状五角形，三全裂，中全裂片宽菱形或菱状卵形，侧裂片斜扇形，不等二深裂，两面都有糙伏毛；花葶1（～3），直立；聚伞花序二至三回分枝；萼片7～8枚，白色，倒卵形或椭圆状倒卵形；雄蕊长约为萼片之半；心皮30～60个，无毛，子房狭长圆形，有拳曲的花柱；瘦果狭卵球形，稍扁；5—8月开花。

3. 钝齿铁线莲 *Clematis apiifolia* var. *argentilucida*（H. Léveillé & Vaniot）W. T. Wang（彩片63）

藤本；三出复叶；小叶片卵形或宽卵形，较大，常有不明显三浅裂，边缘有少数钝牙齿，上面疏生贴伏短柔毛或无毛，下面密生短柔毛；圆锥状聚伞花序，多花；萼片4枚，开展，白色，狭倒卵形；雄蕊无毛，花丝比花药长5倍；瘦果纺锤形或狭卵形，不扁，有柔毛；花期7—9月，果期9—10月。

4. 滇川翠雀花 *Delphinium delavayi* Franch.（彩片64）

多年生草本；茎和叶柄密被反曲的短糙毛；叶片五角形，掌状三深裂，中裂片菱形，渐尖，三浅裂，浅裂片有缺刻状小裂片和牙齿，侧裂片斜扇形，不等二深裂，两面疏被糙伏毛，叶柄基部有狭鞘；总状花序狭长，花序轴和花梗密被白色短糙毛和黄色短腺毛；萼片蓝紫色，宽椭圆形，外面有短柔毛，距钻形，末端稍向下弯；花瓣蓝色，无毛；退化雄蕊蓝色，腹面有白色或黄色髯毛；雄蕊无毛；心皮3个，子房密被柔毛；蓇葖果长1.6～2.4

cm；花期 7—11 月。

5. 云南翠雀花 *Delphinium yunnanense* Franch.（彩片 65）

茎高 60～90 cm，下部被反曲的短柔毛，上部无毛，自中部或下部有少数分枝；叶片五角形，三深裂至距基部 3～5 mm 处，中央深裂片菱状楔形，三深裂，二回裂片狭三角形至狭披针形；总状花序狭长，疏生 3～10 朵花，花梗无毛或近无毛；萼片蓝紫色，椭圆状倒卵形，外面疏被短柔毛，距钻形，直或稍向下弯曲；花瓣无毛；退化雄蕊紫色，瓣片倒卵形，二裂至中部，腹面有黄色髯毛；花丝无毛或疏被短毛；心皮 3，子房密被短伏毛。蓇葖果长约 1.8 cm；8—10 月开花。

6. 毛茛 *Ranunculus japonicus* Thunb.（彩片 66）

多年生草本；茎直立，具分枝，生开展或贴伏的柔毛；基生叶多数；叶片圆心形或五角形，基部心形或截形，通常三深裂不达基部；下部叶与基生叶相似，叶片较小，三深裂，裂片披针形；最上部叶线状，全缘，无柄；聚伞花序有多数花；萼片椭圆形，生白柔毛；花瓣 5，倒卵状圆形，花托无毛；聚合果近球形，瘦果扁平，上部最宽处与长近相等，为厚的 5 倍以上，边缘有宽约 0.2 mm 的棱，无毛，喙短直或外弯；花果期 4—9 月。

7. 水城毛茛 *Ranunculus shuichengensis* L. Liao（彩片 67）

多年生草本，基生叶和茎下部叶为三深裂或三出复叶 3 小叶，叶片外形轮廓圆形或椭圆形；基部心形或楔形，中央小叶三深裂，侧生小叶不等二裂；聚伞花序顶生，花萼 5，卵形，花瓣 5，黄色，阔倒卵形，花托圆柱形，疏生白色柔毛，聚合果矩圆形，瘦果两侧压扁，近圆形；花果期 5—6 月。

8. 扬子毛茛 *Ranunculus sieboldii* Miq.（彩片 68）

多年生草本；茎铺散，斜升，基生叶与茎生叶相似，为三出复叶；叶片圆肾形至宽卵形，基部心形，中央小叶宽卵形或菱状卵形，三浅裂至较深裂，侧生小叶不等地二裂；叶柄基部扩大成褐色膜质的宽鞘抱茎；花与叶对生，萼片狭卵形，花期向下反折，迟落；花瓣 5，黄色，狭倒卵形至椭圆形，有 5～9 条或深色脉纹，下部渐窄成长爪，蜜槽小鳞片位于爪的基部；雄蕊 20 余枚，花托粗短，密生白柔毛；聚合果圆球形，瘦果扁平，无毛，边缘有宽约 0.4 mm 的棱；花果期 5—10 月。

9. 钩柱毛茛 *Ranunculus silerifolius* H. Léveillé（彩片 69）

多年生草本，直立，茎高 28～95 cm，基生叶为三出复叶；花 2～10 朵组成顶生花序，萼片 5，反折，花瓣 5，黄色，心皮较多，雌蕊花柱比子房短，聚合果球形，宿存花柱钩状弯曲；常生于沟边。

10. 偏翅唐松草 *Thalictrum delavayi* Franch.（彩片 70）

植株全部无毛；分枝；基生叶在开花时枯萎，茎下部和中部叶为三至四回羽状复叶，小叶草质，顶生小叶圆卵形、倒卵形或椭圆形，基部圆形或楔形，三浅裂或不分裂，裂片全缘或有 1～3 齿。圆锥花序长 15～40 cm，花梗细；萼片 4（～5），淡紫色，卵形或狭卵形，顶端急尖或微钝；雄蕊多数，花药长圆形，花丝近丝形，上部稍宽：心皮 15～22，子房基部变狭成短柄，花柱短，柱头生花柱腹面；瘦果扁，斜倒卵形，约有 8 条纵肋，沿腹棱和背棱有狭翅；花期 6—9 月。

11. 爪哇唐松草 *Thalictrum javanicum* Bl.（彩片 71）

植株全部无毛；茎中部以上分枝；茎生叶三至四回三出复叶，小叶纸质，顶生小叶倒卵形、椭圆形或近圆形，基部宽楔形、圆形或浅心形，三浅裂，有圆齿；托叶棕色，膜质，边缘流苏状分裂；花序近二歧状分枝，伞房状或圆锥状；萼片4片，早落；雄蕊多数，花丝上部倒披针形，比花药稍宽，下部丝形；心皮8～15；瘦果狭椭圆形，有6～8条纵肋，宿存花柱顶端拳曲；花期4—7月。

（七）小檗科 Berberidaceae

主要识别特征：灌木或多年生草本；茎具刺或无；叶互生，单叶或一至三回羽状复叶；花序顶生或腋生，花单生，簇生或组成总状花序、穗状花序、伞形花序、聚伞花序或圆锥花序；花两性，辐射对称，花被通常3基数，萼片6～9，常花瓣状，离生，2～3轮；花瓣6，扁平，盔状或呈距状，或变为蜜腺状，基部有蜜腺或缺；雄蕊与花瓣同数而对生；子房上位；浆果、蒴果、蓇葖果或瘦果。

1. 毕节小檗 *Berberis guizhouensis* Ying（彩片72）

常绿灌木；老枝圆柱形，灰黑色，无疣点，幼枝具棱槽，具刺，三分叉，淡黄色；叶革质，椭圆形、狭椭圆形或矩圆形，先端急尖或近渐尖，基部楔形，叶缘明显向背面反卷，呈深波状，每边具13～20刺齿；花3至10余朵簇生，黄色；萼片3轮，外萼片卵形，先端渐尖，中萼片、内萼片卵圆形；花瓣倒卵形，先端缺裂，裂片先端圆形，基部楔形，2枚腺体连成"U"形；胚珠2～3枚；浆果椭圆形；花期4—5月，果期6—9月。

2. 永思小檗 *Berberis tsienii* Ying（彩片73）

落叶灌木；茎刺细弱，淡黄色，三分叉；叶纸质，椭圆形或倒卵状椭圆形，长7～15 mm，宽3～6 mm，先端急尖，基部楔形，叶缘中部以上每边具1～3细小刺齿；花黄色，多数2～6朵簇生，花梗红色；萼片3轮，外萼片及中萼片红色，内萼片两侧及中间黄色；外萼片三角状披针形，中萼片宽卵形，内萼片椭圆形；花瓣黄色，倒卵状三角形，先端缺裂，基部缢缩呈爪，具2枚长圆形腺体；胚珠1枚；果序由果3～6颗簇生，果梗紫红色，无毛；浆果椭圆形，长6～8 mm，具短宿存花柱，不被白粉；种子1枚；花期6—7月，果期7—8月。

3. 威宁小檗 *Berberis weiningensis* Ying（彩片74）

常绿灌木；老枝灰褐色，幼枝淡黄色，具条棱，密被短柔毛；茎刺细弱，三分叉，长5～10 mm，淡黄色；叶纸质，狭倒卵状椭圆形、狭椭圆形或倒卵形，长4～20 mm，宽2～5 mm，先端急尖或圆钝，具1刺尖，基部楔形，叶缘增厚，略向背面反卷，全缘或每边具1～6刺齿；近伞形花序，由4～6朵花组成，总梗比叶长，花梗细弱，无毛；花金黄色；萼片2轮，外萼片椭圆形，内萼片阔倒卵形；花瓣倒卵形，先端锐裂，裂片锐尖，基部渐狭，具2枚分离披针形腺体；药隔延伸，先端圆形；胚珠3枚；浆果幼时绿色，后变为红色，卵状长圆形，顶端具宿存花柱；花期5月，果期7—9月。

4. 阔叶十大功劳 *Mahonia bealei*（Fort.）Carr.（彩片75）

灌木或小乔木；奇数羽状复叶具4～10对小叶，最下一对小叶卵形，距叶柄基部0.5～12.5 cm，具1～2粗锯齿，背面常被白霜，小叶厚革质，硬直；自叶下部向上小叶渐次变长而狭，向上小叶近圆形至卵形或长圆形，基部阔楔形或圆形，偏斜，有时心形，边缘每边具2～6粗锯齿，先端具硬尖，顶生小叶较大，具柄；总状花序直立，通常3～9个簇生；花黄色；外萼片卵形，中萼片椭圆形，内萼片长圆状椭圆形；花瓣倒卵状椭圆形，基部腺体明显，先端微缺；药隔不延伸，顶端圆形至截形；子房长圆状卵形，花柱短，胚珠3～14枚；

浆果卵形，深蓝色，被白粉；花期9月至翌年1月，果期3—5月。

5. 南天竹 *Nandina domestica* Thunb.（彩片76）

常绿小灌木；茎常丛生，光滑无毛，幼枝常为红色，老后呈灰色；叶互生，集生于茎的上部，二至三回羽片对生；小叶薄革质，椭圆形或椭圆状披针形，顶端渐尖，基部楔形，全缘，上面深绿色，冬季变红色，两面无毛，近无柄；圆锥花序直立，花小，白色，具芳香；萼片多轮，外轮弯片卵状三角形，向内各轮渐大，最内轮萼片卵状长圆形；花瓣长圆形，先端圆钝；雄蕊6，药隔延伸；子房1室，具1～3枚胚珠。浆果球形，熟时鲜红色；花期3—6月，果期5—11月。

（八）木通科 Lardizabalaceae

主要识别特征：多为木质藤本（猫儿屎除外），茎缠绕或攀缘；叶互生，多为掌状或三出复叶，叶柄和小柄两端膨大为节状；花辐射对称，单性，雌雄同株或异株；总状花序或伞房状的总状花序；萼片花瓣状，多6片；花瓣6，蜜腺状，远较萼片小；雄蕊6枚，药隔角状或凸头状；退化心皮3枚；在雌花中有6枚退化雄蕊；心皮3；果为肉质的蓇葖果或浆果。

1. 三叶木通 *Akebia trifoliate*（Thunb.）Koidz.（彩片77）

落叶木质藤本；掌状复叶互生或在短枝上的簇生；小叶3片，纸质或薄革质，卵形至阔卵形，先端通常钝或略凹入，具小凸尖，基部截平或圆形，边缘具波状齿或浅裂；总状花序自短枝上簇生叶中抽出，下部有1～2朵雌花，以上有15～30朵雄花，总花梗纤细；雄花花梗丝状，萼片3，淡紫色，阔椭圆形或椭圆形；雄蕊6，离生，排列为杯状，花丝极短，药室在开花时内弯；退化心皮3，长圆状锥形；雌花花梗较雄花的稍粗，萼片3，紫褐色，近圆形，先端圆而略凹入，开花时广展反折；退化雄蕊6枚或更多，小，长圆形，无花丝；心皮3～9枚离生，柱头头状，具乳突，橙黄色；果长圆形，直或稍弯，成熟时灰白略带淡紫色；种子多数，扁卵形，种皮红褐色或黑褐色，稍有光泽；花期4—5月，果期7—8月。

2. 猫儿屎 *Decaisnea insignis*（Griff.）Hook. et Thoms.（彩片78）

直立灌木；羽状复叶长有小叶13～25片，小叶膜质，卵形至卵状长圆形，先端渐尖或尾状渐尖，基部圆或阔楔形，上面无毛，下面青白色；总状花序腋生，或圆锥花序下垂；雄花单体雄蕊，药隔呈角状附属体；雌花退化，雄蕊花丝合生呈盘状，心皮3；果下垂，圆柱形，蓝色，顶端截平但腹缝先端延伸为圆锥形凸头，具小疣突，果皮表面有环状缢纹或无；种子倒卵形，黑色，扁平；花期4—6月，果期7—8月。

（九）防己科 Menispermaceae

主要识别特征：攀缘或缠绕藤本；单叶，螺旋状排列，掌状脉，叶柄两端肿胀；聚伞花序，或由聚伞花序再做圆锥花序、总状花序或伞形花序排列；花通常小而不鲜艳，单性，雌雄异株，通常两被；萼片通常轮生，每轮3片，花瓣通常2轮，每轮3片，通常分离；雄蕊2至多数，通常6～8；心皮3～6，分离，子房上位，1室，常一侧肿胀，内有胚珠2枚，其中1枚早期退化；核果；种子通常弯。

金线吊乌龟 *Stephania cephalantha* Hayata（彩片79）

草质藤本；块根团块状或近圆锥状；小枝紫红色，纤细；叶纸质，三角状扁圆形至近圆形，顶端具小凸尖，基部圆或近截平，边全缘或多少浅波状，掌状脉7～9条；雌雄花序同形，头状，具盘状花托；雄花序总梗丝状，常于腋生具小型叶的小枝上作总状花序式排列；

雌花序总梗粗壮，单个腋生；雄花萼片6，匙形或近楔形；花瓣3或4，近圆形或阔倒卵形；聚药雄蕊很短；雌花萼片1；花瓣2，肉质，比萼片小；核果阔倒卵圆形，成熟时红色；花期4—5月，果期6—7月。

（十）马桑科 Coriariaceae

主要识别特征：灌木或多年生亚灌木状草本，小枝具棱角；单叶，对生或轮生，全缘；花两性或单性，辐射对称，小，单生或排列成总状花序；萼片5，小；花瓣5，比萼片小，里面龙骨状，肉质，宿存，花后增大而包于果外；雄蕊10，与花瓣对生的雄蕊贴生于龙骨状突起上；心皮5～10，分离，子房上位，柱头外弯；浆果状瘦果，成熟时红色至黑色。

马桑 *Coriaria nepalensis* Wall.（彩片80）

灌木，小枝四棱形或成四狭翅，常带紫色；叶对生，椭圆形或阔椭圆形，基出三脉；总状花序；雄花序先叶开放，多花密集；萼片卵形，边缘半透明，上部具流苏状细齿；花瓣极小，卵形，里面龙骨状；雄蕊10，药隔伸出，花药基部短尾状：不育雌蕊存在；雌花序与叶同出，序轴被腺状微柔毛；萼片与雄花同；花瓣肉质，较小，龙骨状；雄蕊较短，心皮5，耳形，侧向压扁，柱头上部外弯，紫红色；果球形，果期花瓣肉质增大包于果外，成熟时由红色变紫黑色。

（十一）杜仲科 Eucommiaceae

主要识别特征：落叶乔木；叶互生，单叶，具羽状脉，边缘有锯齿；花雌雄异株，无花被，先叶开放；雄花簇生，有短柄，雄蕊5～10，线状；雌花单生，有子房柄，扁平，顶端2裂；果不开裂，扁平，长椭圆形的翅果先端2裂。

杜仲 *Eucommia ulmoides* Oliver（彩片81）

落叶乔木；含橡胶，树皮和叶折断拉开有多数细丝；叶椭圆形、卵形或矩圆形，薄革质；雄花无花被，雄蕊药隔突出；雌花单生，子房扁而长，先端2裂；翅果扁平，长椭圆形，先端2裂，

（十二）桑科 Moraceae

主要识别特征：木本，常有乳汁，单叶互生；花小，单性，单被，聚伞花序常集成头状、穗状、圆锥状或隐于密封的总（花）托而成隐头花序；雄蕊与萼片同数而对生；子房上位，聚花果。

1. 楮 *Broussonetia kazinoki* Sieb.（彩片82）

灌木；叶卵形至斜卵形，基部近圆形或斜圆形，边缘具三角形锯齿，不裂或3裂；花雌雄同株；雄花序球形头状，雄花花被3～4裂，雄蕊3～4；雌花序球形，花被管状；聚花果球形，瘦果扁球形；花期4—5月，果期5—6月。

2. 构树 *Broussonetia papyifera*（L.）L'Hert. ex Vent.（彩片83）

乔木；叶螺旋状排列，广卵形至长椭圆状卵形，基部心形，两侧常不相等，边缘具粗锯齿，不分裂或3～5裂，基生叶脉三出，托叶大，卵形；花雌雄异株；雄花序为柔荑花序，花被4裂，雄蕊4；雌花序球形头状，花被管状，顶端与花柱紧贴，子房卵圆形；聚花果成熟时橙红色，肉质；瘦果具与等长的柄，表面有小瘤；花期4—5月，果期6—7月。

3. 大麻 *Cannabis sativa* L.（彩片84）

一年生直立草本。叶掌状全裂，裂片披针形或线状披针形；雄花序为疏散大圆锥花序，长达25 cm；花黄绿色，花被5，膜质，雄蕊5；雌花绿色；花被1，紧包子房；子房近球

形；瘦果为宿存黄褐色苞片所包；花期5—6月，果期为7月。

4. 地果 *Ficus tikoua* Bur.（彩片85）

匍匐木质藤本，茎上生细长不定根，节膨大；叶坚纸质，倒卵状椭圆形；榕果成对或簇生于匍匐茎上，常埋于土中，球形至卵球形，成熟时深红色，表面多圆形瘤点；雄花生榕果内壁孔口部，雄蕊1～3；雌花生另一植株榕果内壁，无花被，有黏膜包被子房；瘦果卵球形，表面有瘤体，柱头2裂；花期5—6月，果期7月。

（十三）荨麻科 Urticaceae

主要识别特征：草本、亚灌木或灌木，具钟乳体，茎常富含纤维；单叶互生或对生；花极小，单性，花被单层；雌雄同株或异株，若同株时常为单性；由若干小的团伞花序排成聚伞状、圆锥状、总状、伞房状、穗状、串珠式穗状、头状；雄花花被片4～5，雄蕊与花被片同数；雌花花被片5～9，花后常增大，宿存，雌蕊由1心皮构成，子房1室；果实为瘦果。

1. 苎麻（原变种）*Boehmeria nivea*（L.）Gaudich. var. *nivea*（彩片86）

亚灌木或灌木；茎上部与叶柄均密被开展的长硬毛和近开展的贴伏的短糙毛；叶互生；叶片草质，通常圆卵形或宽卵形，顶端骤尖，基部近截形或宽楔形，边缘在基部之上有齿，上面稍粗糙，疏被短伏毛，下面密被雪白色毡毛，侧脉约3对；圆锥花序腋生；雄团伞花序直径1～3 mm，有少数雄花；雌团伞花序直径0.5～2 mm，有多数密集的雌花；雄花花被片4，合生至中部；雄蕊4；退化雌蕊狭倒卵球形；雌花花被椭圆形，顶端有2～3小齿；柱头丝形；瘦果近球形；花期8—10月。

2. 水麻 *Debregeasia orientalis* C. J. Chen（彩片87）

灌木；叶片纸质，长圆状披针形或线状披针形，下面密被白色、灰白色或蓝灰色毡毛；雌雄异株，花序生于去年生枝条和老枝叶腋；雄花花被片4；雄蕊4；退化雌蕊倒卵圆形；雌花花被壶形；果序球形，瘦果的果皮和宿存花被肉质，鲜时橙黄色；花期3—4月，果期5—7月。

3. 骤尖楼梯草 *Elatostema cuspidatum* Wight（彩片88）

多年生草本；叶互生，叶片草质，斜椭圆形或斜长圆形，先端骤尖或长渐尖，基部在狭侧楔形或钝，在宽侧宽楔形、圆形或近耳形，边缘在狭侧中部、宽侧基部以上有尖齿；雌雄异株；雄花序单生叶腋，有梗，花序托长圆形或近圆形；雄花花被片4，椭圆形，基部合生；雌花序单生叶腋，具短梗，花序托无毛；苞片多数，扁宽卵形或三角形；雌花花被片不明显；子房卵形；瘦果狭椭圆形，约有8条纵肋；花期5—8月。

4. 大蝎子草 *Girardinia diversifolia*（Link）Friis（彩片89）

多年生高大草本；叶片轮廓宽卵形、扁圆形或五角形，基部宽心形或近截形，具5～7深裂片，边缘有不规则的齿或重齿，上面疏生刺毛和糙伏毛，下面生糙伏毛或短硬毛和在脉上疏生刺毛，基生脉3条；花雌雄异株或同株，雌花序生上部叶腋，雄花序生下部叶腋，多次二叉状分枝排成总状或近圆锥状；瘦果近心形，稍扁；花期9—10月，果期10—11月。

5. 蝎子草 *Girardinia diversifolia* subsp. *suborbiculata*（C. J. Chen）C. J. Chen & Friis（彩片90）

一年生草本；叶宽卵形或近圆形，先端短尾状或短渐尖，基部近圆形、截形或浅心形，稀宽楔形，边缘有8～13枚缺刻状的粗齿或重齿，基出脉3，侧脉3～5对，疏生刺毛和细糙伏毛；花雌雄同株，雌花序单个或雌雄花序成对生于叶腋；雄花序穗状，雌花序短穗状，常在下部有一短分枝；雄花具梗，花被片 4 深裂卵形；雌花近无梗；瘦果宽卵形，双凸透镜状；花期 7—9 月，果期 9—11 月。

6. 糯米团 *Gonostegia hirta*（Bl.）Miq.（彩片 91）

多年生草本；茎蔓生、铺地或渐升，上部带四棱形，有短柔毛；叶对生；叶片草质或纸质，宽披针形至狭披针形、狭卵形、稀卵形或椭圆形，基出脉 3～5 条；团伞花序腋生，通常两性，有时单性，雌雄异株；雄花花被片 5；雄蕊 5，花丝条形；退化雌蕊极小，圆锥状；雌花花被菱状狭卵形，果期呈卵形，有 10 条纵肋；柱头有密毛；瘦果卵球形；花期 5—9 月。

（十四）胡桃科 Juglandaceae

主要识别特征：落叶乔木，具树脂；羽状复叶互生；花单性；雌雄同株；单被；雄花序常柔荑花序，雌花单生或穗状花序，子房下位，1 室 1 胚珠；核果或翅果。

1. 胡桃 *Juglans regia* L.（彩片 92）

乔木；奇数羽状复叶，小叶通常 5～9 枚，椭圆状卵形至长椭圆形，上面深绿色，无毛，下面淡绿色，腋内具簇短柔毛；雄性柔荑花序下垂，雄花的苞片、小苞片及花被片均被腺毛；雄蕊 6～30 枚，花药黄色，无毛；雌性穗状花序通常具 1～3（～4）朵雌花，雌花的总苞被极短腺毛；果序短，具 1～3 果实；果实近于球状，果核稍具皱曲，有 2 条纵棱，内果皮壁内具不规则的空隙或无空隙而仅具皱曲；花期 5 月，果期 10 月。

2. 化香树 *Platycarya strobilacea* Sieb. et Zucc.（彩片 93）

落叶乔木；奇数羽状复叶，叶柄远短于叶轴，具小叶 7～23 枚；小叶纸质，卵状披针形或长椭圆状披针形，基部歪斜，边缘具锯齿；两性花序与雄花序排成顶生的伞房状花序束，直立；两性花序 1 条，位于中央顶端，雄花序 3～8 条，位于两性花序下方四周，雌花序位于下部；雄花苞片宽卵形，无花被，雄蕊 6～8；雌花苞片卵状披针形，花被片 2，花柱短，柱头 2 裂；果序球果状，卵状椭圆形至长椭圆状圆柱形；花期 5—6 月，果期 7—8 月。

（十五）杨梅科 Myricaceae

主要识别特征：常绿或落叶乔木或灌木；单叶互生，羽状脉；花通常单性，无花被，无梗，生于穗状花序上；雌雄异株或同株；雄花单生于苞片腋内，雄蕊 2 至多数；雌花在每一苞片腋内单生，雌蕊由 2 枚心皮合生而成；核果小坚果状。

云南杨梅 *Myrica nana* Cheval.（彩片 94）

常绿灌木；叶革质或薄革质，叶片长椭圆状倒卵形至短楔状倒卵形；雌雄异株；雄花序单生于叶腋，分枝极缩短而呈单一穗状，每分枝具 1～3 朵雄花；雄花无小苞片，有 1～3 枚雄蕊；雌花序基部具极短而不显著的分枝，单生于叶腋；雌花具 2 小苞片，子房无毛；核果红色，球状；2—3 月开花，6—7 月果实成熟。

（十六）壳斗科 Fagaceae

主要识别特征：木本；单叶互生，羽状脉直达叶缘；雌雄同株，无花瓣；雄花成柔荑花序，雌花 1～3 朵生于总苞内；坚果。

1. 栗 *Castanea mollissima* Bl.（彩片 95）

乔木；叶椭圆至长圆形，基部近截平或圆，常一侧偏斜而不对称，叶背被星芒状伏贴茸毛或因毛脱落变为几无毛；雄花序长 10～20 cm，花序轴被毛；花 3～5 朵聚生成簇，雌花

1～3（～5）朵发育结实，花柱下部被毛；成熟壳斗的锐刺有长有短，有疏有密，密时全遮蔽壳斗外壁；坚果；花期4—6月，果期8—10月。

2. 茅栗 *Castanea seguinii* Dode（彩片96）

灌木或小乔木；幼枝被短柔毛；叶长椭圆形或倒卵状长椭圆形，顶端渐尖，基部楔形、圆形或近心形，边缘有锯齿，背面被腺鳞，或仅在幼时沿脉上有稀疏单毛；雄花序直立，长5～12 cm，雄花簇有花3～5朵；雌花单生或生于混合花序的花序轴下部，每个总苞有雌花3～5朵；总苞近球形，连刺直径3～5 cm，苞片针刺形，密生，坚果常为3个，扁球形；花期5月，果熟期9—10月。

3. 白栎 *Quercus fabri* Hance（彩片97）

落叶乔木或灌木状；叶片倒卵形、椭圆状倒卵形，叶缘具波状锯齿或粗钝锯齿，侧脉每边8～12条；叶柄被棕黄色茸毛；壳斗杯形，包着坚果约1/3；坚果长椭圆形或卵状长椭圆形；花期4月，果期10月。

4. 槲栎 *Quercus aliena* Bl. var. *aliena* Blume（彩片98）

落叶乔木；叶片长椭圆状倒卵形至倒卵形，叶缘具波状钝齿，叶背被灰棕色细茸毛，侧脉每边10～15条；叶柄无毛；壳斗杯形，包着坚果约1/2；坚果椭圆形至卵形；花期（3）4—5月，果期9—10月。

（十七）桦木科 Betulaceae

主要识别特征：落叶乔木或灌木；单叶，互生，叶缘具重锯齿或单齿，叶脉羽状，侧脉直达叶缘或在近叶缘处向上弓曲相互网结成闭锁式；花单性，雌雄同株；雄花具雄蕊2～20枚，插生在苞鳞内；雌花序为球果状、穗状、总状或头状，具多数苞鳞（果时称果苞），每苞鳞内有雌花2～3朵；子房2室或不完全2室，花柱2枚，分离；果序球果状、穗状、总状或头状，果为小坚果或坚果。

亮叶桦 *Betula luminifera* H. Winkl.（彩片99）

乔木，树皮红褐色或暗黄灰色，小枝黄褐色，密被淡黄色短柔毛；叶矩圆形、宽矩圆形、矩圆披针形，顶端骤尖或呈细尾状，基部圆形，边缘具不规则的刺毛状重锯齿；雄花序2～5枚簇生于小枝顶端或单生于小枝上部叶腋；序梗密生树脂腺体；果序大部单生，长圆柱形，下垂，密被短柔毛及树脂腺体；果苞长2～3 mm；小坚果倒卵形，背面疏被短柔毛，膜质翅宽为果的1～2倍。

（十八）商陆科 Phytolaccaceae

主要识别特征：草本或灌木；单叶互生，全缘；花小，两性，排列成总状花序或聚伞花序、圆锥花序、穗状花序；花被片4～5，宿存；雄蕊数目变异大，4～5或多数，着生花盘上；心皮1至多数；浆果或核果。

商陆 *Phytolacca acinosa* Roxb.（彩片100）

多年生草本，全株无毛；茎直立，圆柱形，有纵沟，肉质，绿色或红紫色，多分枝；叶片薄纸质，椭圆形、长椭圆形或披针状椭圆形；总状花序顶生或与叶对生，圆柱状，直立，通常比叶短，密生多花；花两性，花被片5，花后常反折；雄蕊8～10，花丝基部成片状，花药粉红色；心皮通常为8；果序直立；浆果扁球形，熟时黑色；花期5—8月，果期6—10月。

（十九）藜科 Chenopodiaceae

主要识别特征：一年生草本、半灌木、灌木；叶互生或对生；单被花，两性；花被膜质、草质或肉质，果时常常增大；雄蕊与花被片同数对生或较少；子房上位，由 2～5 个心皮合成，离生；果实为胞果。

1. 藜 *Chenopodium album* L.（彩片 101）

一年生草本；茎直立，粗壮，具条棱及绿色或紫红色色条；叶片菱状卵形至宽披针形，上面通常无粉，下面多少有粉，边缘具不整齐锯齿；花两性，花簇于枝上部排列成或大或小的穗状圆锥状或圆锥状花序；花被裂片 5，背面具纵隆脊，有粉；雄蕊 5；果皮与种子贴生，种子横生，双凸镜状，黑色，有光泽；花果期 5—10 月。

2. 土荆芥 *Dysphania ambrosioides*（Linnaeus）Mosyakin & Clemants（彩片 102）

一年生或多年生草本；茎直立，多分枝；叶片矩圆状披针形至披针形，叶缘具稀疏不整齐的大锯齿；花两性及雌性，通常 3～5 个团集，生于上部叶腋；花被裂片 5，绿色，果时通常闭合；雄蕊 5，花柱不明显，柱头通常 3，丝状；胞果扁球形，完全包于花被内；种子横生或斜生，黑色或暗红色；花期和果期的时间都很长。

（二十）苋科 Amaranthaceae

主要识别特征：一年或多年生草本；叶互生或对生，全缘；花小，两性或单性同株或异株，或杂性，花簇生在叶腋内，成疏散或密集的穗状花序、头状花序、总状花序或圆锥花序，花被片 3～5；雄蕊常和花被片等数且对生；子房上位，1 室，基生胎座；果实为胞果或小坚果。

喜旱莲子草 *Alternanthera philoxeroides*（Mart.）Griseb.（彩片 103）

多年生草本；茎基部匍匐，上部上升，管状，不明显 4 棱；叶片矩圆形、矩圆状倒卵形或倒卵状披针形，全缘；花密生，成具总花梗的头状花序，单生在叶腋，球形；苞片及小苞片白色，苞片卵形，小苞片披针形；花被片矩圆形，白色；雄蕊花丝长 2.5～3 mm，基部联合成杯状；退化雄蕊矩圆状条形，和雄蕊约等长；子房倒卵形；花期 5—10 月。

（二十一）石竹科 Caryophyllaceae

主要识别特征：草本，节膨大；单叶全缘对生；花两性，雄蕊 5 枚或为花瓣的两倍；特立中央胎座；蒴果。

1. 石竹（原变种）*Dianthus chinensis* L. var. *chinensis*（彩片 104）

多年生草本，叶片线状披针形；花单生枝端或数花集成聚伞花序；花瓣倒卵状三角形，紫红色、粉红色、鲜红色或白色，顶缘不整齐齿裂，喉部有斑纹，疏生髯毛；雄蕊露出喉部外，花药蓝色；子房长圆形，花柱线状；蒴果圆筒形，包于宿存萼内，顶端 4 裂；花期 5—6 月，果期 7—9 月。

2. 漆姑草 *Sagina japonica*（Sw.）Ohwi（彩片 105）

一年生小草本；茎丛生，稍铺散；叶片线状；花小，单生枝端；萼片 5，卵状椭圆形，花瓣 5，狭卵形，稍短于萼片，白色；雄蕊 5，短于花瓣；子房卵圆形，花柱 5，线状；蒴果卵圆形，微长于宿存萼，5 瓣裂；花期 3—5 月，果期 5—6 月。

（二十二）蓼科 Polygonaceae

主要识别特征：草本，节膨大；单叶全缘互生；有膜质托叶鞘；花两性，单被，萼片呈花瓣状；瘦果，常包于宿存花被中。

1. 虎杖 *Reynoutria japonica* Houtt.（彩片 106）

多年生草本；茎直立，空心，具明显的纵棱，生红色或紫红斑点；叶宽卵形或卵状椭圆形；花单性，雌雄异株，花序圆锥状，腋生；苞片漏斗状，每苞内具2～4朵花；花被5深裂，淡绿色；雄花花被片具绿色中脉，无翅，雄蕊8，比花被长；雌花花被片外面3片背部具翅，果时增大，翅扩展下延，花柱3，柱头流苏状；瘦果卵形，具3棱；花期8—9月，果期9—10月。

2. 戟叶酸模 *Rumex hastatus* D. Don（彩片107）

灌木；老枝木质，一年生枝草质；叶互生或簇生，戟形，近革质，中裂线状有或狭三角形，顶端尖，两侧裂片向上弯曲；叶柄与叶片等长或比叶片长；花序圆锥状，顶生，花梗细弱，中下部具关节；花杂性；雄花的雄蕊6；雌花的外花被片果时反折，内花被片果时增大，半透明，淡红色；瘦果卵形，具3棱；花期4—5月，果期5—6月。

3. 尼泊尔酸模（原变种）*Rumex nepalensis* Spreng. var. *nepalensis*（彩片108）

多年生草本；茎直立；基生叶长圆状卵形，茎生叶卵状披针形；花序圆锥状；花两性；花梗中下部具关节；花被片6，成2轮，内花被片果时增大，顶端急尖，基部截形，边缘每侧具7～8刺状齿，顶端成钩状；瘦果卵形，具3锐棱；花期4—5月，果期6—7月。

4. 头花蓼 *Polygonum capitatum*（Buch. -Ham. ex D. Don）H. Gross（彩片109）

多年生草本；茎匍匐，丛生；叶卵形或椭圆形，上面有时具黑褐色新月形斑点；花序头状，单生或成对，顶生；花被5深裂，淡红色，花被片椭圆形；雄蕊8，比花被短；花柱3，中下部合生，与花被近等长；柱头头状；瘦果长卵形，具3棱；花期6—9月，果期8—10月。

5. 窄叶火炭母 *Persicaria chinensis* var. *paradoxa*（H. Lév.）Bo Li（彩片110）

多年生草本，基部近木质；叶宽披针形，两面无毛；花序头状，通常数个排成圆锥状，顶生或腋生，花序梗被腺毛；花被5深裂，白色或淡红色，裂片卵形；雄蕊8，比花被短；花柱3，中下部合生；瘦果宽卵形，具3棱；花期7—9月，果期8—10月。

6. 蚕茧草 *Persicaria japonica*（Meisn.）H. Gross ex Nakai（彩片111）

多年生草本，茎直立，淡红色；叶披针形，两面疏生短硬伏毛，中脉上毛较密，边缘具刺状缘毛；总状花序呈穗状，顶生，通常数个再集成圆锥状；苞片漏斗状，绿色，上部淡红色，具缘毛，每苞内具3～6朵花；雌雄异株，花被5深裂，白色或淡红色；雄花的雄蕊8，雄蕊比花被长；雌花花柱2～3，中下部合生，花柱比花被长；瘦果卵形；花期8—10月，果期9—11月。

7. 尼泊尔蓼 *Persicaria nepalensis*（Meisn.）H. Gross（彩片112）

一年生草本；茎外倾或斜上，自基部多分枝；茎下部叶卵形或三角状卵形，基部宽楔形，沿叶柄下延成翅；花序头状，顶生或腋生，基部常具1叶状总苞片；花被通常4裂，淡紫红色或白色；雄蕊5～6，与花被近等长，花药暗紫色；花柱2，下部合生，柱头头状；瘦果宽卵形，双凸镜状；花期5—8月，果期7—10月。

8. 羽叶蓼 *Persicaria runcinata*（Buch. -Ham ex D. Don）H. Gross（彩片113）

多年生草本；茎近直立或上升，节部通常具倒生伏毛，叶羽裂，顶生裂片较大，三角状卵形；花序头状，紧密，顶生通常成对；花被5深裂，淡红色或白色，花被片长卵形；雄蕊通常8，比花被短，花药紫色；花柱3，中下部合生；瘦果卵形，具3棱；花期4—8月，果期6—10月。

9. 赤胫散（变种）*Persicaria runcinata* var. *sinensis*（Hemsl.）Bo Li（彩片 114）

本变种与原变种的主要区别是头状花序较小，直径 5～7 mm，数个再集成圆锥状；叶基部通常具 1 对裂片，两面无毛或疏生短糙伏毛。

（二十三）山茶科 Theaceae

主要识别特征：常绿木本；单叶互生，革质；花两性或单性，整齐，5 基数；雄蕊多数；子房上位，中轴胎座，蒴果或浆果。

1. 西南红山茶（原变种）*Camellia pitardii* Coh. var. *pitardii*（彩片 115）

灌木至小乔木；叶革质，披针形或长圆形，上面干后亮绿色，下面黄绿色；花顶生，红色，无柄；苞片及萼片 10 片，最下半 1～2 片半月形，内侧的近圆形；花瓣 5～6 片，基部与雄蕊合生约 1.3 cm；雄蕊无毛，外轮花丝连生；子房有长毛，花柱基部有毛，先端 3 浅裂；蒴果扁球形，3 室，3 爿裂开，果爿厚；种子半圆形；花期 2—5 月。

2. 茶（原变种）*Camellia sinensis*（L.）O. Ktze. var. *sinensis*（彩片 116）

灌木或小乔木，嫩枝无毛；叶革质，长圆形或椭圆形，边缘有锯齿；花 1～3 朵腋生，白色；萼片 5 片，宿存；花瓣 5～6 片，阔卵形，基部略连合；雄蕊基部连生 1～2 mm；子房密生白毛；花柱无毛，先端 3 裂；蒴果 3 球形或 1～2 球形，每球有种子 1～2 粒；花期 10 月至翌年 2 月。

3. 木荷 *Schima superba* Gardn. et Champ.（彩片 117）

大乔木；叶革质或薄革质，椭圆形，上面干后发亮，下面无毛，侧脉 7～9 对；花生于枝顶叶腋，常多朵排成总状花序，白色；萼片半圆形，外面无毛，内面有绢毛；花瓣最外 1 片风帽状，边缘多少有毛；子房有毛；蒴果；花期 6—8 月。

（二十四）猕猴桃科 Actinidiaceae

主要识别特征：乔木、灌木或木质藤本；叶为单叶，互生，常具锯齿，被粗毛或星状毛；花两性或单性，多为聚伞花序；萼片 5 片，常宿存；花瓣 5 片，雄蕊 10 或多数；子房上位，3 室至多室，胚珠每室无数或少数，中轴胎座；果为浆果或蒴果。

1. 京梨猕猴桃 *Actinidia callosa* Lindl. var. *henryi* Maxim.（彩片 118）

大型落叶藤本；小枝较坚硬，干后土黄色，洁净无毛；叶卵形或卵状椭圆形至倒卵形，边缘锯齿细小，背面脉腋上有髯毛；花序有花 1～3 朵，通常 1 花单生，花白色，萼片 5 片，花瓣 5 片，倒卵形；子房近球形，被灰白色茸毛；果墨绿色，乳头状至矩圆圆柱状，有显著的淡褐色圆形斑点，具反折的宿存萼片。

2. 硬毛猕猴桃 *Actinidia chinensis* Planch. var. *hispida* C. F. Liang（彩片 119）

大型落叶藤本；髓白色至淡褐色，片层状；叶纸质，叶倒阔卵形至倒卵形，顶端常具突尖，腹面深绿色，背面苍绿色，密被灰白色或淡褐色星状茸毛，侧脉 5～8 对；叶柄被黄褐色长硬毛，花枝多数较长，被黄褐色长硬毛；聚伞花序 1～3 朵花；花较大，直径 3.5 cm 左右；萼片通常 5 片，两面密被压紧的黄褐色茸毛；花瓣 5 片，阔倒卵形，有短距；雄蕊极多，花丝狭条形；子房球形，密被刷毛状糙毛；果近球形、圆柱形、倒卵形或椭圆形，被常分裂为 2～3 束束状的刺毛状长硬毛。

3. 葛枣猕猴桃 *Actinidia polygama*（Sieb. et Zucc.）Maxim.（彩片 120）

大型落叶藤本；髓白色，实心；叶膜质（花期）至薄纸质，卵形或椭圆卵形，基部圆形或阔楔形，侧脉约 7 对；花序 1～3 朵花；萼片 5 片，花瓣 5 片，白色，倒卵形至长方倒卵形；

花丝线状，花药黄色，卵形箭头状；子房瓶状，洁净无毛；果成熟时淡橘色，卵珠形或柱状卵珠形，无毛，无斑点，顶端有喙，基部有宿存萼片；花期 6 月中旬至 7 月上旬，果熟期 9—10 月。

（二十五）藤黄科 Guttiferae

主要识别特征：乔木或灌木，稀为草本；叶为单叶，全缘，常对生；花序各式，聚伞状，或伞状，或为单花；花两性或单性，通常整齐；萼片 4～5，花瓣 4～5，雄蕊多数，离生或成 4～5 束；子房上位，通常有 5 或 3 个多少合生的心皮，具中轴、侧生或基生的胎座；果为蒴果、浆果或核果。

1. 黄海棠 *Hypericum ascyron* L.（彩片 121）

多年生草本；茎单一或数茎丛生，具 4 纵线棱；叶无柄，叶片披针形、长圆状披针形；或长圆状卵形至椭圆形，或狭长圆形，全缘，坚纸质，上面绿色，下面通常淡绿色且散布淡色腺点；花序具 1～35 朵花，顶生，近伞房状至狭圆锥状；萼片卵形或披针形至椭圆形或长圆形；花瓣金黄色，倒披针形，十分弯曲；雄蕊极多数，5 束，每束有雄蕊约 30 枚；子房宽卵珠形至狭卵珠状三角形，5 室，具中央空腔；花柱 5；蒴果为或宽或狭的卵珠形或卵珠状三角形，成熟后先端 5 裂；花期 7—8 月，果期 8—9 月。

2. 栽秧花 *Hypericum beanii* N. Robson（彩片 122）

灌木；叶具柄，叶片狭椭圆形或长圆状披针形至披针形或卵状披针形；花序具 1～14 朵花，近伞房状；花星状至杯状；萼片分离，花瓣金黄色，长圆状倒卵形至近圆形；雄蕊 5 束，每束有雄蕊 40～55 枚；子房卵珠状角锥形至狭卵珠状圆柱形；蒴果狭卵珠状圆锥形至卵珠形；种子深红褐至深紫褐色，狭圆柱形；花期 5—7 月，果期 8—9 月。

（二十六）锦葵科 Malvaceae

主要识别特征：草本或灌木，体表常有星状毛；单叶互生，掌状脉，有托叶；花两性，整齐，5 基数；常有副萼；雄蕊多数，单体雄蕊，花药 1 室；子房上位；蒴果或分果。

1. 锦葵 *Malva cathayensis* M. G. Gilbert, Y. Tang & Dorr（彩片 123）

二年生或多年生直立草本；叶圆心形或肾形，具 5～7 圆齿状钝裂片，基部近心形至圆形，边缘具圆锯齿；花 3～11 朵簇生；花紫红色或白色，花瓣 5，匙形，先端微缺，爪具髯毛；雄蕊柱被刺毛，花丝无毛；花柱分枝 9～11，被微细毛；果扁圆形，分果爿 9～11；花期 5—10 月。

2. 木芙蓉（原变型）*Hibiscus mutabilis* L. f. *mutabilis*（彩片 124）

落叶灌木或小乔木；叶宽卵形至圆卵形或心形，常 5～7 裂，裂片三角形，上面疏被星状细毛和点，下面密被星状细茸毛；花单生于枝端叶腋间；小苞片 8，线状；萼钟形，裂片 5，花瓣近圆形，深红色，基部具髯毛；蒴果扁球形，果爿 5；花期 8—10 月。

3. 木槿（原变种）*Hibiscus syriaous* L. var. *syriacus*.（彩片 125）

落叶灌木；叶菱形至三角状卵形，具深浅不同的 3 裂或不裂；花单生于枝端叶腋间；花萼钟形，密被星状短茸毛，裂片 5；花钟形，淡紫色，花瓣倒卵形，外面疏被纤毛和星状长柔毛；蒴果卵圆形，密被黄色星状茸毛；花期 7—10 月。

（二十七）旌节花科 Stachyuraceae

主要识别特征：灌木或小乔木；单叶互生，膜质至革质，边缘具锯齿；总状花序或穗状花序腋生，直立或下垂；花小，整齐，两性或雌雄异株；萼片 4，花瓣 4；雄蕊 8，2 轮；子房上位，4 室，胚珠多数，着生于中轴胎座上；果实为浆果，外果皮革质。

1. 西域旌节花 *Stachyurus himalaicus* Hook. f. et Thoms ex Benth.（彩片 126）

落叶灌木或小乔木；树皮平滑，棕色或深棕色，小枝褐色，具浅色皮孔；叶片坚纸质至薄革质，披针形至长圆状披针形，先端渐尖至长渐尖，基部钝圆，边缘具细而密的锐锯齿；花黄色；萼片 4 枚，宽卵形，顶端钝；花瓣 4 枚，倒卵形；雄蕊 8 枚，通常短于花瓣；子房卵状长圆形；果实近球形；花期 3—4 月，果期 5—8 月。

2. 倒卵叶旌节花 *Stachyurus obovatus*（Rehd.）Hand. -Mazz.（彩片 127）

常绿灌木或小乔木；树皮灰色或灰褐色，枝条绿色或紫绿色，有明显的线状皮孔，茎髓白色；叶革质或亚革质，倒卵形或倒卵状椭圆形，中部以下突然收窄变狭，先端长尾状渐尖，基部渐狭成楔形，边缘中部以上具锯齿；总状花序腋生，有花 5～8 朵；花淡黄绿色；萼片 4 枚，卵形，花瓣 4 枚，倒卵形；雄蕊 8 枚；子房长卵形，被微柔毛，柱头卵形；浆果球形，疏被微柔毛；花期 4—5 月，果期 8 月。

（二十八）堇菜科 Violaceae

主要识别特征： 多为草本，单叶互生，有托叶；花两性或单性，两侧对称；萼片 5，常宿存，花瓣 5，下面 1 片常较大而有距；子房上位，1 室；蒴果常三瓣裂。

1. 鸡腿堇菜 *Viola acuminata* Ledeb.（彩片 128）

多年生草本，通常无基生叶；茎直立，通常 2～4 条丛生；叶片心形、卵状心形或卵形，边缘具钝锯齿及短缘毛，两面密生褐色腺点，沿叶脉被疏柔毛；托叶叶状，通常羽状深裂呈流苏状；花淡紫色或近白色；花梗细，被细柔毛，通常均超出于叶；萼片线状披针形，具 3 脉；花瓣有褐色腺点；距通常直，呈囊状，末端钝；子房圆锥状，无毛，花柱基部微向前膝曲，顶部具数列明显的乳头状突起，先端具短喙，喙端微向上噘，具较大的柱头孔；蒴果椭圆形，无毛，通常有黄褐色腺点，先端渐尖；花果期 5—9 月。

2. 柔毛堇菜 *Viola principis* H. Boissieu.（彩片 129）

多年生草本，全体被开展的白色柔毛；叶近基生或互生于匍匐枝上，叶片卵形或宽卵形，先端圆，基部宽心形，边缘密生浅钝齿，下面尤其沿叶脉毛较密；托叶大部分离生，有暗色条纹；花白色，花梗通常高出于叶丛，密被开展的白色柔毛；萼片狭卵状披针形或披针形；花瓣长圆状倒卵形，先端稍尖，侧方 2 枚花瓣里面基部稍有须毛，下方 1 枚花瓣较短连距长约 7 mm；距短而粗，呈囊状；下方 2 枚雄蕊具角状距；子房圆锥状，无毛，花柱棍棒状；蒴果长圆形；花期 3—6 月，果期 6—9 月。

3. 浅圆齿堇菜 *Viola schneideri* W. Beck.（彩片 130）

多年生无毛草本，几无地上茎；匍匐茎发达，散生叶及花，节处生不定根，顶端通常发育成一个新植株；叶近基生，叶片卵形或卵圆形，两面无毛，上面淡绿色，下面常带红色；托叶大部分离生，宽披针形，边缘具流苏状疏齿；花白色或淡紫色；花梗超出于叶，或与叶近等长；萼片披针形或卵状披针形；花瓣长圆状倒卵形，侧方花瓣有须毛，下方花瓣较短，基部之距短，呈囊状；下方雄蕊背部的距短，呈长圆形，与花药近等长；子房长圆形，无毛，花柱棍棒状，基部近直立，柱头前方具向上而直伸的喙，喙端具粗大的柱头孔；蒴果长圆形，无毛；花期 4—6 月。

（二十九）葫芦科 Cucurbitaceae

主要识别特征： 草质藤本，常具卷须，叶掌状分裂；花单性，雌雄异株或同株；雄蕊 5

枚，聚药雄蕊，花丝分离或合生；雌蕊由3心皮组成1室，子房下位；瓠果。

1. 绞股蓝（原变种）*Gynostemma pentaphyllum*（Thunb.）Makino var. *pentaphyllum*（彩片131）

草质攀缘植物；茎细弱，具分枝，具纵棱及槽；叶膜质或纸质，鸟足状，具3～9小叶，通常5～7小叶；小叶片卵状长圆形或披针形，侧生小叶较小，两面均疏被短硬毛；卷须纤细，二歧；花雌雄异株；雄花圆锥花序，花序轴纤细，多分枝；花萼筒极短，5裂，裂片三角形，花冠淡绿色或白色，5深裂；雄蕊5，花丝短，联合成柱；雌花圆锥花序，远较雄花之短小，花萼及花冠似雄花；子房球形，2～3室，花柱3枚，短而叉开，柱头2裂；具短小的退化雄蕊5枚；果实肉质不裂，球形，内含倒垂种子2粒；花期3—11月，果期4—12月。

2. 雪胆（原变种）*Hemsleya chinensis* Cogn. ex Forbes et Hemsl. var. *chinensis*（彩片132）

多年生攀缘草本，小枝纤细具棱槽；卷须纤细，疏被微柔毛，先端二歧；趾状复叶，多为7小叶，小叶长圆状披针形至倒卵状披针形，叶面浓绿色，背面灰绿色，先端钝或短渐尖，边缘圆锯齿状，沿中脉及侧脉疏被细刺毛；雌雄异株；雄花腋生聚伞圆锥花序，花序梗及分枝纤细，密被短柔毛，花柄丝状；花萼裂片卵形；花冠浅黄绿色，裂片倒卵形；雄蕊5；雌花子房狭圆筒状，基部渐狭，花柱3，柱头2裂；果实筒状倒圆锥形，具10条细纹，果柄弯曲；花期7—9月，果期9—11月。

3. 川赤爮 *Thladiantha davidii* Franch.（彩片133）

攀缘草本；茎枝光滑无毛；叶柄稍粗壮，无毛；叶片卵状心形，基部弯缺圆形，上面深绿色，密生白色短刚毛，下面淡绿色，光滑无毛；卷须稍粗壮，二歧，光滑无毛；雌雄异株；雄花10～20朵或更多的花密集生于花序轴的顶端成伞形总状花序或几乎成头状总状花序；花梗极短，纤细；花萼筒倒锥状，裂片披针状长圆形，外面被微柔毛，边缘具缘毛，明显具3脉；花冠黄色，裂片卵形，先端钝，5脉，花冠内侧基部具2枚质地像花瓣的黄色鳞片；雄蕊5枚；雌花单生或2～3朵生于一粗壮的总梗顶端；花萼筒锥状，裂片披针状长圆形，明显具3脉；花冠黄色，裂片长圆形，5脉；子房狭长圆形，花柱联合部分粗壮，上端3裂，柱头2裂；果实长圆形，基部和顶端钝圆；花果期夏、秋季。

4. 中华栝楼（原变种）*Trichosanthes rosthornii* Harms var. *rosthornii*（彩片134）

攀缘藤本；茎具纵棱及槽，疏被短柔毛；叶片纸质，轮廓阔卵形至近圆形，通常5深裂，几达基部，裂片线状披针形、披针形至倒披针形，叶基心形，弯缺深1～2 cm，上表面疏被短硬毛，背面无毛，密具颗粒状突起，掌状脉5～7条；卷须2～3歧；花雌雄异株；雄花或单生，或为总状花序，或两者并生，总花梗顶端具5～10朵花；花萼筒狭喇叭形，被短柔毛，裂片线状，先端尾状渐尖，全缘，被短柔毛；花冠白色，裂片倒卵形，被短柔毛，顶端具丝状长流苏；花药柱长圆形，花丝被柔毛；雌花单生，花萼筒圆筒形，被微柔毛，裂片和花冠同雄花；子房椭圆形，被微柔毛；果实球形或椭圆形，成熟时果皮及果瓤均橙黄色；花期6—8月，果期8—10月。

（三十）杨柳科 Salicaceae

主要识别特征：落叶乔木或直立、垫状和匍匐灌木；单叶互生，稀对生，不分裂或浅裂，全缘，锯齿缘或齿牙缘；托叶鳞片状或叶状，早落或宿存；花单性，雌雄异株，柔荑花序，先叶开放，花着生于苞片与花序轴间，基部有杯状花盘或腺体，雄蕊 2 至多数，花药 2 室，纵裂，花丝分离至合生；雌花子房无柄或有柄，雌蕊由 2～4（5）心皮合成，子房 1 室，侧膜胎座，胚珠多数，花柱不明显至很长，柱头 2～4 裂；蒴果 2～4（5）瓣裂。

1. 山杨（原变种）*Populus davidiana* Dode var. *davidiana*（彩片 135）

乔木，树皮光滑灰绿色或灰白色，树冠圆形；叶三角状卵圆形或近圆形，长宽近等，先端钝尖、急尖或短渐尖，基部圆形、截形或浅心形，萌枝叶大，三角状卵圆形，下面被柔毛；花序轴有疏毛或密毛；苞片掌状条裂，边缘有密长毛；雄花序长 5～9 cm，雄蕊 5～12，花药紫红色；雌花序长 4～7 cm；子房圆锥形，柱头 2 深裂，带红色；蒴果卵状圆锥形，2 瓣裂；花期 3—4 月，果期 4—5 月。

2. 垂柳（原变型）*Salix babylonica* L. f. *babylonica*（彩片 136）

乔木，树皮灰黑色，不规则开裂；枝细，下垂；叶狭披针形或线状披针形，先端长渐尖，基部楔形两面无毛或微有毛，锯齿缘；花序先叶开放，或与叶同时开放；雄花序轴有毛；雄蕊 2，花丝与苞片近等长或较长，花药红黄色；腺体 2；雌花序基部有 3～4 小叶，轴有毛；子房椭圆形，柱头 2～4 深裂；腺体 1；蒴果长 3～4 mm，带绿黄褐色；花期 3—4 月，果期 4—5 月。

3. 曲枝垂柳（变型）*Salix babylonica* L. f. *tortuosa* Y. L. Chou（彩片 137）

与原变型主要区别为枝卷曲。

4. 绒毛皂柳（变种）*Salix wallichiana* var. *pachyclada*（Levl. et Vant.）C. Wang et C. F. Fang（彩片 138）

灌木或乔木；叶披针形，长圆状披针形，卵状长圆形，狭椭圆形，上面初有丝毛，后无毛，平滑，下面密被茸毛；花序先叶开放或近同时开放，无花序梗；雄花序较粗；雄蕊 2，花药大，椭圆形，黄色，花丝纤细，下部有柔毛，离生；苞片两面有白色长毛或外面毛少；腺 1，卵状长方形；雌花序圆柱形；子房狭圆锥形，密被短柔毛，柱头直立，2～4 裂；苞片长圆形，有长毛；腺体同雄花；蒴果开裂后，果瓣向外反卷；花期 4 月中下旬至 5 月初，果期 5 月。

（三十一）十字花科 Cruciferae

主要识别特征：草本植物，常具有辛辣气味；叶有二型，基生叶呈旋叠状或莲座状，茎生叶通常互生；花整齐，两性，总状花序；萼片 4 片，分离，排成 2 轮；花瓣 4 片，分离，呈“十”字形排列；雄蕊通常 6 个，四强雄蕊，在花丝基部常具蜜腺；雌蕊 1 个，子房上位，由于假隔膜的形成，子房 2 室，侧膜胎座；果实为长角果或短角果。

1. 大叶碎米荠 *Cardamine macrophylla* Willd.（彩片 139）

多年生草本，高 30～100 cm；茎较粗壮，圆柱形，表面有沟棱；茎生叶通常 4～5 枚，有叶柄，小叶 4～5 对，顶生小叶与侧生小叶的形状及大小相似，小叶椭圆形或卵状披针形，侧生小叶基部稍不等，小叶下面散生短柔毛；总状花序多花；外轮萼片淡红色，内轮萼片基部囊状；花瓣多淡紫色、紫红色，倒卵形，向基部渐狭成爪；花丝扁平；子房柱状，花柱短；长角果扁平，果瓣平坦无毛；花期 5—6 月，果期 7—8 月。

2. 独行菜 *Lepidium apetalum* Willd.（彩片 140）

一年或二年生草本；茎直立，有分枝；基生叶窄匙形，一回羽状浅裂或深裂，茎上部叶线状；总状花序；萼片早落，外面有柔毛；花瓣不存或退化成丝状，比萼片短；雄蕊 2 或

4；短角果近圆形或宽椭圆形，扁平，顶端微缺，上部有短翅，隔膜宽不到 1 mm；果梗弧形，花果期 5—7 月。

3. 诸葛菜（原变种）*Orychophragmus violaceus*（L.）O. E. Schulz var. *violaceus*（彩片 141）

一年或二年生草本；茎单一，直立，基部或上部稍有分枝；基生叶及下部茎生叶大头羽状全裂，上部叶长圆形或窄卵形，基部耳状，抱茎，边缘有不整齐牙齿；花紫色、浅红色或褪成白色；花萼筒状，紫色；花瓣宽倒卵形，爪长 3～6 mm；长角果线状，具 4 棱，裂瓣有一凸出中脊，喙长 1.5～2.5 cm；花期 4—5 月，果期 5—6 月。

（三十二）杜鹃花科 Ericaceae

主要识别特征：常绿灌木或乔木；叶革质，互生；花单生或组成总状、圆锥状或伞形总状花序，顶生或腋生，两性，辐射对称；花萼 4～5 裂，宿存；花瓣合生成钟状、坛状、漏斗状或高脚碟状，花冠通常 5 裂；雄蕊多为花冠裂片的 2 倍，花药顶孔开裂；花盘盘状，具厚圆齿；子房上位或下位，每室有胚珠多数；蒴果或浆果，少有浆果状蒴果。

1. 滇白珠（变种）*Gaultheria leucocarpa* var. *yunnanensis*（Franchet）T. Z. Hsu & R. C. Fang（彩片 142）

常绿灌木；枝条细长，左右曲折；叶卵状长圆形，革质，有香味，先端尾状渐尖，基部钝圆或心形，边缘具锯齿，两面无毛，背面密被褐色斑点；总状花序腋生，序轴纤细，被柔毛；小苞片 2，着生于花梗上部近萼处；花萼裂片 5，卵状三角形，钝头，具缘毛；花冠白绿色，钟形，口部 5 裂，裂片长宽各 2 mm；雄蕊 10，着生于花冠基部，花药顶端具 2 芒；子房球形，被毛，花柱短于花冠；浆果状蒴果球形，黑色，5 裂；花期 5—6 月，果期 7—11 月。

2. 珍珠花（原变种）*Lyonia ovalifolia*（Wall.）Drude var. *ovalifolia*（彩片 143）

常绿或落叶灌木或小乔木；叶革质，卵形或椭圆形，先端渐尖，基部钝圆或心形；总状花序长 5～10 cm，着生叶腋，花序轴上微被柔毛；花萼深 5 裂，裂片长椭圆形，外面近于无毛；花冠圆筒状，外面疏被柔毛，上部浅 5 裂，裂片向外反折，先端钝圆；雄蕊 10 枚，花丝顶端有 2 枚芒状附属物，中下部疏被白色长柔毛；子房近球形，柱头头状，略伸出花冠外；蒴果球形；花期 5—6 月，果期 7—9 月。

3. 桃叶杜鹃（原亚种）*Rhododendron annae* Franch. subsp. *annae*（彩片 144）

常绿灌木，老枝灰白色，常有层状剥落；叶革质，披针形或椭圆状披针形，两面无毛；总状伞形花序，有花 6～10 朵，总轴长 1.5～2 cm，常光滑无毛；花萼小，波状 5 裂，裂片外面及边缘具有柄腺体；花冠宽钟状或杯状，宽阔，白色或淡紫红色，筒部有紫红色斑点，5 深裂，裂片圆形，顶端微凹缺；雄蕊 10，不等长，花丝无毛；雌蕊与花冠近等长；子房圆柱状锥形，密被腺体，花柱通体有腺体；蒴果圆柱状，有腺体；花期 6—7 月，果期 8—10 月。

4. 马缨杜鹃（原变种）*Rhododendron delavayi* Franch. var. *delavayi*（彩片 145）

常绿灌木或小乔木；树皮淡灰褐色，薄片状剥落；叶革质，长圆状披针形，边缘反卷，上面深绿至淡绿色，无毛，下面有白色至灰色或淡褐色海绵状毛被；顶生伞形花序，圆形，紧密，有花 10～20 朵；总轴长约 1 cm，密被红棕色茸毛；花萼外面有茸毛和腺体；花冠钟形，肉质，深红色，内面基部有 5 枚黑红色蜜腺囊，裂片 5，近于圆形，顶端有缺刻；雄蕊 10，不等长，花丝无毛；子房圆锥形，密被红棕色毛，花柱无毛，柱头头状；蒴长圆柱形，黑褐色；花期 5 月，果期 12 月。

5. 杜鹃 *Rhododendron simsii* Planch.（彩片 146）

落叶灌木，分枝多而纤细，密被亮棕褐色扁平糙伏毛；叶革质，常集生枝端，卵形、椭圆状卵形或倒卵形或倒卵形至倒披针形，上面深绿色，疏被糙伏毛，下面淡白色，密被褐色糙伏毛；花 2～3（～6）朵簇生枝顶；花萼 5 深裂，被糙伏毛；花冠阔漏斗形，玫瑰色、鲜红色或暗红色，裂片 5，倒卵形；雄蕊 10，长约与花冠相等，花丝中部以下被微柔毛；子房卵球形，10 室，密被亮棕褐色糙伏毛，花柱伸出花冠外；蒴果卵球形，密被糙伏毛；花期 4—5 月，果期 6—8 月。

6. 乌鸦果（原变种）*Vaccinium fragile* Franch. var. *fragile*（彩片 147）

常绿矮小灌木；茎多分枝，枝条疏被或密被具腺长刚毛和短柔毛；叶密生，叶片革质，长圆形或椭圆形，顶端锐尖，渐尖或钝圆，基部钝圆或楔形渐狭，边缘有细锯齿，齿尖锐尖或针芒状，两面被刚毛和短柔毛，侧脉均不明显；总状花序生枝条下部叶腋和生枝顶叶腋而呈假顶生，有多数花，偏向花序一侧着生；序轴被具腺长刚毛和短柔毛；花萼通常绿色带暗红色，萼齿三角形；花冠白色至淡红色，有 5 条红色脉纹，口部缢缩，内面密生白色短柔毛，裂齿短小，三角形；雄蕊内藏，药室背部有 2 上举的距，花丝被疏柔毛；浆果球形，成熟时紫黑色；花期为春夏以至秋季，果期 7—10 月。

（三十三）安息香科 Styracaceae

主要识别特征：乔木或灌木；单叶，互生；总状花序、聚伞花序或圆锥花序；花两性，辐射对称；花萼杯状、倒圆锥状或钟状，部分至全部与子房贴生或完全离生，通常顶端 4～5 齿裂；花冠合瓣，裂片通常 4～5；雄蕊常为花冠裂片数的 2 倍；子房上位、半下位或下位，3～5 室，中轴胎座；核果而有一肉质外果皮或为蒴果。

野茉莉（原变种）*Styrax japonicus* Sieb. et Zucc. var. *japonicas*（彩片 148）

灌木或小乔木；叶互生，纸质或近革质，椭圆形或长圆状椭圆形至卵状椭圆形，上面除叶脉疏被星状毛外，其余无毛而稍粗糙，下面除主脉和侧脉汇合处有白色长髯毛外无毛；总状花序顶生，有花 5～8 朵，白色花，花梗纤细，花下垂；花萼漏斗状，萼齿短而不规则；花冠裂片卵形、倒卵形或椭圆形，两面均被星状细柔毛；花丝扁平，下部联合成管，上部分离部分的下部被白色长柔毛；果实卵形，外面密被灰色星状茸毛；花期 4—7 月，果期 9—11 月。

（三十四）报春花科 Primulaceae

主要识别特征：多年生或一年生草本，茎直立或匍匐，或无地上茎；花单生或组成总状、伞形或穗状花序，两性，辐射对称；花萼通常 5 裂，宿存；花冠下部合生成短或长筒，上部通常 5 裂；雄蕊多少贴生于花冠上，与花冠裂片同数而对生；子房上位，花柱单一，特立中央胎座；蒴果通常 5 齿裂或瓣裂。

1. 矮桃 *Lysimachia clethroides* Duby（彩片 149）

多年生草本，全株多少被黄褐色卷曲柔毛；茎直立，圆柱形，基部带红色，不分枝；叶互生，长椭圆形或阔披针形，先端渐尖，基部渐狭，两面散生黑色粒状腺点；总状花序顶生，花密集，常转向一侧，后渐伸长；花萼分裂近达基部，裂片卵状椭圆形；花冠白色，基部合生，裂片狭长圆形，先端圆钝；雄蕊内藏，花丝基部约 1 mm 连合并贴生于花冠基部，分离部分长约 2 mm，被腺毛；花药长圆形，花粉粒具 3 孔沟，长球形；子房卵珠形；蒴果近球形；花期 5—7 月，果期 7—10 月。

2. 长蕊珍珠菜 ***Lysimachia lobelioides*** **Wall.（彩片 150）**

一年生草本；茎膝曲直立或上升；叶互生，在茎基部有时近对生，叶片卵形或菱状卵形，全缘；叶柄具狭翅；总状花序顶生；花萼长约 3 mm，分裂近达基部，裂片卵状披针形；花冠白色或淡红色，基部合生部分长约 2 mm，裂片近匙形或倒卵状长圆形；雄蕊明显伸出花冠之外，花丝贴生至花冠裂片的基部；子房疏被短毛，花柱细长；蒴果球形；花期 4—5 月，果期 6—7 月。

3. 叶头过路黄（原变种） ***Lysimachia phyllocephala*** **Hand.-Mazz. var.** ***phyllocephala*** **（彩片 151）**

茎通常簇生，膝曲直立，密被长 1～1.5 mm 的多细胞毛；叶对生，茎端的 2 对间距小，密聚成轮生状，常较下部叶大 1～2 倍，叶片卵形至卵状椭圆形，两面均被长达1 mm 的具节糙伏毛，叶柄密被柔毛；花序顶生，近头状，多花；花梗密被柔毛；花冠黄色，基部合生部分长约 3 mm，裂片倒卵形或长圆形，有透明腺点；花丝基部合生成高3～4 mm 的筒；花柱长达 8 mm，下部及子房顶端被毛；蒴果褐色；花期 5—6 月，果期 8—9 月。

4. 鄂报春（原亚种） ***Primula obconica*** **Hance subsp.** ***obconica*** **（彩片 152）**

多年生草本；叶卵圆形、椭圆形或矩圆形，先端圆形，基部心形，边缘近全缘具小齿或呈浅波状而具圆齿状裂片；伞形花序 2～13 朵花，花梗被柔毛；花萼杯状或阔钟状，具 5 脉，外面被柔毛，5 浅裂；花冠玫瑰红色，冠筒长于花萼 0.5～1 倍，喉部具环状附属物，裂片倒卵形，先端 2 裂；长花柱花，雄蕊靠近冠筒基部着生，花柱长近达冠筒口；短花柱花，雄蕊着生于冠筒中上部；同型花，雄蕊着生处和花柱长均近达冠筒口；蒴果球形；花期 3—6 月。

（三十五）景天科 Crassulaceae

主要识别特征： 草本、半灌木或灌木，常有肥厚、肉质的茎、叶；叶互生、对生或轮生，常为单叶；聚伞花序，或为伞房状、穗状、总状或圆锥状花序；花两性，或单性而雌雄异株，辐射对称，花各部常为 5 数或其倍数；蓇葖有膜质或革质的皮，稀为蒴果。

1. 费菜（原变种） ***Phedimus aizoon*** **var.** ***aizoon*** **（彩片 153）**

多年生草本；粗茎高 20～50 cm，有 1～3 条茎，直立，不分枝；叶近革质，互生，狭披针形、椭圆状披针形至卵状倒披针形，边缘有不整齐的锯齿；聚伞花序有多花；萼片 5，线状，不等长；花瓣 5，黄色，长圆形至椭圆状披针形；雄蕊 10，较花瓣短；鳞片 5，近正方形；心皮 5，卵状长圆形，基部合生，腹面凸出；蓇葖星芒状排列；花期 6—7 月，果期 8—9 月。

2. 云南红景天 ***Rhodiola yunnanensis*** **（Franch.）S. H. Fu（彩片 154）**

多年生草本；根颈粗，长，直径可达 2 cm，不分枝或少分枝，先端被卵状三角形鳞片；花茎单生或少数着生，无毛，高可达 100 cm，直立，圆；3 叶轮生，稀对生，卵状披针形、椭圆形、卵状长圆形至宽卵形，长 4～7（～9）cm，宽 2～4（～6）cm，先端钝，基部圆楔形，边缘多少有疏锯齿，稀近全缘，下面苍白绿色，无柄；聚伞圆锥花序，长 5～15 cm，宽 2.5～8 cm，多次三叉分枝；雌雄异株，稀两性花；雄花小，多，萼片 4，披针形，长 0.5 mm；花瓣 4，黄绿色，匙形，长 1.5 mm；雄蕊 8，较花瓣短；鳞片 4，楔状四方形，长 0.3 mm；心皮 4，小；雌花萼片、花瓣各 4，绿色或紫色，线状，长 1.2 mm，鳞片 4，近半圆形，长 0.5 mm；心皮 4，卵形，叉开的，长 1.5 mm，基部合生；蓇葖星芒状排列，长 3～3.2 mm，基部 1 mm 合生，喙长 1 mm；花期 5—7 月，果期 7—8 月。

3. 凹叶景天 *Sedum emarginatum* Migo（彩片 155）

多年生草本，茎细弱；叶对生，匙状倒卵形至宽卵形，先端圆，有微缺，基部渐狭，有短距，花序聚伞状顶生，常有 3 个分枝；萼片 5；花瓣 5，黄色，线状披针形至披针形；鳞片 5，长圆形；心皮 5，长圆形，基部合生；蓇葖略叉开，腹面有浅囊状隆起；花期 5—6 月，果期 6 月。

4. 垂盆草 *Sedum sarmentosum* Bunge（彩片 156）

多年生草本；不育枝及花茎细，匍匐而节上生根；3 叶轮生，叶倒披针形至长圆形，先端近急尖，基部急狭，有距；聚伞花序，有 3～5 分枝；花无梗；萼片 5，披针形至长圆形，先端钝；花瓣 5，黄色，披针形至长圆形，先端有稍长的短尖；雄蕊 10，较花瓣短；鳞片 10，楔状四方形；心皮 5，略叉开，有长花柱；花期 5—7 月，果期 8 月。

（三十六）虎耳草科 Saxifragaceae

主要识别特征：草本、灌木、小乔木或藤本；单叶或复叶，互生或对生；聚伞状、圆锥状或总状花序；花两性；花被片 4～5 基数；雄蕊（4～）5～10，或多数，一般外轮对瓣，或为单轮，如与花瓣同数，则与之互生；心皮 2，子房上位、半下位至下位，中轴胎座；蒴果、浆果、小蓇葖果或核果。

1. 中国绣球 *Hydrangea chinensis* Maxim（彩片 157）

灌木，一年生或二年生小枝红褐色或褐色，老后树皮呈薄片状剥落；叶薄纸质，长圆形或狭椭圆形，具尾状尖头或短尖头，基部楔形，边缘近中部以上具疏钝齿或小齿，两面被疏短柔毛或仅脉上被毛，下面脉腋间常有髯毛；伞形状或伞房状聚伞花序顶生，分枝 5 或 3，不育花萼片 3～4，椭圆形、卵圆形、倒卵形或扁圆形，孕性花萼筒杯状，萼齿披针形或三角状卵形；花瓣黄色，椭圆形或倒披针形；雄蕊 10～11 枚；子房近半下位，花柱 3～4；蒴果卵球形；花期 5—6 月，果期 9—10 月。

2. 乐思绣球 *Hydrangea rosthornii* Diels（彩片 158）

灌木或小乔木；小枝褐色，密被黄褐色短粗毛或扩展的粗长毛；叶纸质，阔卵形至长卵形或椭圆形至阔椭圆形，先端急尖或渐尖，基部截平、微心形、圆形或钝，边缘具不规则的细齿或粗齿，上面疏被糙伏毛，下面密被灰白色短柔毛或淡褐色短疏粗毛；伞房状聚伞花序较大，结果时直径达 30 cm，顶端稍弯拱或截平，花序轴粗壮，密被灰黄色或褐色短粗毛或长粗毛；不育花淡紫色或白色；萼片 4～5；孕性花萼筒杯状，萼齿卵状三角形或阔三角形；花瓣紫色，卵状披针形，；雄蕊 10～14 枚，不等长；子房下位，花柱 2；蒴果杯状，顶端截平；花期 7—8 月，果期 9—11 月。

3. 蜡莲绣球 *Hydrangea strigosa* Rehd. var. *strigose*（彩片 159）

灌木，小枝密被糙伏毛，树皮常呈薄片状剥落；叶纸质，长圆形、卵状披针形或倒卵状倒披针形，先端渐尖，基部楔形、钝或圆形，边缘有具硬尖头的小齿或小锯齿，下面灰棕色，新鲜时有时呈淡紫红色或淡红色，密被灰棕色颗粒状腺体和灰白色糙伏毛，脉上的毛更密；伞房状聚伞花序大，密被灰白色糙伏毛；不育花萼片 4～5，阔卵形、阔椭圆形或近圆形；孕性花淡紫红色，萼筒钟状，萼齿三角形；花瓣长卵形；雄蕊不等长；子房下位，花柱 2；蒴果坛状；花期 7—8 月，果期 11—12 月。

4. 虎耳草 *Saxifraga stolonifera* Curt.（彩片 160）

多年生草本；茎被长腺毛，基生叶具长柄，叶片近心形、肾形至扁圆形，先端钝或急尖，基部近截形、圆形至心形，（5～）7～11 浅裂（有时不明显），裂片边缘具不规则齿牙和腺睫毛，腹面被腺毛，背面通常红紫色，被腺毛，有斑点，具掌状达缘脉序，叶柄被长腺毛；茎生叶披针形；聚伞花序圆锥状，被腺毛，具 2～5 朵花；花两侧对称；花瓣白色，中上部具紫红色斑点，基部具黄色斑点，5 枚，其中 3 枚较短，卵形，另 2 枚较长，披针形至长圆形；雄蕊长花丝棒状；花盘半环状，围绕于子房一侧，边缘具瘤突；2 心皮下部合生，子房卵球形，花柱 2，叉开。

5. 黄水枝 *Tiarella polyphylla* D. Don（彩片 161）

多年生草本；茎不分枝，密被腺毛；基生叶具长柄，叶片心形，先端急尖，基部心形，掌状 3～5 浅裂，边缘具不规则浅齿，两面密被腺毛；叶柄基部扩大呈鞘状，密被腺毛；茎生叶通常 2～3 枚，与基生叶同型；总状花序长 8～25 cm，密被腺毛；花梗被腺毛；萼片卵形，背面和边缘具短腺毛；无花瓣；雄蕊长约 2.5 mm，花丝钻形；心皮 2，不等大，下部合生，子房近上位，花柱 2；蒴果；花果期 4—11 月。

（三十七）蔷薇科 Rosaceae

主要识别特征：草本、灌木或乔木，有刺或无刺；叶互生，稀对生，单叶或复叶，有明显托叶；花两性，整齐，周位花或上位花，花托（一称萼筒）碟状、钟状、杯状、壶状；萼片和花瓣同数，通常 4～5；雄蕊 5 至多数，稀 1 或 2，花丝离生；心皮 1 至多数，离生或合生；果实为蓇葖果、瘦果、梨果或核果。

1. 云南山楂 *Crataegus scabrifolia*（Franch.）Rehd.（彩片 162）

落叶乔木；枝条开展，通常无刺；叶片卵状披针形至卵状椭圆形，先端急尖，基部楔形，边缘有稀疏不整齐圆钝重锯齿，通常不分裂或在不孕枝上数叶片顶端有不规则的 3～5 浅裂，幼时上面微被伏贴短柔毛，老时减少，背面中脉及侧脉有长柔毛或近于无毛；伞房花序或复伞房花序；萼筒钟状，外面无毛，萼片三角状卵形或三角状披针形，约与萼筒等长；花瓣近圆形或倒卵形，白色；雄蕊 20 枚，比花瓣短；子房顶端被灰白色茸毛，花柱 3～5 枚，柱头头状，约与雄蕊等长；果实扁球形，黄色或带红晕；萼片宿存；小核 5；花期 4—6 月，果期 8—10 月。

2. 蛇莓（原变种）*Duchesnea indica*（Andr.）Focke var. *indices*（彩片 163）

多年生草本；匍匐茎多数，有柔毛；小叶片倒卵形至菱状长圆形，边缘有钝锯齿，两面皆有柔毛，或上面无毛；花单生于叶腋，花梗有柔毛；萼片卵形，外面有散生柔毛；副萼片倒卵形，比萼片长，先端常具 3～5 锯齿；花瓣倒卵形，黄色，先端圆钝；雄蕊 20～30；心皮多数，离生；花托在果期膨大，海绵质，鲜红色，外面有长柔毛；瘦果卵形，光滑或具不明显突起，鲜时有光泽；花期 6—8 月，果期 8—10 月。

3. 黄毛草莓（原变种）*Fragaria nilgerrensis* Schlecht. ex Gay var. *nilgerrensis*（彩片 164）

多年生草本，粗壮，密集成丛；茎密被黄棕色绢状柔毛，几与叶等长；叶三出，质地较厚，小叶片倒卵形或椭圆形，先端钝圆，顶生小叶基部楔形，侧生小叶基部偏斜，边缘具缺刻状锯齿，上面深绿色，被疏柔毛，背面淡绿色，被黄棕色绢状柔毛；聚伞花序（1～）2～5（～6）朵花，花序下部具一或三出有柄的小叶；萼片卵状披针形，较副萼片宽或近相等，副萼片披针形，全缘或2裂，果时增大；花瓣白色，圆形，基部有短爪；雄蕊20枚，不等长；聚合果圆形，白色、淡白黄色或红色，宿存萼片直立，紧贴果实；瘦果卵形；花期4—7月，果期6—8月。

4. 路边青 *Geum aleppicum* Jacq.（彩片165）

多年生草本；茎直立，被开展粗硬毛稀几无毛；基生叶为大头羽状复叶，通常有小叶2～6对，叶柄被粗硬毛，小叶大小极不相等，顶生小叶最大，菱状广卵形或宽扁圆形，边缘常浅裂，有不规则粗大锯齿，两面疏生粗硬毛；茎生叶羽状复叶，向上小叶逐渐减少，顶生小叶披针形或倒卵披针形；茎生叶托叶大，绿色，叶状，卵形，边缘有不规则粗大锯齿；花序顶生，疏散排列，花梗被短柔毛或微硬毛；花瓣黄色，几圆形，比萼片长；萼片卵状三角形，副萼片狭小，披针形，不到萼片长的一半，外面被短柔毛及长柔毛；花柱顶生，在上部1/4处扭曲，成熟后自扭曲处脱落；聚合果倒卵球形，瘦果被长硬毛，花柱顶端有小钩；花果期7—10月。

5. 扁刺峨眉蔷薇（变型）*Rosa omeiensis* Rolfe f. *pteracantha* Rehd. et Wils.（彩片166）

直立灌木，高3～4 m；小枝细弱，无刺或有扁而基部膨大皮刺，幼枝密被针刺及宽扁大型紫色皮刺；小叶9～13（～17），长圆形或椭圆状长圆形，长8～30 mm，宽4～10 mm，上面叶脉明显，下面被柔毛，边缘有锐锯齿；叶轴和叶柄有散生小皮刺；托叶大部贴生于叶柄，顶端离生部分呈三角状卵形；花单生于叶腋；萼片4；花瓣4，白色，倒三角状卵形，先端微凹，基部宽楔形；花柱离生，被长柔毛，比雄蕊短很多；果倒卵球形或梨形，亮红色，果成熟时果梗肥大，萼片直立宿存；花期5—6月，果期7—9月。

6. 缫丝花（原变型）*Rosa roxburghii* Tratt. f. *roxburghii*（彩片167）

开展灌木，树皮灰褐色，成片状剥落；小枝圆柱形，斜向上升，有基部稍扁而成对皮刺；奇数羽状复叶，小叶9～15，连叶柄长5～11 cm，小叶片椭圆形或长圆形，边缘有细锐锯齿，两面无毛，叶轴和叶柄有散生小皮刺；托叶大部贴生于叶柄，离生部分呈钻形，边缘有腺毛；花单生或2～3朵，生于短枝顶端；萼片通常宽卵形，有羽状裂片，内面密被茸毛，外面密被针刺；花瓣重瓣至半重瓣，淡红色或粉红色，微香，倒卵形，外轮花瓣大，内轮较小；雄蕊多数着生在杯状萼筒边缘；心皮多数，着生在花托底部；花柱离生，被毛，不外伸，短于雄蕊；果实扁球形，绿红色，外面密生针刺；萼片宿存，直立；花期5—7月，果期8—10月。

7. 插田泡（原变种）*Rubus coreanus* Miq. var. *coreanus*（彩片168）

灌木，枝粗壮，红褐色，被白粉，具近直立或钩状扁平皮刺；小叶通常5枚，卵形、菱状卵形或宽卵形，顶端急尖，基部楔形至近圆形，上面无毛或仅沿叶脉有短柔毛，下面被稀疏柔毛或仅沿叶脉被短柔毛，边缘有不整齐粗锯齿或缺刻状粗锯齿；托叶线状披针形，有柔毛；伞房花序生于侧枝顶端，具花数朵至30余朵，总花梗和花梗均被灰白色短柔毛；花萼外面被灰白色短柔毛；萼片长卵形至卵状披针形；花瓣倒卵形，淡红色至深红色，与萼片近等长或稍短；雄蕊比花瓣短或近等长，花丝带粉红色；雌蕊多数；花柱无毛，子房被稀疏短柔毛；果实近球形，深红色至紫黑色；花期4—6月，果期6—8月。

8. 五叶白叶莓 *Rubus innominatus* S. Moore var. *quinatus* Bailey（彩片169）

灌木，枝拱曲，褐色或红褐色，小枝密被茸毛状柔毛，疏生钩状皮刺；小叶常5枚，顶生小叶卵形或近圆形，基部圆形至浅心形，边缘常3裂或缺刻状浅裂，侧生小叶斜卵状披针形或斜椭圆形，基部楔形至圆形，上面疏生平贴柔毛或几无毛，下面密被灰白色茸毛，沿叶脉混生柔毛，边缘有不整齐粗锯齿或缺刻状粗重锯齿；托叶线状；总状或圆锥状花序，顶生或腋生，腋生花序常为短总状；总花梗和花梗均密被黄灰色或灰色茸毛状长柔毛和腺毛；花萼外面密被黄灰色或灰色茸毛状长柔毛和腺毛；萼片卵形，内萼片边缘具灰白色茸毛；花瓣倒卵形或近圆形，紫红色；雄蕊稍短于花瓣；子房稍具柔毛；果实近球形；橘红色；花期5—6月，果期7—8月。

9. 红花悬钩子（原变种）*Rubus inopertus*（Diels）Focke var. *inopertus*（彩片170）

攀缘灌木；小枝紫褐色，无毛，疏生钩状皮刺；小叶7～11枚，卵状披针形或卵形，顶端渐尖，基部圆形或近截形，上面疏生柔毛，下面沿叶脉具柔毛，边缘具粗锐重锯齿；托叶线状披针形；花数朵簇生或成顶生伞房花序；萼片卵形或三角状卵形，顶端急尖至渐尖，在果期常反折；花瓣倒卵形，粉红至紫红色，基部具短爪或微具柔毛；花丝线形或基部增宽；花柱基部和子房有柔毛；果实球形，熟时紫黑色，外面被柔毛；花期5—6月，果期7—8月。

10. 红毛悬钩子 *Rubus wallichianus* Wight & Arnott.（彩片171）

攀缘灌木；小枝粗壮，红褐色，密被红褐色刺毛，并具柔毛和稀疏皮刺；小叶3枚，椭圆形、卵形，顶端尾尖或急尖，基部圆形或宽楔形，上面紫红色，无毛，叶脉下陷，下面仅沿叶脉疏生柔毛、刺毛和皮刺，边缘有不整齐细锐锯齿；侧生小叶近无柄，与叶轴均被红褐色刺毛、柔毛和稀疏皮刺；托叶线状，有柔毛和稀疏刺毛；花数朵在叶腋团聚成束；花梗密被短柔毛；苞片线状或线状披针形，有柔毛；花萼外面密被茸毛状柔毛，萼片卵形，顶端急尖；花瓣长倒卵形，白色，基部具爪，长于萼片；雄蕊花丝稍宽扁，几与雌蕊等长；花柱基部和子房顶端具柔毛；果实球形，熟时金黄色或红黄色；花期3—4月，果期5—6月。

11. 川莓 *Rubus setchuenensis* Bureau et Franch.（彩片172）

落叶灌木；小枝圆柱形，密被淡黄色茸毛状柔毛，老时脱落，无刺；单叶，近圆形或宽卵形，顶端圆钝或近截形，基部心形，上面粗糙，无毛或仅沿叶脉稍具柔毛，下面密被灰白色茸毛，基部具掌状5出脉，侧脉2～3对，边缘5～7浅裂，裂片圆钝或急尖并再浅裂，有不整齐浅钝锯齿；托叶离生，卵状披针形，顶端条裂，早落；花成狭圆锥花序，顶生或腋生或花少数簇生于叶腋；花萼外密被浅黄色茸毛和柔毛，萼片卵状披针形，顶端尾尖；花瓣倒卵形或近圆形，紫红色，基部具爪，比萼片短很多；雄蕊较短，花丝线状；雌蕊无毛，花柱比雄蕊长；果实半球形，黑色，无毛，常包藏在宿萼内；花期7—8月，果期9—10月。

12. 西畴悬钩子 *Rubus xichouensis* Yü et Lu.（彩片173）

攀缘灌木；枝红褐色或棕褐色，无刺或具极稀疏不明显小皮刺；单叶，近革质，长圆披针形，顶端尾尖，基部圆形，上面无毛或仅沿叶脉稍具柔毛，下面密被黄色或灰黄色茸毛，边缘有不整齐具突尖头的锐锯齿，侧脉7～10对；托叶分离，狭长圆形，掌状分裂，裂片线状；顶生花序呈短圆锥状，腋生者成短总状或伞房状；花萼外密被黄色绢状长柔毛，萼片宽卵形，花后常直立；花瓣近圆形或宽倒卵形，白色，与萼片近等长；雄蕊多数；雌蕊30～40，花柱长于雄蕊。

13. 西南委陵菜（原变种）*Potentilla fulgens* Lehm. var. *fulgens*（彩片174）

多年生草本；花茎直立或上升，密被开展长柔毛及短柔毛；基生叶为间断羽状复叶，有小叶 6～15 对，叶柄密被开展长柔毛及短柔毛，小叶片倒卵状长圆形或倒卵状椭圆形，先端钝圆，基部楔形或宽楔形，边缘具多数锯齿，上面伏生疏柔毛，背面密被白色绢毛及茸毛；茎生叶与基生叶相似，唯向上部小叶对数减少；基生叶托叶膜质，褐色，外被长柔毛；茎生叶托叶草质，边缘具锐锯齿，上面被长柔毛，背面被白色绢毛；伞房状聚伞花序顶生；萼片三角状卵圆形，先端急尖，外面绿色，被长柔毛，副萼片椭圆形，先端急尖，全缘，外面密生白色绢毛，与萼片近等长；花瓣黄色，先端钝圆，子房无毛；瘦果光滑；花期 6—7 月，果期 8—10 月。

14. 蛇含委陵菜 *Potentilla kleiniana* Wight et Arn.（彩片 175）

一年生、二年生或多年生宿根草本，多须根；花茎上升或匍匐，被疏柔毛或开展长柔毛；基生叶为近于鸟足状 5 小叶，小叶几无柄稀有短柄，小叶片倒卵形或长圆倒卵形，顶端圆钝，基部楔形，边缘有多数急尖或圆钝锯齿，两面绿色，被疏柔毛；下部茎生叶有 5 小叶，上部茎生叶有 3 小叶，小叶与基生小叶相似；聚伞花序密集枝顶如假伞形，花梗长 1～1.5 cm，密被开展长柔毛，下有茎生叶如苞片状；萼片三角卵圆形，副萼片披针形或椭圆披针形，花时比萼片短，果时略长或近等长，外被稀疏长柔毛；花瓣黄色，倒卵形，顶端微凹，长于萼片；花柱近顶生，圆锥形，基部膨大，柱头扩大；瘦果近圆形；花果期 4—9 月。

15. 火棘 *Pyracantha fortuneana*（Maxim.）Li（彩片 176）

常绿灌木；侧枝短，先端成刺状，嫩枝外被锈色短柔毛；叶片倒卵形或倒卵状长圆形，先端圆钝或微凹，基部楔形，下延连于叶柄，边缘有钝锯齿，近基部全缘，两面皆无毛；花集成复伞房花序；萼筒钟状，无毛；萼片三角卵形，先端钝；花瓣白色，近圆形；雄蕊 20；花柱 5，离生，与雄蕊等长，子房上部密生白色柔毛；果实近球形，橘红色或深红色；花期 3—5 月，果期 8—11 月。

16. 光叶粉花绣线菊 *Spiraea japonica* L. f. var. *fortunei*（Planchon）Rehd.（彩片 177）

直立灌木，枝条棕红色或棕黄色；叶片长圆披针形，先端短渐尖，基部楔形，边缘尖锐重锯齿，上面有皱纹，两面无毛，下面有白霜；复伞房花序直径 4～8 cm；花萼外面有稀疏短柔毛，萼筒及萼片外面有短柔毛；花瓣卵形至圆形，粉红色；雄蕊 25～30 枚，远较花瓣长；花盘不发达；蓇葖果半开张，无毛；花期 6—7 月，果期 8—9 月。

（三十八）含羞草科 Mimosaceae

主要识别特征：木本，稀草本；叶一至二回羽状复叶；花辐射对称，穗状或头状花序，花瓣幼时为镊合状排列，雄蕊多数；荚果。

1. 合欢 *Albizia julibrissin* Durazz.（彩片 178）

落叶乔木；二回羽状复叶，总叶柄近基部及最顶一对羽片着生处各有 1 枚腺体；羽片 4～12 对，栽培的有时达 20 对；小叶 10～30 对，线形至长圆形；头状花序于枝顶排成圆锥花序；花粉红色；花萼管状；花冠长 8 mm，裂片三角形，花萼、花冠外均被短柔毛；荚果带状，长 9～15 cm，宽 1.5～2.5 cm；花期 6—7 月，果期 8—10 月。

2. 老虎刺 *Pterolobium punctatum* Hemsl.（彩片 179）

木质藤本或攀缘性灌木；小枝幼嫩时银白色，被短柔毛及浅黄色毛，具散生的或于叶柄基部具成对的黑色、下弯的短钩刺；二回羽状复叶；羽片 9～14 对，狭长；羽轴上面具槽，小叶片 19～30 对，对生，狭长圆形，两面被黄色毛，下面毛更密；总状花序被短柔毛；萼片 5，最下面一片较长，舟形；花瓣相等，稍长于萼，倒卵形；雄蕊 10 枚，等长，花丝中部以下被柔毛；子房扁平，一侧具纤毛，胚珠 2 枚；荚果长 4～6 cm，发育部分菱形，翅一边直，另一边弯曲；种子单一；花期 6—8 月，果期 9 月至次年 1 月。

（三十九）云实科 Caesalpiniaceae

主要识别特征：乔木或灌木，有时为藤本；叶互生，一回或二回羽状复叶；花两性，两侧对称；总状花序或圆锥花序；花瓣 5，离生，常成上升覆瓦状排列，即最上方的 1 花瓣最小，位于最内方；雄蕊 10 或较少，分离，或各式联合；荚果。

1. 云实 *Biancaea decapetala*（Roth）O. Deg.（彩片 180）

藤本；树皮暗红色；枝、叶轴和花序均被柔毛和钩刺；叶二回羽状复叶；羽片 3～10 对，具柄，基部有刺 1 对；小叶 8～12 对，两面均被短柔毛；托叶小，早落；总状花序顶生，直立；总花梗多刺；花梗被毛，在花萼下具关节；花瓣黄色，盛开时反卷，基部具短柄；雄蕊与花瓣近等长；子房无毛；荚果长圆舌形，无毛，有光泽，沿腹缝线膨胀成狭翅，成熟时沿腹缝线开裂；种子椭圆状；花果期 4—11 月。

2. 豆茶山扁豆 *Chamaecrista nomame*（Makino）H. Ohashi（彩片 181）

一年生草本，株高 30～60 cm，分枝或不分枝；在叶柄的上端有黑褐色、盘状、无柄腺体 1 枚；小叶 8～28 对；小叶带状披针形，稍不对称；花生于叶腋，有柄，单生或 2 至数朵组成短的总状花序；萼片 5，外面疏被柔毛；花瓣 5，黄色；雄蕊 4 枚，有时 5 枚；子房密被短柔毛；荚果扁平；种子 6～12 粒，种子扁，近菱形。

3. 湖北紫荆 *Cercis glabra* Pampan.（彩片 182）

乔木；树皮和小枝灰黑色；叶较大，厚纸质或近革质，心脏形或三角状圆形，先端钝或急尖，基部浅心形至深心形，上面光亮，下面无毛或基部脉腋间常有簇生柔毛；基脉（5～）7 条；总状花序短，总轴长 0.5～1 cm，有花数至 10 余朵；花淡紫红色或粉红色，先于叶或与叶同时开放；荚果狭长圆形，紫红色；种子 1～8 粒，近圆形；花期 3—4 月，果期 9—11 月。

4. 皂荚 *Gleditsia sinensis* Lam.（彩片 183）

落叶乔木；枝灰色至深褐色；刺粗壮，常分枝；叶为一回羽状复叶，小叶 3～9 对，纸质，边缘具细锯齿；花杂性，黄白色，组成总状花序；花序腋生或顶生，被短柔毛；雄花雄蕊 8（6）枚；两性花雄蕊 8 枚；子房缝线上及基部被毛，柱头浅 2 裂；荚果带状，劲直或扭曲，果瓣革质，褐棕色或红褐色，常被白色粉霜；花期 3—5 月，果期 5—12 月。

（四十）蝶形花科 Papilionaceae

主要识别特征：木本至草本；叶为单叶、3 小叶复叶或一至多回羽状复叶，叶枕发达；花两侧对称；蝶形花冠，花瓣下降覆瓦状排列，即最上方 1 片为旗瓣，位于最外方；雄蕊 10，常为两体雄蕊，成（9）与 1 或（5）与（5）的两组，也有 10 个全部联成单体雄蕊或全部分离；荚果。

1. 灰毛鸡血藤 *Callerya cinerea*（Bentham）Schot（彩片 184）

攀缘灌木；奇数羽状复叶，小叶 2 对，间隔 3～5 cm，纸质，披针形、长圆形至狭长圆形，先端急尖至渐尖，基部钝圆，上面几无毛，下面被平伏柔毛或无毛；圆锥花序顶生，宽大，长达 40 cm，花序轴多少被黄褐色柔毛；花单生，近接；花萼阔钟状，与花梗同被细柔毛，萼齿短于萼筒，上方 2 齿几全合生，其余为卵形至三角状披针形，下方 1 齿最长；花冠紫红色，旗瓣阔卵形至倒阔卵形，密被锈色或银色绢毛，基部稍呈心形，具短瓣柄，翼瓣甚短，约为旗瓣的1/2，锐尖头，下侧有耳，龙骨瓣镰形；雄蕊二体，对旗瓣的1枚离生；花盘浅皿状；子房线状，密被茸毛，花柱长于子房，旋曲；荚果线形至长圆形，扁平，密被灰色茸毛，有种子3～5粒；花期5—9月，果期6—11月。

2. 大山黧豆 *Lathyrus davidii* Hance（彩片185）

多年生草本，具块根；茎粗壮，圆柱状，具纵沟，无毛；托叶大，半箭形；叶轴末端具分枝的卷须；小叶（2）3～4（～5）对，通常为卵形，具细尖，基部宽楔形或楔形，全缘，两面无毛，上面绿色，下面苍白色，具羽状脉；总状花序腋生，约与叶等长，有花10余朵；萼钟状，无毛；花深黄色，旗瓣瓣片扁圆形，瓣柄狭倒卵形，与瓣片等长，翼瓣与旗瓣瓣片等长，具耳及线形长瓣柄，龙骨瓣约与翼瓣等长，瓣片卵形，先端渐尖，基部具耳及线形瓣柄；子房线状；荚果线状；花期5—7月，果期8—9月。

3. 天蓝苜蓿 *Medicago lupulina* L.（彩片186）

一二年生或多年生草本，全株被柔毛或有腺毛；茎平卧或上升，多分枝；叶茂盛，羽状三出复叶，小叶倒卵形、阔倒卵形或倒心形，纸质，先端多少截平或微凹，基部楔形，边缘在上半部具不明显尖齿，两面均被毛；顶生小叶较大，侧生小叶柄甚短；花序小头状，具花10～20朵；总花比叶长，密被贴伏柔毛；萼钟形，密被毛；花冠黄色，旗瓣近圆形，顶端微凹，冀瓣和龙骨瓣近等长，均比旗瓣短：子房阔卵形，被毛，花柱弯曲；荚果肾形；花期7—9月，果期8—10月。

4. 印度草木犀 *Melilotus indica*（L.）All.（彩片187）

一年生草本，高20～50 cm；茎直立，作“之”字形曲折，自基部分枝；羽状三出复叶，叶柄细，与小叶近等长，小叶倒卵状楔形至狭长圆形，近等大，先端钝或截平，有时微凹，基部楔形，上面无毛，下面被贴伏柔毛；总状花序细，总梗较长，被柔毛，具花15～25朵；花小，萼杯状，萼齿三角形；花冠黄色，旗瓣阔卵形，先端微凹，与翼瓣、龙骨瓣近等长；子房卵状长圆形，花柱比子房短，胚珠2枚；荚果球形；花期3—5月，果期5—6月。

5. 紫雀花 *Parochetus communis* Buch.-Ham. ex D. Don Prodr.（彩片188）

匍匐草本；根茎丝状；掌状三出复叶；叶柄细柔；小叶倒心形，基部狭楔形，全缘或有时呈波状浅圆齿，上面无毛，下面被贴伏柔毛；伞状花序生于叶腋，具花1～3朵；苞片2～4片；萼钟形，密被褐色细毛，萼齿三角形，与萼筒等长或稍短；花冠淡蓝色至蓝紫色，旗瓣阔倒卵形，翼瓣长圆状镰形，先端钝，基部有耳，稍短于旗瓣，龙骨瓣比翼瓣稍短，三角状阔镰形，先端成直角弯曲，并具急尖，基部具长瓣柄；子房线状披针形，花柱向上弯曲，稍短于子房；荚果线状；花果期4—11月。

6. 葛 *Pueraria montana*（Loureiro）Merrill（彩片189）

粗壮藤本；全体被黄色长硬毛，茎基部木质，有粗厚的块状根；羽状复叶具3小叶；托叶背着，卵状长圆形，具线条；小叶三裂，顶生小叶宽卵形或斜卵形，侧生小叶斜卵形，上面被淡黄色、平伏的疏柔毛，下面较密；总状花序中部以上有较密集的花，花2～3朵聚生于花序轴的节上；花萼钟形；花冠紫色，旗瓣倒卵形，基部有2耳及一黄色硬痂状附属体，翼瓣镰状，基部有线状、向下的耳，龙骨瓣镰状长圆形，基部有极小、急尖的耳；子房线状；荚果长椭圆形；花期9—10月，果期11—12月。

7. 蚕豆 *Vicia faba* L.（彩片 190）

一年生草本；主根粗短，多须根，根瘤粉红色，密集；茎直立，具四棱；偶数羽状复叶，叶轴顶端卷须短缩为短尖头；托叶戟头形或近三角状卵形；小叶通常 1～3 对，互生，小叶椭圆形、长圆形或倒卵形，先端圆钝，具短尖头；总状花序腋生，花梗近无；花 2～4（～6）朵呈丛状着生于叶腋，花冠白色，具紫色脉纹及黑色斑晕，旗瓣中部缢缩，翼瓣短于旗瓣，长于龙骨瓣；子房线状无柄；荚果肥厚；花期 4—5 月，果期 5—6 月。

8. 歪头菜（原变种）*Vicia unijuga* A. Br. var. *unijuga*（彩片 191）

多年生草本；根茎粗壮近木质，须根发达；通常数茎丛生，具棱，疏被柔毛；叶轴末端为细刺尖头；偶见卷须，托叶戟形或近披针形，边缘有不规则齿蚀状；小叶 1 对，卵状披针形或近菱形；总状花序单一，稀有分枝，呈圆锥状复总状花序，明显长于叶；花 8～20 朵一面向密集于花序轴上部；花紫色，斜钟状或钟状，萼齿明显短于萼筒；花冠蓝紫色、紫红色或淡蓝色，旗瓣倒提琴形，翼瓣先端钝圆，龙骨瓣短于翼瓣，子房线状；荚果扁，长圆形；花期 6—7 月，果期 8—9 月。

（四十一）柳叶菜科 Onagraceae

主要识别特征：一年生或多年生草本，叶互生或对生；花两性，辐射对称或两侧对称，单生于叶腋或排成顶生的穗状花序、总状花序或圆锥花序；花通常 4 基数；花药“丁”字形着生；子房下位，中轴胎座，花柱 1；蒴果。

1. 露珠草 *Circaea cordata* Royle（彩片 192）

粗壮草本，高 20～150 cm，被平伸的长柔毛、镰状外弯的曲柔毛和顶端头状或棒状的腺毛，毛被通常较密；叶狭卵形至宽卵形，基部常心形，先端短渐尖，边缘具锯齿至近全缘；单总状花序顶生，或基部具分枝，与花序轴垂直生或在花序顶端簇生，被毛；萼片卵形至阔卵形，白色或淡绿色，开花时反曲；花瓣白色，倒卵形至阔倒卵形，先端倒心形，凹缺深至花瓣长度的 1/2～2/3，花瓣裂片阔圆形；雄蕊伸展；果实斜倒卵形至透镜形；花期 6—8 月，果期 7—9 月。

2. 小花柳叶菜 *Epilobium parviflorum* Schreber（彩片 193）

多年生粗壮草本，直立，上部常分枝，周围混生长柔毛与短的腺毛，下部被伸展的灰色长柔毛；叶对生，茎上部的互生，狭披针形或长圆状披针形，边缘每侧具 15～60 枚不等距的细齿；总状花序直立，常分枝；苞片叶状；花直立，花蕾长圆状倒卵球形；子房长 1～4 cm，密被直立短腺毛；花管长 1～1.9 mm，在喉部有一圈长毛；萼片狭披针形，背面隆起成龙骨状，被腺毛与长柔毛；花瓣粉红色至鲜玫瑰紫红色，宽倒卵形，先端凹缺深 1～3.5 mm；雄蕊长圆形；花柱无毛；柱头 4 深裂，裂片长圆形，与雄蕊近等长；蒴果长 3～7 cm，被毛同子房；花期 6—9 月，果期 7—10 月。

3. 长籽柳叶菜 *Epilobium pyrricholophum* Franch. et Savat.（彩片 194）

多年生草本，茎基部生出纤细越冬匍匐枝条；茎常多分枝，周围密被曲柔毛与腺毛；叶对生，花序上的互生，近无柄，边缘每侧具 7～15 枚锐锯齿，两面脉上被曲柔毛；花序直立，密被腺毛与曲柔毛；花直立；子房密被腺毛；花瓣倒卵形至倒心形，先端凹缺深 1～1.4 mm；花药卵状；花柱直立，无毛，柱头棍棒状或近头状，稍高出外轮雄蕊或近等高；种子狭倒卵形，具一明显的喙，表面具细乳突；种缨长 7～12 mm，常宿存；花期 7—9 月，果期 8—11 月。

4. 粉花月见草 *Oenothera rosea* L Her. ex Ait.（彩片195）

多年生草本；茎常丛生，上升，多分枝，被曲柔毛；基生叶紧贴地面，倒披针形；茎生叶灰绿色，披针形或长圆状卵形，先端下部的钝状锐尖，基部宽楔形并骤缩下延至柄，边缘具齿突，基部细羽状裂；花单生于茎、枝顶部叶腋；花蕾绿色，锥状圆柱形；花管淡红色，被曲柔毛，萼片绿色，带红色，披针形，背面被曲柔毛，开花时反折再向上翻；花瓣粉红色至紫红色，宽倒卵形，先端钝圆，具4～5对羽状脉；花丝白色至淡紫红色，花药粉红色至黄色，长圆状线状；子房花期狭椭圆状，密被曲柔毛；花柱白色；柱头红色，围以花药；蒴果棒状，具4条纵翅；花期4—11月，果期9—12月。

（四十二）野牡丹科 Melastomataceae

主要识别特征：草本、灌木或小乔木，枝条对生；单叶，对生或轮生，常为3～5（～7）基出脉；花两性，辐射对称，通常为4～5数；花萼漏斗形、钟形或杯形，常四棱，与子房基部合生；花瓣通常具鲜艳的颜色，着生于萼管喉部，与萼片互生；雄蕊为花被片的1倍或同数，与萼片及花瓣两两对生，或与萼片对生，药隔通常膨大，下延成长柄或短距；子房下位或半下位，子房室与花被片同数或1室，中轴胎座或特立中央胎座；蒴果或浆果。

1. 多花野牡丹 *Melastoma malabathricum* Linnaeus（彩片196）

灌木；茎钝四棱形或近圆柱形，分枝多，密被紧贴的鳞片状糙伏毛；叶片坚纸质，披针形、卵状披针形或近椭圆形，全缘，5基出脉，叶面密被糙伏毛，背面被糙伏毛及密短柔毛；伞房花序生于分枝顶端，近头状，有花10朵以上，基部具叶状总苞2；花萼密被鳞片状糙伏毛，裂片广披针形，与萼管等长或略长，里面上部、外面及边缘均被鳞片状糙伏毛及短柔毛，裂片间具1小裂片；花瓣粉红色至红色，倒卵形，顶端圆形，仅上部具缘毛；雄蕊长者药隔基部伸长，末端2深裂，弯曲，短者药隔不伸长，药室基部各具1小瘤；子房半下位，密被糙伏毛，顶端具1圈密刚毛；蒴果坛状球形，顶端平截，与宿存萼贴生；宿存萼密被鳞片状糙伏毛；花期2—5月，果期8—12月。

2. 朝天罐 *Osbeckia opipara* C. Y. Wu et C. Chen（彩片197）

灌木；茎四棱形，被平贴的糙伏毛或上升的糙伏毛；叶对生或有时3枚轮生，叶片坚纸质，卵形至卵状披针形，全缘，具缘毛，两面除被糙伏毛外，尚密被微柔毛及透明腺点，5基出脉；稀疏的聚伞花序组成圆锥花序，顶生；花萼外面除被多轮的刺毛状有柄星状毛外，尚密被微柔毛，裂片4；花瓣深红色至紫色，卵形；雄蕊8，花药具长喙，药隔基部微膨大，末端具刺毛2；子房顶端具1圈短刚毛，上半部被疏微柔毛；蒴果长卵形，为长坛状宿存萼所包，被刺毛状有柄星状毛；花果期7—9月。

（四十三）八角枫科 Alangiaceae

主要识别特征：落叶乔木或灌木；枝圆柱形，有时略呈“之”字形；单叶互生，全缘或掌状分裂，基部两侧常不对称，羽状叶脉或由基出3～7条主脉成掌状；花序腋生，聚伞状，小花梗常分节；花两性，淡白色或淡黄色，花萼小，萼管钟形与子房合生；花瓣4～10，线状，镊合状排列，花开后花瓣的上部常向外反卷；雄蕊与花瓣同数而互生或为花瓣数目的2～4倍；花盘肉质，子房下位；核果椭圆形、卵形或近球形，顶端有宿存的萼齿和花盘。

1. 八角枫（原亚种）*Alangium chinense*（Lour.）Harms subsp. *chinense*（彩片198）

落叶乔木或灌木；单叶互生，全缘或掌状分裂，基部两侧常不对称，羽状叶脉或由基部生出3～7条主脉成掌状；花序腋生，聚伞状，小花梗常分节；花两性，通常有香气，花萼小，萼管钟形与子房合生，具4～10齿状的小裂片或近截形；花瓣4～10，线状，镊合状排列，花瓣的上部常向外反卷；雄蕊与花瓣同数而互生或为花瓣数目的2～4倍；花盘肉质，子房下位，花柱位于花盘的中部，柱头头状或棒状；核果椭圆形、卵形或近球形。

2. 瓜木 *Alangium platanifolium*（Sieb. et Zucc.）Harms（彩片199）

落叶灌木或小乔木；叶纸质，近圆形，顶端钝尖，基部近于心脏形或圆形，不分裂或稀分裂，边缘呈波状或钝锯齿状，两面除沿叶脉或脉腋幼时有长柔毛或疏柔毛外，其余部分近无毛；主脉3～5条，由基部生出，常呈掌状；聚伞花序生叶腋，通常有3～5花；花筱近钟形，外面具稀疏短柔毛，裂片5，三角形；花瓣6～7，线状，紫红色，外面有短柔毛，上部开花时反卷；雄蕊6～7，较花瓣短，花丝略扁；花盘肥厚，近球形；子房1室，花柱粗壮，柱头扁平；核果长卵圆形或长椭圆形；花期3—7月，果期7—9月。

（四十四）山茱萸科 Cornaceae

主要识别特征：落叶乔木或灌木；单叶对生；花两性或单性异株，为圆锥、聚伞、伞形或头状等花序，有苞片或总苞片；花3～5数；花萼管状与子房合生，先端有齿状裂片3～5；花瓣3～5，通常白色；雄蕊与花瓣同数而与之互生，生于花盘的基部；子房下位；果为核果或浆果状核果。

1. 灯台树 *Cornus controversa* Hemsley（彩片200）

落叶乔木；叶互生，纸质，阔卵形、阔椭圆状卵形或披针状椭圆形，全缘，下面密被淡白色平贴短柔毛；伞房状聚伞花序顶生；花小，白色；花萼裂片4，三角形，外侧被短柔毛；花瓣4，长圆披针形，外侧疏生平贴短柔毛；雄蕊4，着生于花盘外侧，与花瓣互生，花药"丁"字形着生；花盘垫状；子房下位，花托椭圆形，密被灰白色贴生短柔毛；核果球形，成熟时紫红色至蓝黑色；花期5—6月，果期7—8月。

2. 红椋子 *Cornus hemsleyi* C. K. Schneider & Wangerin（彩片201）

灌木或小乔木，幼枝红色，老枝紫红色至褐色；叶对生，纸质，卵状椭圆形，先端渐尖或短渐尖，基部圆形，上面有贴生短柔毛，下面微粗糙，密被白色贴生短柔毛及乳头状突起，沿叶脉有灰白色及浅褐色短柔毛，侧脉弓形内弯；伞房状聚伞花序顶生；花小，白色，花萼裂片4，卵状至长圆状舌形；雄蕊4，与花瓣互生，伸出花外；花盘垫状；子房下位，花托倒卵形，密被灰色及浅褐色贴生短柔毛；核果近于球形，黑色；花期6月，果期9月。

3. 小梾木 *Cornus quinquenervis* Franchet（彩片202）

落叶灌木，树皮灰黑色，光滑；叶对生，纸质，椭圆状披针形、披针形，先端钝尖或渐尖，基部楔形，全缘，上面深绿色，散生平贴短柔毛，下面淡绿色，被较少灰白色的平贴短柔毛或近于无毛，中脉被平贴短柔毛，侧脉通常3对；伞房状聚伞花序顶生，被灰白色贴生短柔毛，总花梗密被贴生灰白色短柔毛；花小，白色至淡黄白色；花萼裂片4，披针状三角形至尖三角形，外侧被紧贴的短柔毛；花瓣4，狭卵形至披针形，下面有贴生短柔毛；雄蕊4，花丝无毛，花药长圆卵形，淡黄白色；花盘垫状，略有浅裂；子房下位，花托倒卵形，密被灰白色平贴短柔毛；核果圆球形，成熟时黑色；花期6—7月，果期10—11月。

4. 中华青荚叶（原变种）*Helwingia chinensis* Batal var. *chinensis*（彩片203）

常绿灌木，高1～2 m；叶革质，近于革质，线状披针形或披针形，叶面深绿色，下面淡绿色；雄花4～5枚成伞形花序，生于叶面中脉中部或幼枝上段，花3～5数；雌花1～3枚生于叶面中脉中部，子房卵圆形，柱头3～5裂；果实具分核3～5枚；花期4—5月，果期8—10月。

（四十五）大戟科 Euphorbiaceae

主要识别特征：乔木、灌木或草本，常有乳状白色汁液；叶多为互生，多为单叶，具羽状脉或掌状脉；花单性，雌雄同株或异株，单花或为聚伞或总状花序，在大戟类中为特殊化的杯状花序；萼片分离或在基部合生；花瓣有或无；花盘环状或分裂成为腺体状；雄蕊 1 枚至多数；雄花常有退化雌蕊；子房上位，3 室；果为蒴果，常从宿存的中央轴柱分离成分果爿，或浆果状或核果状。

1. 大戟 *Euphorbia pekinensis* Rupr.（彩片 204）

多年生草本；茎单生或自基部多分枝，每个分枝上部又 4～5 分枝；叶互生，常为椭圆形，少为披针形或披针状椭圆形，变异较大，边缘全缘；主脉明显，侧脉羽状；总苞叶 4～7 枚，长椭圆形，伞幅 4～7，苞叶 2 枚；花序单生于二歧分枝顶端，无柄；总苞杯状，边缘 4 裂；腺体 4；雄花多数，伸出总苞之外；雌花 1 枚，具较长的子房柄；子房幼时被较密的瘤状突起；花柱 3，分离；柱头 2 裂；蒴果球状，被稀疏的瘤状突起；花期 5—8 月，果期 6—9 月。

2. 算盘子 *Glochidion puberum*（L.）Hutch.（彩片 205）

直立灌木，多分枝；小枝、叶片下面、萼片外面、子房和果实均密被短柔毛；叶片纸质或近革质，长圆形、长卵形或倒卵状长圆形，顶端钝、急尖、短渐尖或圆，基部楔形至钝；花小，雌雄同株或异株，2～5 朵簇生于叶腋内，雄花束常着生于小枝下部，雌花束则在上部；雄花萼片 6，狭长圆形或长圆状倒卵形；雄蕊 3，合生呈圆柱状；雌花萼片 6，与雄花的相似，但较短而厚；子房圆球状，5～10 室，每室有 2 枚胚珠，花柱合生呈环状，与子房接连处缢缩；蒴果扁球状，边缘有 8～10 条纵沟，成熟时带红色；花期 4—8 月，果期 7—11 月。

3. 毛桐（原变种）*Mallotus barbatus*（Wall.）Muell. Arg. var. *barbatus*（彩片 206）

小乔木，嫩枝、叶柄和花序均被黄棕色星状长茸毛；叶互生、纸质，卵状三角形或卵状菱形，顶端渐尖，基部圆形或截形，边缘具锯齿或波状，上面除叶脉外无毛，下面密被黄棕色星状长茸毛，散生黄色颗粒状腺体；掌状脉 5～7 条；花雌雄异株，总状花序顶生；雄花序长 11～36 cm，下部常多分枝；苞片线状，苞腋具雄花 4～6 朵；雄花花萼裂片 4～5，卵形，外面密被星状毛；雄蕊 75～85 枚。雌花序长 10～25 cm；苞片线状，苞腋有雌花 1（～2）朵；雌花花萼裂片 3～5，卵形；花柱 3～5，柱头密生羽毛状突起；蒴果排列较稀疏，球形，密被淡黄色星状毛和紫红色的软刺，形成连续厚 6～7 mm 的厚毛层；花期 4—5 月，果期 9—10 月。

4. 乌桕 *Triadica sebifera*（Linnaeus）Small（彩片 207）

乔木，各部均无毛而具乳状汁液；叶互生，纸质，叶片菱形、菱状卵形，顶端骤然紧缩具长短不等的尖头，基部阔楔形或钝，全缘；花单性，雌雄同株，聚集成顶生的总状花序，雌花通常生于花序轴最下部，雄花生于花序轴上部；雄花苞片阔卵形，基部两侧各具一近肾形的腺体，每一苞片内具 10～15 朵花；花萼杯状，3 浅裂；雄蕊 2 枚，伸出于花萼之外；雌花苞片深 3 裂，基部两侧的腺体与雄花的相同，每一苞片内仅 1 朵雌花，间有一雌花和数雄花同聚生于苞腋内；花萼 3 深裂；子房卵球形，3 室，花柱 3；蒴果梨状球形，成熟时黑色，具 3 种子；花期 4—8 月。

（四十六）鼠李科 Rhamnaceae

主要识别特征：灌木、藤状灌木或乔木，通常具刺，或无刺；单叶互生或近对生；花小，整齐，两性或单性，雌雄异株，常排成聚伞花序、穗状圆锥花序、聚伞总状花序、聚伞圆锥花序，或有时单生或数个簇生；通常4基数，萼钟状或筒状，淡黄绿色，萼片镊合状排列，常坚硬，与花瓣互生；花瓣通常较萼片小，极凹，匙形或兜状，基部常具爪；雄蕊与花瓣对生，为花瓣抱持；花盘明显发育；杯状、壳斗状或盘状；子房上位、半下位至下位，通常3或2室；核果、浆果状核果、蒴果状核果或蒴果。

1. 峨眉勾儿茶 *Berchemia omeiensis* Fang ex Y. L. Chen（彩片208）

藤状或攀缘灌木；叶革质或近革质，卵状椭圆形或卵状矩形，通常2～5个簇生于缩短的侧枝上，顶端短渐尖或锐尖，基部心形或圆形，稍偏斜，上面深绿色，无毛，下面浅绿色，干后浅灰色或带浅红色，仅脉腋具髯毛，侧脉通常9～10条；花黄色或淡绿色，通常2～6个簇生排成具短总花梗的顶生宽聚伞圆锥花序；核果圆柱状椭圆形，长1～1.3 cm，成熟时红色，后变紫黑色；花期7—8月，果期翌年5—6月。

2. 勾儿茶 *Berchemia sinica* Schneid.（彩片209）

藤状或攀缘灌木；叶纸质至厚纸质，互生或在短枝顶端簇生，卵状椭圆形或卵状矩圆形，上面绿色，无毛，下面灰白色，仅脉腋被疏微毛，侧脉每边8～10条；花黄色或淡绿色，单生或数个簇生，无或有短总花梗，在侧枝顶端排成具短分枝的窄聚伞状圆锥花序，花序轴无毛；核果圆柱形，长5～9 mm，成熟时紫红色或黑色；花期6—8月，果期翌年5—6月。

（四十七）葡萄科 Vitaceae

主要识别特征：多为攀缘木质藤本，具有卷须；单叶、羽状或掌状复叶，互生；花小，两性或杂性同株或异株，排列成伞房状多歧聚伞花序、复二歧聚伞花序或圆锥状多歧聚伞花序，4～5基数；萼片细小；花瓣与萼片同数，分离或凋谢时呈帽状黏合脱落；雄蕊与花瓣对生；花盘呈环状或分裂；子房上位，通常2室，每室有2枚胚珠；果实为浆果。

1. 狭叶崖爬藤（原变种）*Tetrastigma serrulatum*（Roxb.）Planch. var. *serrulatum*（彩片210）

草质藤本；卷须不分枝，相隔2节间断与叶对生；叶为鸟足状5小叶，小叶卵披针形或倒卵披针形，顶端尾尖、渐尖或急尖，基部圆形或阔楔形，侧小叶基部不对称，边缘常呈波状，每侧有5～8个细锯齿；花序腋生或在侧枝上与叶对生，二级分枝4～5，集生成伞形；萼细小，齿不明显；花瓣4，卵椭圆形；雄蕊4，在雌花内雄蕊显著短而败育；花盘在雄花中明显，4浅裂，在雌花中呈环状；子房下部与花盘合生，花柱短，柱头呈盘形扩大，边缘不规则分裂；果实圆球形，紫黑色，有种子2粒；花期3—6月，果期7—10月。

2. 刺葡萄（原变种）*Vitis davidii*（Roman. du Caill.）Foex. var. *davidii*（彩片211）

木质藤本；小枝圆柱形，被皮刺，无毛；卷须2叉分枝，每隔2节间断与叶对生；叶卵圆形或卵椭圆形，顶端急尖或短尾尖，基部心形，基缺凹成钝角，边缘每侧有锯齿12～33个，齿端尖锐，不分裂或微三浅裂，基生脉5出，无毛常疏生小皮刺；花杂性异株；圆锥花序基部分枝发达，长7～24 cm，与叶对生；萼碟形，边缘萼片不明显；花瓣5，呈帽状黏合脱落；雄蕊5，在雌花内雄蕊短，败育；花盘发达，5裂；雌蕊1，子房圆锥形，花柱短，柱头扩大；果实球形，成熟时紫红色，直径1.2～2.5 cm；花期4—6月，果期7—10月。

3. 葛藟葡萄 *Vitis flexuosa* Thunb.（彩片212）

木质藤本；卷须2叉分枝，每隔2节间断与叶对生；叶卵形、三角状卵形、卵圆形或卵椭圆形，顶端急尖或渐尖，基部浅心形或近截形，心形者基缺顶端凹成钝角，边缘每侧有微不整齐5～12个锯齿；基生脉5出；圆锥花序疏散，与叶对生，基部分枝发达或细长而短；萼浅碟形，边缘呈波状浅裂，无毛；花瓣5，呈帽状黏合脱落；雄蕊5，在雌花内短小，败育；花盘发达，5裂；雌蕊1，在雄花中退化，子房卵圆形；果实球形，直径0.8～1 cm；花期3—5月，果期7—11月。

（四十八）漆树科 Anacardiaceae

主要识别特征：多为乔木或灌木，韧皮部具裂生性树脂道；叶互生，单叶，掌状三小叶或奇数羽状复叶；花小，辐射对称，两性或多为单性或杂性，排列成顶生或腋生的圆锥花序；花萼多少合生，3～5裂；花瓣3～5，通常下位，覆瓦状或镊合状排列；雄蕊与花盘同数或为其2倍；花盘环状或坛状或杯状；心皮1～5，分离，仅1个发育或合生，子房上位；果多为核果。

1. 盐肤木（原变种）*Rhus chinensis* Mill. var. *chinensis*（彩片213）

落叶小乔木或灌木；奇数羽状复叶有小叶3～6对，叶轴具宽的叶状翅，小叶自下而上逐渐增大，叶轴和叶柄密被锈色柔毛；小叶多形，卵形或椭圆状卵形或长圆形；圆锥花序宽大，多分枝，雄花序长30～40 cm，雌花序较短，密被锈色柔毛，花白色；雄花花萼外面被微柔毛；花瓣倒卵状长圆形，开花时外卷；雄蕊伸出，花丝线状；子房不育；雌花花萼裂片较短，外面被微柔毛；花瓣椭圆状卵形，里面下部被柔毛；雄蕊极短；花盘无毛；子房卵形，密被白色微柔毛，花柱3；核果球形，略压扁，成熟时红色；花期8—9月，果期10月。

2. 红麸杨（变种）*Rhus punjabensis* Stewart var. *sinica*（Diels）Rehd. et Wils.（彩片214）

落叶乔木或小乔木；奇数羽状复叶有小叶3～6对，叶轴上部具狭翅，叶卵状长圆形或长圆形，先端渐尖或长渐尖，基部圆形或近心形，全缘，叶背疏被微柔毛或仅脉上被毛，侧脉较密，约20对，不达边缘；圆锥花序长15～20 cm，密被微茸毛；花小，直径约3 mm，白色；花萼外面疏被微柔毛，裂片狭三角形；花瓣长圆形，两面被微柔毛；花丝线状，中下部被微柔毛，在雌花中较短；花盘厚，紫红色；子房球形，密被白色柔毛，雄花中有不育子房；核果近球形，略压扁，成熟时暗紫红色，被具节柔毛和腺毛。

3. 野漆（原变种）*Toxicodendron succedaneum*（L.）O. Kuntze var. *succedaneum*（彩片215）

落叶乔木或小乔木，小枝粗壮，紫褐色；奇数羽状复叶互生，常集生小枝顶端，无毛，有小叶4～7对，小叶对生或近对生，坚纸质至薄革质，长圆状椭圆形、阔披针形或卵状披针形，先端渐尖或长渐尖，基部多少偏斜，圆形或阔楔形，全缘，两面无毛，叶背常具白粉；圆锥花序长7～15 cm，为叶长之半，多分枝，无毛；花黄绿色；花萼无毛；花瓣长圆形，先端钝，开花时外卷；雄蕊伸出，花丝线状；花盘5裂；子房球形，柱头3裂，褐色；核果大，偏斜。

（四十九）楝科 Meliaceae

主要识别特征：乔木或灌木；叶互生，通常羽状复叶，小叶基部多少偏斜；花两性或杂性异株，辐射对称，通常组成圆锥花序，通常5基数；萼小，4～5齿裂或为4～5萼片组成；花瓣4～5；雄蕊4～10，花丝合生成一短于花瓣的圆筒形、圆柱形、球形或陀螺形等不同形状的管或分离，花药无柄，着生于管的内面或顶部，有花盘；子房上位，2～5 室；果为蒴果、浆果或核果。

1. 灰毛浆果楝 *Cipadessa cinerascens*（Pellegr.）Hand.-Mazz.（彩片 216）

灌木或小乔木；嫩枝灰褐色，有棱，被黄色柔毛，并散生有灰白色皮孔；叶轴和叶柄圆柱形，被黄色柔毛；小叶通常 4～6 对，对生，纸质，卵形至卵状长圆形，先端渐尖或急尖，基部圆形或宽楔形，偏斜，两面均被紧贴的灰黄色柔毛，背面尤密；圆锥花序腋生，分枝伞房花序，与总轴均被黄色柔毛；萼短，外被稀疏的黄色柔毛，裂齿阔三角形；花瓣白色至黄色，线状长椭圆形，外被紧贴的疏柔毛；雄蕊管和花丝外面无毛，里面被疏毛，花药 10，卵形，着生于花丝顶端的 2 齿裂间；核果小，球形，熟后紫黑色；花期 4—10 月，果期 8—12 月。

2. 香椿 *Toona sinensis*（A. Juss.）Roem.（彩片 217）

乔木；叶具长柄，偶数羽状复叶，长 30～50 cm 或更长；小叶 16～20 片，对生或互生，纸质，卵状披针形或卵状长椭圆形，先端尾尖，基部一侧圆形，另一侧楔形，不对称，侧脉每边 18～24 条；圆锥花序与叶等长或更长，小聚伞花序生于短的小枝上，多花；花萼 5 齿裂或浅波状；花瓣 5，白色，长圆形，先端钝；雄蕊 10，其中 5 枚能育，5 枚退化；花盘无毛，近念珠状；子房圆锥形，有 5 条细沟纹；蒴果狭椭圆形，有小而苍白色的皮孔，果瓣薄；花期 6—8 月，果期 10—12 月。

（五十）芸香科 Rutaceae

主要识别特征：常绿或落叶乔木，灌木或草本；通常有油点，有或无刺；叶互生或对生，单叶或复叶；花两性或单性，辐射对称；聚伞花序；萼片 4 或 5 片，离生或部分合生；花瓣 4 或 5 片，离生，覆瓦状排列；雄蕊 4 或 5 枚，或为花瓣数的倍数，药隔顶端常有油点；雌蕊通常有 4 或 5 枚，心皮离生或合生，蜜盆明显，环状；子房上位，中轴胎座；果为蓇葖果、蒴果、翅果、核果，或具革质果皮或具翼或果皮稍近肉质的浆果。

1. 吴茱萸 *Tetradium ruticarpum*（A. Jussieu）T. G. Hartley（彩片 218）

小乔木或灌木，嫩枝暗紫红色，与嫩芽同被灰黄或红锈色茸毛；叶有小叶 5～11 片，小叶薄至厚纸质，卵形，椭圆形或披针形，小叶两面及叶轴被长柔毛，毛密如毡状，或仅中脉两侧被短毛，油大且多；花序顶生；雄花序的花彼此疏离，雌花序的花密集或疏离；萼片及花瓣均 5 片，镊合排列；雄花花瓣长 3～4 mm，腹面被疏长毛，退化雌蕊 4～5 深裂，下部及花丝均被白色长柔毛，雄蕊伸出花瓣之上；雌花花瓣长 4～5 mm，腹面被毛，退化雄蕊鳞片状或短线状或兼有细小的不育花药，子房及花柱下部被疏长毛；果密集或疏离，暗紫红色，有大油点，每分果瓣有 1 种子；花期 4—6 月，果期 8—11 月。

2. 竹叶花椒（原变种）*Zanthoxylum armatum* DC. var. *armatum*（彩片 219）

高 3～5 m 的落叶小乔木；茎枝多锐刺，刺基部宽而扁，红褐色，小枝上的刺劲直，水平抽出，小叶背面中脉上常有小刺，仅叶背基部中脉两侧有丛状柔毛，嫩枝梢及花序轴均无毛；叶有小叶 3～9 片，翼叶明显，小叶对生，通常披针形，顶端中央一片最大，基部一对最小；花序近腋生或同时生于侧枝之顶，有花约 30 朵以内；花被片 6～8 片；雄花的雄蕊 5～6 枚，药隔顶端有一干后变褐黑色油点；不育雌蕊垫状突起，顶端 2～3 浅裂；雌花有心皮3～2 个，背部近顶侧各有一油点，不育雄蕊短线状；果紫红色，有微突起少数油点，单个分果瓣径 4～5 mm；花期 4—5 月，果期 8—10 月。

3. 贵州花椒 *Zanthoxylum esquirolii* Levl.（彩片 220）

小乔木或灌木；小枝披垂，枝及叶轴有小钩刺；叶有小叶 5～13 片；小叶互生，卵形或披针形，顶部常弯斜为尾状长尖，基部近圆形或宽楔形，油点不显或仅在放大镜下可见少数，叶缘有小裂齿或下半段为全缘；伞房状聚伞花序顶生，有花 30 朵以内，花梗在花后明显伸长，结果时果梗长达 4.5 cm；萼片及花瓣均 4 片；雌花有心皮 4（3）个；分果瓣紫红色，顶端的芒尖长 1～2 mm，油点常凹陷；花期 5—6 月，果期 9—11 月。

（五十一）酢浆草科 Oxalidaceae

主要识别特征：一年生或多年生草本；指状或羽状复叶或小叶萎缩而成单叶，基生或茎生；花两性，辐射对称，单花或组成近伞形花序或伞房花序；萼片 5，覆瓦状排列；花瓣 5，旋转排列；雄蕊 10 枚，2 轮，5 长 5 短，外轮与花瓣对生，花丝基部通常连合；雌蕊由 5 枚合生心皮组成，子房上位，5 室，柱头通常头状；果为开裂的蒴果或为肉质浆果。

1. 山酢浆草 *Oxalis griffithii* Edgeworth & J. D. Hooker（彩片 221）

多年生草本；茎短缩不明显，基部围以残存覆瓦状排列的鳞片状叶柄基；叶基生；小叶 3，倒三角形或宽倒三角形，先端凹陷，基部楔形，两面被毛或背面无毛；总花梗基生，单花，与叶柄近等长或更长；花梗被柔毛；苞片 2；萼片 5，卵状披针形，先端具短尖，宿存；花瓣 5，白色或稀粉红色，倒心形，长为萼片的 1～2 倍，先端凹陷，基部狭楔形，具白色或带紫红色脉纹；雄蕊 10；子房 5 室，花柱 5；蒴果椭圆形或近球形；花期 7—8 月，果期 8—9 月。

2. 酢浆草（原变种）*Oxalis corniculata* L. var. *corniculata*（彩片 222）

草本，全株被柔毛；叶基生或茎上互生，小叶 3，无柄，倒心形，先端凹入，基部宽楔形，两面被柔毛或表面无毛，沿脉被毛较密，边缘具贴伏缘毛；花单生或数朵集为伞形花序状，腋生，总花梗淡红色，与叶近等长；萼片 5，披针形或长圆状披针形，背面和边缘被柔毛，宿存；花瓣 5，黄色，长圆状倒卵形；雄蕊 10，花丝白色半透明；子房长圆形，5 室，被短伏毛，花柱 5，柱头头状；蒴果长圆柱形，5 棱；花、果期 2—9 月。

（五十二）凤仙花科 Balsaminaceae

主要识别特征：一年生或多年生草本，茎通常肉质；单叶，螺旋状排列，对生或轮生，边缘具圆齿或锯齿；花两性，两侧对称，常呈 180°倒置，排成腋生或近顶生总状或假伞形花序；萼片 3，下面倒置的 1 枚萼片（亦称唇瓣）大，花瓣状，通常呈舟状，漏斗状或囊状，基部渐狭或急收缩成具蜜腺的距；花瓣 5 枚，分离，位于背面的 1 枚花瓣（即旗瓣）离生，背面常有鸡冠状突起，下面的侧生花瓣成对合生成 2 裂的翼瓣；雄蕊 5 枚，雌蕊由 4 或 5 心皮组成 4 或 5 室，子房上位；果实为蒴果。

1. 凤仙花 *Impatiens balsamina* L.（彩片 223）

一年生草本；叶片披针形、狭椭圆形或倒披针形；花单生或 2～3 朵簇生于叶腋，无总花梗；侧生萼片 2，唇瓣深舟状，被柔毛，基部急尖成长 1～2.5 cm 内弯的距；旗瓣圆形，兜状，先端微凹，背面中肋具狭龙骨状突起，翼瓣具短柄，2 裂；雄蕊 5；子房纺锤形，密被柔毛；蒴果宽纺锤形；花期 7—10 月。

2. 黄金凤 *Impatiens siculifer* Hook. f.（彩片 224）

一年生草本；茎细弱，不分枝或有少数分枝；叶互生，通常密集于茎或分枝的上部，卵状披针形或椭圆状披针形；总花梗生于上部叶腋，花 5～8 朵排成总状花序；花梗纤细，花黄色；侧生萼片2，窄矩圆形；旗瓣近圆形，背面中肋增厚成狭翅；翼瓣无柄，2裂，基部裂片近三角形，上部裂片条形；唇瓣狭漏斗状，先端有喙状短尖，基部延长成内弯或下弯的长距；蒴果棒状。

（五十三）伞形科 Umbelliferae

主要识别特征：一年生至多年生草本；茎直立或匍匐上升，通常圆形，空心或有髓；叶互生，叶片通常分裂或多裂，一回掌状分裂或一至四回羽状分裂的复叶，或一至二回三出式羽状分裂的复叶，叶柄的基部有叶鞘；花小，两性或杂性，成顶生或腋生的复伞形花序或单伞形花序，有总苞片，小伞形花序的基部有小总苞片；花萼与子房贴生，萼齿5或无；花瓣5；雄蕊5，与花瓣互生；子房下位，2室，每室有一枚倒悬的胚珠，有盘状或短圆锥状的花柱基；果实为双悬果。

1. 鸭儿芹（原变型）*Cryptotaenia japonica* Hassk. f. *japonica*（彩片225）

多年生草本；茎直立，光滑，有分枝；基生叶或上部叶有柄，叶柄长5～20 cm，叶鞘边缘膜质；叶片轮廓三角形至广卵形，通常为3小叶；中间小叶片呈菱状倒卵形或心形，两侧小叶片斜倒卵形至长卵形，近无柄，所有的小叶片边缘有不规则的尖锐重锯齿；复伞形花序呈圆锥状，花序梗不等长，总苞片1，呈线状或钻形，伞辐2～3，不等长；小伞形花序有花2～4朵；花柄极不等长；萼齿细小，呈三角形；花瓣白色，倒卵形；花丝短于花瓣；花柱基圆锥形；分生果线状长圆形；花期4—5月，果期6—10月。

2. 天胡荽 *Hydrocotyle sibthorpioides* Lam.（彩片226）

多年生草本，有气味；茎细长而匍匐，平铺地上成片，节上生根；叶片膜质至草质，圆形或肾圆形，基部心形，两耳有时相接，不分裂或5～7裂，裂片阔倒卵形，边缘有钝齿，表面光滑，背面脉上疏被粗伏毛；伞形花序与叶对生，单生于节上；花序梗纤细，短于叶柄；小伞形花序有花5～18朵，花无柄或有极短的柄，花瓣卵形，绿白色，有腺点；花丝与花瓣同长或稍超出；果实略呈心形，两侧扁压，成熟时有紫色斑点；花果期4—9月。

3. 变豆菜 *Sanicula chinensis* Bunge（彩片227）

多年生草本；茎直立，下部不分枝，上部重复叉式分枝；基生叶少数，近圆形、圆肾形至圆心形，通常3裂，中间裂片倒卵形，基部近楔形，两侧裂片通常各有一深裂，裂口深达基部1/3～3/4，内裂片的形状、大小同中间裂片，外裂片披针形，大小约为内裂片的一半；茎生叶逐渐变小，通常3裂，裂片边缘有大小不等的重锯齿；花序二至三回叉式分枝；总苞片叶状，通常3深裂；伞形花序2～3出；小伞形花序有花6～10，雄花3～7，稍短于两性花；萼齿窄线状；花瓣白色或绿白色、倒卵形至长倒卵形；花丝与萼齿等长或稍长；两性花3～4，无柄；萼齿和花瓣的形状、大小同雄花；花柱与萼齿同长；果实圆卵形，顶端萼齿成喙状突出，皮刺直立，顶端钩状，基部膨大；花果期4—10月。

（五十四）龙胆科 Gentianaceae

主要识别特征：一年生或多年生草本；茎直立或斜升；单叶，对生，少有互生或轮生，全缘，基部合生，筒状抱茎或为一横线所联结；花序一般为聚伞花序或复聚伞花序；花两性，多为辐射状，4～5数；花萼筒状、钟状或辐状；花冠筒状、漏斗状或辐状，裂片在蕾中右向旋转排列；雄蕊着生于冠筒上与裂片互生；雌蕊由2个心皮组成，子房上位，一室，侧膜胎座；腺体或腺窝着生于子房基部或花冠上；蒴果2瓣裂。

1. 红花龙胆 *Gentiana rhodantha* Franch. ex Hemsl.（彩片 228）

多年生草本；具短缩根茎；茎直立，常带紫色；基生叶呈莲座状，渐狭呈短柄，边缘膜质浅波状；茎生叶边缘浅波状；叶脉下面明显，有时疏被毛；无柄或下部的叶具极短而扁平的柄，外面密被短毛或无毛，基部连合成短筒抱茎；花单生茎顶，无花梗；花萼膜质，有时微带紫色，萼筒脉梢突起具狭翅，裂片线状披针形，边缘有时疏生睫毛，弯缺圆形；花冠淡红色，上部有紫色纵纹，筒状，上部稍开展，裂片卵形或卵状三角形，先端钝或渐尖，褶宽三角形，比裂片稍短，先端具细长流苏；雄蕊着生于冠筒下部，花丝丝状，长短不等，花药椭圆形；子房椭圆形花柱丝状，柱头线状，2 裂；蒴果；花果期 10 月至翌年 2 月。

2. 滇龙胆草 *Gentiana rigescens* Franch. ex Hemsl.（彩片 229）

多年生草本；须根肉质；主茎粗壮；花枝基部木质化，上部草质，紫色或黄绿色，中空，近圆形；无莲座状叶丛；茎生叶多对，下部 2～4 对小，鳞片形；其余叶卵状矩圆形、倒卵形或卵形，叶柄边缘具乳突；花多数，簇生枝端呈头状，被包围于最上部的苞叶状的叶丛中，无花梗；花萼倒锥形，萼筒膜质，全缘不开裂，裂片绿色，不整齐，2 片大，具小尖头，基部狭缩成爪；花冠蓝紫色或蓝色，冠檐具多数深蓝色斑点，漏斗形或钟形，裂片宽三角形，先端具尾尖，全缘或下部边缘有细齿，褶偏斜，三角形，先端钝，全缘；雄蕊着生冠筒下部，整齐，花丝线状钻形，花药矩圆形；子房线状披针形，两端渐狭，花柱线形，柱头 2 裂，裂片外卷，线状；蒴果；花果期 8—12 月。

3. 大花花锚（变种）*Halenia elliptica* var. *grandiflora* Hemsl.（彩片 230）

一年生草本，高 15～60 cm；茎直立，四棱形，上部具分枝；基生叶椭圆形，先端圆形或急尖呈钝头，基部渐狭呈宽楔形，全缘，具宽扁的柄，叶脉 3 条；茎生叶卵形、椭圆形、长椭圆形或卵状披针形，先端圆钝或急尖，基部圆形或宽楔形，全缘，叶脉 5 条，无柄或茎下部叶具极短而宽扁的柄，抱茎；聚伞花序腋生和顶生；花 4 数，直径达 2.5 cm；花萼裂片椭圆形或卵形，具 3 脉；花冠蓝色或紫色，花冠筒长约 2 mm，裂片卵圆形或椭圆形，距长 5～6 mm，向外水平开展，稍向上弯曲；雄蕊内藏；子房卵形，花柱极短，柱头 2 裂；蒴果宽卵形；花果期 7—9 月。

4. 獐牙菜 *Swertia bimaculata*（Sieb. et Zucc.）Hook. f. et Thoms. ex C. B. Clarke（彩片 231）

一年生草本；茎直立，圆形，中空，中部以上分枝；基生叶在花期枯萎；茎生叶无柄或具短柄，叶片椭圆形至卵状披针形，叶脉 3～5 条，弧形；大型圆锥状复聚伞花序疏松，开展，多花；花萼绿色，常外卷；花冠黄色，上部具多数紫色小斑点，裂片椭圆形或长圆形，中部具 2 个黄绿色、半圆形的大腺斑；花丝线状，花药长圆形；子房无柄，披针形，花柱短，柱头小，头状，2 裂；蒴果无柄，狭卵形；花果期 6—11 月。

（五十五）萝藦科 Asclepiadaceae

主要识别特征：具有乳汁的多年生草本、藤本、直立或攀缘灌木；叶对生或轮生；叶柄顶端通常具有丛生的腺体；聚伞花序通常伞形，腋生或顶生；花两性，整齐，5 数；花萼筒短，裂片 5，双盖覆瓦状或镊合状排列，内面基部通常有腺体；花冠合瓣，辐状、坛状，顶端 5 裂片，裂片旋转、覆瓦状或镊合状排列；副花冠通常存在，生在花冠筒上或雄蕊背部或合蕊冠上；雄蕊 5，与雌蕊黏生成中心柱，称合蕊柱，花丝合生成为 1 个有蜜腺的筒，称合蕊冠，或花丝离生，药隔顶端通常具有阔卵形而内弯的膜片，每花药有花粉块 2 个或 4 个；

或花粉器通常为匙形，直立，其上部为载粉器，内藏有四合花粉；雌蕊 1，子房上位，由 2 个离生心皮所组成，花柱 2；蓇葖双生。

1. 西藏吊灯花 *Ceropegia pubescens* Wall.（彩片 232）

草质藤本；叶膜质，卵圆形，端部渐尖，基部近圆形并向叶柄下延，叶两面亮绿色，叶面被长柔毛，侧脉 5 对，展开，弧形上升，网脉多数，顶端有丛生腺体约 10 个，上面具深槽；聚伞花序腋生，比叶短，花序梗几无毛；花梗线状，具微柔毛；花萼无毛，深 5 裂，裂片披针形，顶端长渐尖；花冠黄色，膜质，基部椭圆状膨胀，裂片钻状披针形，端部内折而黏合；副花冠杯状，外轮扁平，顶端具刺毛，内轮具 5 个舌状片；雄蕊着生的副花冠为两轮，裂片比花药略为长，舌状，花药顶端无膜片；柱头扁平；蓇葖果线状披针形，向顶端渐窄；种子披针形；花期 7—9 月，果期 10—11 月。

2. 竹灵消 *Vincetoxicum inamoenum* Maxim.（彩片 233）

直立草本；根须状；茎干后中空，被单列柔毛；叶薄膜质，广卵形，顶端急尖，基部近心形，在脉上近无毛或仅被微毛，有边毛，侧脉约 5 对；伞形聚伞花序近顶部互生，花黄色，花萼裂片披针形，急尖，近无毛；花冠辐状，无毛，裂片卵状长圆形，钝头；副花冠较厚，裂片三角形，短急尖；花药在顶端具一圆形的膜片；花粉块每室 1 个，下垂，花粉块柄短，近平行，着粉腺近椭圆形；柱头扁平；蓇葖双生，狭披针形，向端部长渐尖；花期 5—7 月，果期 7—10 月。

3. 青羊参 *Cynanchum otophyllum* Schneid.（彩片 234）

多年生草质藤本，茎被两列毛；叶对生，膜质，卵状披针形，顶端长渐尖，基部深耳状心形，叶耳圆形，下垂，两面均被柔毛；伞形聚伞花序腋生，着花 20 余朵；花萼外面被微毛，基部内面有腺体 5 个；花冠白色，裂片长圆形；副花冠杯状，比合蕊冠略长，裂片中间有一小齿，或有褶皱或缺；花粉块每室 1 个，下垂；柱头顶端略为 2 裂；蓇葖双生或仅 1 枚发育，短披针形，外果皮有直条纹；花期 6—10 月，果期 8—11 月。

4. 华萝藦 *Metaplexis hemsleyana* Oliv.（彩片 235）

多年生草质藤本，具乳汁；枝条具单列短柔毛，节上更密；叶膜质，卵状心形，顶端急尖，基部心形，叶耳圆形，两面无毛；侧脉每边约 5 条，斜曲上升，叶缘前网结；总状式聚伞花序腋生，一至三歧，着花 6～16 朵；花白色，芳香；花蕾阔卵状，顶端钝或圆形；花萼裂片卵状披针形至长圆状披针形，急尖，与花冠等长；花冠近辐状，花冠筒短，裂片宽长圆形；副花冠环状，着生于合蕊冠基部，5 深裂；花粉块长圆形，下垂，花粉块柄短；心皮离生，胚珠每心皮多个；柱头延伸成一长喙，高出花药顶端膜片之上，顶端 2 裂；蓇葖双生，长圆形；花期 7—9 月，果期 9—12 月。

（五十六）茄科 Solanaceae

主要识别特征：多为草本，少为灌木或小乔木；花萼宿存，花冠轮状；雄蕊与花冠裂片同数而互生，着生于花冠基部，花药有时靠合或合生成管状而围绕花柱，花药常孔裂；子房通常由 2 枚心皮合生而成，中轴胎座；果实为多汁浆果或干浆果，或者为蒴果。

1. 白花曼陀罗 *Datura stramonium* L.（彩片 236）

草本或半灌木状；茎粗壮，圆柱状；叶广卵形，顶端渐尖，基部不对称楔形，边缘有不规则波状浅裂，裂片顶端急尖；花单生于枝杈间或叶腋，直立，有短梗；花萼筒状，筒部有 5 棱角，两棱间稍向内陷，基部稍膨大，顶端紧围花冠筒，5 浅裂，裂片三角形；花冠漏斗状，白色，檐部5浅裂，裂片有短尖头；雄蕊不伸出花冠；子房密生柔针毛；蒴果直立生，卵状，表面生有坚硬针刺或有时无刺而近平滑，成熟后淡黄色，规则4瓣裂；花期6—10月，果期7—11月。

2. 单花红丝线（原变种）*Lycianthes lysimachioides*（Wall.）Bitter var. *lysimachioides*（彩片237）

多年生草本；茎纤细，延长，基部常匍匐，从节上生出不定根；叶膜质，假双生，大小不相等或近相等，卵形、椭圆形至卵状披针形，先端渐尖，基部楔形下延到叶柄而形成窄翅；叶上面、下面被膜质、透明，具节，分散的单毛；侧脉每边4～5条，在两面均较明显；花序无柄，仅1朵花着生于叶腋内，花梗被白色透明分散的单毛，花萼杯状钟形，萼齿10枚，萼外面毛被与花梗的相似；花冠白色至浅黄色，星形，深5裂，裂片披针形，尖端稍反卷，并被稀疏而微小的缘毛；花冠筒长约1.5 mm，隐于萼内；雄蕊5枚，着生于花冠筒喉部；子房近球形，光滑，花柱纤细，长于雄蕊，先端弯或近直立，柱头增厚，头状。

3. 假酸浆 *Nicandra physalodes*（L.）Gaertn.（彩片238）

茎直立，有棱条，无毛，上部交互不等的二歧分枝；叶卵形或椭圆形，草质，顶端急尖或短渐尖，基部楔形，边缘有具圆缺的粗齿或浅裂，两面有稀疏毛；叶柄长为叶片长的1/4～1/3；花单生于枝腋而与叶对生，通常具较叶柄长的花梗，俯垂；花萼5深裂，裂片顶端尖锐，基部心脏状箭形，有2尖锐的耳片，果时包围果实；花冠钟状，浅蓝色，檐部有折襞5浅裂；浆果球状，黄色；种子淡褐色；花果期夏秋季。

4. 牛茄子 *Solanum capsicoides* Allioni（彩片239）

直立草本至亚灌木；除茎、枝外各部均被具节的纤毛，茎及小枝具淡黄色细直刺；叶阔卵形，先端短尖至渐尖，基部心形，5～7浅裂或半裂，裂片三角形或卵形，边缘浅波状，侧脉与裂片数相等，脉上均具直刺；聚伞花序腋外生，短而少花，单生或多至4朵，花梗纤细被直刺及纤毛；萼杯状，外面具细直刺及纤毛，先端5裂，裂片卵形；花冠白色，筒部隐于萼内，冠檐5裂，裂片披针形；药长为花丝长度的2.4倍，顶端延长，顶孔向上；子房球形，花柱长于花药而短于花冠裂片，柱头头状；浆果扁球状，初绿白色，成熟后橙红色。

（五十七）旋花科 Convolvulaceae

主要识别特征：多为缠绕草本，常具乳汁；单叶互生，螺旋排列，叶基常心形或戟形；花两性，美丽，整齐，5数，花冠漏斗状，雄蕊与花冠裂片等数互生，着生花冠管基部或中部稍下；子房上位，由2心皮组成，中轴胎座；通常为蒴果。

1. 马蹄金 *Dichondra micrantha* Urban（彩片240）

多年生匍匐小草本；茎细长，被灰色短柔毛，节着地可生出不定根；叶肾形或圆形，先端宽圆形或微缺，基部阔心形，全缘，形似马蹄；花单生叶腋，花柄短于叶柄，丝状；萼片倒卵状长圆形至匙形，钝，背面及边缘被毛；花冠钟状，黄色，深5裂，裂片长圆状披针形，无毛；雄蕊5，着生于花冠2裂片间弯缺处，花丝短，等长；子房被疏柔毛，2室，花柱2，柱头头状；蒴果近球形，膜质；种子，黄色至褐色，无毛；花期夏初。

2. 圆叶牵牛 *Ipomoea purpurea* Lam.（彩片241）

一年生缠绕草本；茎上被倒向的短柔毛，杂有倒向或开展的长硬毛；叶圆心形或宽卵状心形，通常全缘，两面被刚伏毛；花腋生，单一或2～5朵着生成伞形聚伞花序；萼片5，近等长，卵状披针形，外面均被开展的硬毛；花冠漏斗状，紫红色、红色或白色；雄蕊5，不伸出花冠外，雄蕊不等长，花丝基部被柔毛；雌蕊1，子房无毛，3室，每室2胚珠，柱头头状；蒴果近球形，3瓣裂。

3. 飞蛾藤（原变种）*Porana racemosa* Roxb. var. *racemosa*（彩片242）

攀缘灌木；茎缠绕，草质，圆柱形；叶卵形，先端渐尖或尾状，具钝或锐尖的尖头，基部深心形；两面极疏被紧贴疏柔毛，背面稍密，稀被短柔毛至茸毛；掌状脉基出，7～9条；圆锥花序腋生，苞片叶状，抱茎；萼片相等，线状披针形，通常被柔毛；花冠漏斗形，白色，管部带黄色，5裂至中部，裂片开展，长圆形；雄蕊内藏，花丝短于花药；子房无毛，花柱1，全缘，长于子房，柱头棒状，2裂；蒴果卵形。

（五十八）紫草科 Boraginaceae

主要识别特征：多数为草本，一般被有硬毛或刚毛；叶为单叶，互生；花序为聚伞花序或镰状聚伞花序；花两性，辐射对称；花萼具5个基部至中部合生的萼片，大多宿存；花冠筒状、钟状、漏斗状或高脚碟状，檐部具5裂片，喉部或筒部具或不具5个附属物；雄蕊5，着生花冠筒部；蜜腺在花冠筒内面基部环状排列，或在子房下的花盘上；雌蕊由2心皮组成；果实为含1～4粒种子的核果，或为子房4（～2）裂瓣形成的4（～2）个小坚果，常具各种附属物。

1. 倒提壶（原变种）*Cynoglossum amabile* Stapf et Drumm. var. *amabile*（彩片243）

多年生草本，高15～60 cm；茎单一或数条丛生，密生贴伏短柔毛；基生叶具长柄，长圆状披针形或披针形，两面密生短柔毛；茎生叶长圆形或披针形，无柄，侧脉极明显；花序锐角分枝，分枝紧密，向上直伸，集为圆锥状；花萼外面密生柔毛，裂片卵形或长圆形；花冠通常蓝色，裂片圆形，有明显的网脉，喉部具5个梯形附属物；花丝着生花冠筒中部，花药长圆形；花柱线状圆柱形，与花萼近等长或较短；小坚果卵形，密生锚状刺；花果期5—9月。

2. 小花琉璃草 *Cynoglossum lanceolatum* Forssk.（彩片244）

多年生草本，高20～90 cm；茎直立，由中部或下部分枝，密生基部具基盘的硬毛；基生叶及茎下部叶具柄，长圆状披针形，先端尖，基部渐狭，上面被具基盘的硬毛及稠密的伏毛，下面密生短柔毛；茎中部叶无柄或具短柄，披针形；花序顶生及腋生，分枝钝角叉状分开；花萼裂片卵形，先端钝，外面密生短伏毛，内面无毛；花冠淡蓝色，钟状，喉部有5个半月形附属物；花药卵圆形；花柱肥厚，四棱形；小坚果卵球形，背面突，密生长短不等的锚状刺；花果期4—9月。

（五十九）马鞭草科 Verbenaceae

主要识别特征：多为灌木或乔木；叶对生，单叶或掌状复叶；花序顶生或腋生，多数为聚伞、总状、穗状、伞房状聚伞或圆锥花序；花两性，左右对称；花萼宿存，杯状、钟状或管状，顶端有4～5齿或为截头状；花冠管圆柱形，管口裂为二唇形或略不相等的4～5裂；雄蕊4，着生于花冠管上；子房上位，通常为2心皮组成，全缘或微凹或4浅裂，通常2～4室，花柱顶生；果实为核果、蒴果或浆果状核果。

1. 老鸦糊（原变种）*Callicarpa giraldii* Hesse ex Rehd. var. *giraldii*（彩片245）

灌木；小枝圆柱形，灰黄色，被星状毛；叶片纸质，宽椭圆形至披针状长圆形，顶端渐尖，基部楔形或下延成狭楔形，边缘有锯齿，表面黄绿色，稍有微毛，背面淡绿色，疏被星状毛和细小黄色腺点，侧脉8～10对；聚伞花序宽2～3 cm，4～5次分歧，被星状毛；花萼钟状，疏被星状毛，老后常脱落，具黄色腺点，萼齿钝三角形；花冠紫色，稍有毛，具黄色腺点；雄蕊长约 6 mm，花药卵圆形，药隔具黄色腺点；子房被毛；果实球形，初时疏被星状毛，熟时无毛，紫色；花期 5—6 月，果期 7—11 月。

2. 臭牡丹（原变种）*Clerodendrum bungei* Steud. var. *bungei*（彩片 246）

灌木，植株有臭味；花序轴、叶柄密被褐色、黄褐色或紫色脱落性的柔毛；小枝近圆形，皮孔显著；叶片纸质，宽卵形或卵形，顶端尖或渐尖，基部宽楔形、截形或心形，边缘具粗或细锯齿，基部脉腋有数个盘状腺体；伞房状聚伞花序顶生，密集；苞片叶状，披针形或卵状披针形，早落或花时不落；花萼钟状，被短柔毛及少数盘状腺体，萼齿三角形或狭三角形；花冠淡红色、红色或紫红色，花冠管长 2～3 cm，裂片倒卵形；雄蕊及花柱均突出花冠外；花柱短于、等于或稍长于雄蕊；柱头 2 裂，子房 4 室；核果近球形，成熟时蓝黑色；花果期 5—11 月。

3. 海州常山 *Clerodendrum trichotomum* Thunb.（彩片 247）

灌木或小乔木；叶片纸质，卵形、卵状椭圆形或三角状卵形，顶端渐尖，基部宽楔形至截形，两面幼时被白色短柔毛，老时表面光滑无毛，背面仍被短柔毛或无毛，全缘或有时边缘具波状齿；伞房状聚伞花序顶生或腋生，通常二歧分枝，末次分枝着花 3 朵，苞片早落；花萼蕾时绿白色，后紫红色，有 5 棱脊，顶端 5 深裂，裂片三角状披针形或卵形，顶端尖，花香；花冠白色或带粉红色，花冠管细，顶端 5 裂，裂片长椭圆形；雄蕊 4，花丝与花柱同伸出花冠外；花柱较雄蕊短，柱头 2 裂；核果近球形，包藏于增大的宿萼内，成熟时外果皮蓝紫色；花果期 6—11 月。

4. 马鞭草 *Verbena officinalis* L.（彩片 248）

多年生草本；茎四方形，近基部可为圆形，节和棱上有硬毛；叶片卵圆形、倒卵形或长圆状披针形，基生叶边缘通常有粗锯齿和缺刻，茎生叶多数 3 深裂，裂片边缘有不整齐锯齿，两面均有硬毛；穗状花序顶生和腋生，花小，无柄，最初密集，结果时疏离，苞片稍短于花萼，具硬毛，花萼有硬毛，5 脉，脉间凹穴处质薄而色淡；花冠淡紫至蓝色，外面有微毛，裂片 5，雄蕊 4，着生于花冠管的中部，花丝短，子房无毛；果长圆形；花期 6—8 月，果期 7—10 月。

（六十）唇形科 Labiatae

主要识别特征：茎四棱，单叶对生；轮伞花序，二唇形花冠，二强雄蕊；子房上位，花柱一般着生于子房基部；4 个小坚果。

1. 藿香 *Agastache rugosa*（Fisch. et Mey.）O. Ktze.（彩片 249）

多年生草本；茎直立，四棱形；叶心状卵形至长圆状披针形，向上渐小，先端尾状长渐尖，基部心形，边缘具粗齿，纸质，上面橄榄绿色，近无毛，下面略淡，被微柔毛及点状腺体；轮伞花序多花，在主茎或侧枝上组成顶生密集的圆筒形穗状花序；轮伞花序具短梗，被腺微柔毛；花萼管状倒圆锥形，被腺微柔毛及黄色小腺体，多少染成浅紫色或紫红色，喉部微斜，萼齿三角状披针形；花冠淡紫蓝色，冠檐二唇形，上唇直伸，先端微缺，下唇 3 裂，中裂片较宽大，侧裂片半圆形；雄蕊伸出花冠；花柱与雄蕊近等长，先端相等的 2 裂；花盘厚环状；子房裂片顶部具茸毛；成熟小坚果卵状长圆形；花期 6—9 月，果期 9—11 月。

2. 风轮菜 *Clinopodium chinense*（Benth.）O. Ktze.（彩片 250）

多年生草本；茎基部匍匐生根，上部上升，多分枝，四棱形，密被短柔毛及腺微柔毛；

叶对生，密被疏柔毛，叶片卵圆形，边缘具圆齿状锯齿，坚纸质，上面密被平伏短硬毛，下面被疏柔毛。轮伞花序多花密集，半球状；苞叶叶状，向上渐小至苞片状，苞片针状；花萼狭管状，紫红色，外面沿脉上被疏柔毛及腺微柔毛，内面齿上被疏柔毛，上唇3齿，先端具硬尖，下唇2齿，齿稍长，先端芒尖；花冠紫红色，冠檐二唇形，外面被微柔毛，内面喉部具2列茸毛，上唇先端微缺，下唇3裂，中裂片稍大；雄蕊4，前对稍长，花药2室；柱头2浅裂，子房无毛，花盘平顶；小坚果倒卵形，黄褐色；花期5—8月，果期8—10月。

3. 野拔子 *Elsholtzia rugulosa* Hemsl.（彩片251）

半灌木；茎多分枝，枝钝四棱形，密被白色微柔毛；叶对生，叶柄纤细，密被白色微柔毛，叶片卵形、椭圆形至近菱状卵形，先端急尖或微钝，基部楔形，边缘具钝锯齿，近基部全缘，坚纸质，上面被粗硬毛，微皱，下面密被灰白色茸毛；穗状花序由具梗的轮伞花序所组成，着生于主茎及侧枝顶部；花序轴密被灰白色茸毛；花萼钟形，外面被灰色短柔毛，萼齿5；花冠白色或淡黄色，外面被柔毛，冠檐二唇形，上唇直立，先端微缺，下唇3裂，中裂片圆形，边缘啮蚀状，侧裂片短，半圆形；雄蕊4，前对较长，伸出；子房4裂，花柱超出雄蕊，先端2裂；小坚果长圆形，淡黄色，光滑无毛；花果期10—12月。

4. 益母草 *Leonurus japonicus* Houttuyn（彩片252）

一年生或二年生草本；茎直立，钝四棱形，被糙伏毛；叶对生，茎下部叶卵形，基部宽楔形，掌状3裂，裂片上再分裂；茎中部叶菱形，3全裂，裂片近披针形，中央裂片常再3裂，两侧裂片再1～2裂；最上部叶不分裂，线状，无柄；轮伞花序腋生，具花8～15朵；无花梗，花萼管状钟形，外面被微柔毛，齿5，宽三角形；花冠唇形，粉红色至淡紫红色，外面被柔毛，上唇长圆形，全缘，边缘具纤毛，下唇3裂，中裂片较大，倒心形，侧裂片卵圆形，细小；雄蕊4，二强，花丝丝状，疏被鳞状毛，花药卵圆形，2室；花柱丝状，柱头2浅裂，裂片钻形，子房褐色；小坚果长圆状三棱形；花期6—9月，果期9—10月。

5. 蜜蜂花 *Melissa axillaris*（Benth.）Bakh. F.（彩片253）

多年生草本；叶柄腹凹背凸，密被短柔毛，叶片卵圆形；轮伞花序少花或多花，在茎、枝叶腋内腋生，疏离；花萼钟形，13脉，二唇形，下唇与上唇近等长；花冠白色或淡红色，冠檐二唇形，上唇直立，先端微缺，下唇开展，3裂，中裂片较大；雄蕊4，前对较长，不伸出；花柱略超出雄蕊，先端相等2浅裂，裂片外卷；花盘浅盘状，4裂；小坚果卵圆形；花果期6—11月。

6. 紫苏（原变种）*Perilla frutescens*（L.）Britt. var. *frutescens*（彩片254）

一年生草本，茎绿色或紫色，钝四棱形，密被长柔毛；叶对生；叶柄紫红色或绿色，被长柔毛；叶片阔卵形或圆形，边缘在基部以上有粗锯齿，两面绿色或紫色，被毛；轮伞花序，由2花组成偏向一侧成假总状花序，花序密被长柔毛；苞片宽卵圆形或近圆形，外被红褐色腺点，无毛，边缘膜质；花萼钟形，二唇形，下部被长柔毛及黄色腺点，顶端5齿，结果时增大，基部呈囊状；花冠唇形，白色或紫红色，外面略被微柔毛，上唇微缺，下唇3裂，裂片近圆形；雄蕊4，二强，着生于花冠筒内中部；雌蕊1，子房4裂，柱头2浅裂，花盘前方呈指状膨大；小坚果近球形，灰褐色；花期8—12月，果期8—12月。

7. 夏枯草 *Prunella vulgaris* L.（彩片255）

多年生草本；茎上升，下部伏地，自基部多分枝，钝四棱形，具浅槽，紫红色，被稀疏的糙毛或近无毛；叶对生，叶片卵状长圆形或圆形，大小不等，先端钝，基部圆形、截形至宽楔形，下延至叶柄成狭翅；轮伞花序密集排列成顶生的假穗状花序；花萼钟状，二唇形，上唇扁平，有3个不明显的短齿，中齿宽大，下唇2裂，裂片披针形，果时花萼由于下唇2齿斜伸而闭合；花冠紫色、蓝紫色或红紫色，下唇中裂片宽大，边缘具流苏状小裂片；雄蕊4，二强，花丝先端2裂，1裂片能育具花药，花药2室，室极叉开；子房无毛；坚果，黄褐色，长圆状卵形；花期4—6月，果期7—10月。

8. 穗花香科科（原变种）*Teucrium japonicum* Willd. var. *japonicum*（彩片256）

多年生草本，具匍匐茎；茎不分枝或分枝，四棱形，具明显的四槽，平滑无毛；叶片卵圆状长圆形至卵圆状披针形，先端急尖或短渐尖，基部心形、近心形或平截，边缘为带重齿的锯齿或圆齿，除叶柄及叶下面中肋的基部偶见疏生的短柔毛外，余部均无毛；假穗状花序生于主茎及上部分枝的顶端，主茎上者由于下部有短的侧生花序因而俨如圆锥花序，由极密接、有时交错而不整齐的具2花的轮伞花序组成；花萼钟形，10脉，齿5；花冠白色或淡红色，冠筒长为花冠的1/4，不伸出于花萼，唇片与冠筒在一条直线上，中裂片极发达，菱状倒卵形，外倾，长几达唇片的1/2，侧裂片卵状长圆形；雄蕊稍短于唇片；花柱与雄蕊等长；花盘小，盘状；子房圆球形，4裂；小坚果倒卵形；期7—9月。

（六十一）车前科 Plantaginaceae

主要识别特征：一年生、二年生或多年生草本；茎通常变态成紧缩的根茎；叶螺旋状互生，莲座状，单叶，叶柄基部常扩大成鞘状；穗状花序狭圆柱状、圆柱状至头状；花小，两性；花萼4裂，前对萼片与后对萼片常不相等；花冠干膜质，白色、淡黄色或淡褐色，高脚碟状或筒状，筒部合生，檐部（3～）4裂，辐射对称；雄蕊4；雌蕊由背腹向2心皮合生而成，子房上位，2室，中轴胎座；果通常为周裂的蒴果。

大车前 *Plantago major* L.（彩片257）

二年生或多年生草本；根茎粗短，叶基生呈莲座状，平卧、斜展或直立；叶片草质、薄纸质或纸质，宽卵形至宽椭圆形，先端钝尖或急尖，边缘波状、疏生不规则齿或近全缘，两面疏生短柔毛或近无毛；花序1至数个，花序梗直立或弓曲上升，有纵条纹，被短柔毛或柔毛；穗状花序细圆柱状，基部常间断；花无梗；花萼长1.5～2.5 mm，萼片先端圆形，前对萼片椭圆形至宽椭圆形，后对萼片宽椭圆形至近圆形；花冠白色，冠筒等长或略长于萼片，裂片披针形至狭卵形；雄蕊着生于冠筒内面近基部，与花柱明显外伸；蒴果近球形、卵球形或宽椭圆球形；花期6—8月，果期7—9月。

（六十二）醉鱼草科 Buddlejaceae

主要识别特征：多为灌木；植株通常被腺毛、星状毛或叉状毛；枝条通常对生，圆柱形或四棱形，棱上通常具窄翅；单叶对生，托叶着生在两叶柄基部之间，呈叶状、耳状或半圆形，或退化成线状的托叶痕；花多朵组成圆锥状、穗状、总状或头状的聚伞花序；花4数；花萼钟状，外面通常密被星状毛；花冠高脚碟状或钟状，内面通常被星状毛；雄蕊着生于花冠管内壁上，与花冠裂片互生；子房2室，中轴胎座；蒴果，室间开裂或浆果。

1. 白背枫 *Buddleja asiatica* Lour.（彩片258）

直立灌木或小乔木；嫩枝条四棱形，老枝条圆柱形；幼枝、叶下面、叶柄和花序均密被灰色或淡黄色星状茸毛；叶对生，叶片膜质至纸质，狭椭圆形、披针形或长披针形，全缘或有小锯齿；总状花序窄而长，由多个小聚伞花序组成，单生或者3至数个聚生于枝顶或上部叶腋内，再排列成圆锥花序；花萼钟状或圆筒状，花萼裂片三角形；花冠芳香，白色，花冠管圆筒状，直立，花冠裂片近圆形；雄蕊着生于花冠管喉部，花丝极短，花药长圆形；子房卵形或长卵形，花柱短，柱头头状，2 裂；蒴果椭圆状；种子灰褐色，椭圆形；花期 1—10 月，果期 3—12 月。

2. 大叶醉鱼草 *Buddleja davidii* Franch.（彩片 259）

灌木；小枝外展而下弯，略呈四棱形，幼枝、叶片下面、叶柄和花序均密被灰白色星状短茸毛；叶对生；叶柄间具有 2 枚卵形或半圆形的托叶，叶片卵状披针形至披针形，先端长渐尖，基部楔形，边缘具细锯齿，上面深绿色，被疏星状短柔毛。总状圆锥花序直立或下垂；花萼钟状，具茸毛，裂片披针形；花冠淡紫色，细而直，管状，花冠裂片近圆形，外面疏生星状毛及鳞片，喉部为橙黄色，芳香；雄蕊 4 枚；子房 2 室，无毛，柱头棒状；蒴果狭椭圆形或狭卵形，2 瓣裂；花期 5—10 月，果期 9—12 月。

（六十三）玄参科 Scrophulariaceae

主要识别特征：草本、灌木；叶互生，下部对生而上部互生，或全对生，或轮生；花序总状、穗状或聚伞状，常合成圆锥花序；花常不整齐；萼下位，常宿存，5 基数；花冠 5 裂，裂片多少不等或作二唇形；雄蕊常 4 枚，而有 1 枚退化；花盘环状、杯状或小而似腺；子房 2 室；果为蒴果，少有浆果状。

1. 鞭打绣球 *Hemiphragma heterophyllum* Wall.（彩片 260）

多年生铺散匍匐草本，全体被短柔毛；茎纤细，多分枝，节上生根；叶 2 型；主茎上的叶对生，叶柄短，叶片圆形，心形至肾形；分枝上的叶簇生，稠密，针形，长 3～5 mm，有时枝顶端的叶稍扩大为条状披针形；花单生叶腋，近于无梗；花萼裂片 5 近于相等，三角状狭披针形；花冠白色至玫瑰色，辐射对称，长约 6 mm，花冠裂片 5，圆形至矩圆形，近于相等，大而开展；雄蕊 4，内藏；花柱长约 1 mm，柱头小，不增大，钻状或 2 叉裂；果实卵球形，红色，近于肉质，有光泽；花期 4—6 月，果期 6—8 月。

2. 长蔓通泉草 *Mazus longipes* Bonati（彩片 261）

多年生低矮草本，高不超过 10 cm，全体无毛或近于无毛；茎有花茎与匍匐茎，花茎矮而直立，匍匐茎蔓长而不育，节疏远，节间长达（3）5 cm；基生叶多数，近莲座状，倒卵形，近肉质，顶端钝，基部渐窄成有窄翅的长柄，与叶片等长或更长，边全缘或具波状齿，匍匐茎上的叶对生，具长柄，约与叶片等长，近圆形，较基生叶稍小；总状花序，有花 3～6 朵；花萼钟状，萼齿长为萼全长的 2/5，卵状披针形，急尖，脉不明显；花冠白色或淡紫色，上唇裂片条状三角形或半圆形，顶端钝，下唇裂片近圆形，中裂较小，稍突出；子房无毛；蒴果卵状球形；花期 3—5 月。

3. 拉氏马先蒿 *Pedicularis labordei* Vant. ex Bonati（彩片 262）

多年生草本；茎多分枝，被毛；叶互生或亚对生，叶片长圆形，羽状深裂或全裂，被毛，常有白色肤屑状或糠秕状物，裂片卵状披针形至三角状卵形，自身再作羽状半裂或有缺刻状重锯齿；花序亚头状，生于茎枝之端；花梗细长，被有长毛，苞片叶状；萼 5 半裂，脉上密生长柔毛，裂片团扇形而有锯齿；花冠紫红色，花管长于萼管，无毛，下唇基部心脏形，侧裂片肾脏形，中裂片宽卵形圆头，其基部两侧有两条褶襞通至喉部，盔基部直立，作膝盖状屈曲而成为含有雄蕊的部分，背线平，额部高凸，额下突然细缩成为指向前下方的喙，其脉纹显著向左扭旋；雄蕊花丝着生长毛；柱头自喙端伸出；蒴果狭卵形而斜，大部为宿萼所包；花期 7—9 月。

4. 光叶蝴蝶草 *Torenia glabra* Osbeck（彩片 263）

匍匐或多少直立草本，节上生根；分枝多，长而纤细；叶片三角状卵形、长卵形或卵圆形，边缘具带短尖的圆锯齿；基部突然收缩，多少截形或宽楔形，无毛或疏被柔毛，花具长 0.5～2 cm 之梗，单朵腋生或顶生，抑或排列成伞形花序；萼具 5 枚宽略超过 1 mm 而多少下延之翅；萼齿 2 枚，长三角形，先端渐尖，果期开裂成 5 枚小尖齿；花冠长 1.5～2.5 cm，其超出萼齿的部分长 4～10 mm，紫红色或蓝紫色；前方一对花丝各具 1 枚长 1～2 mm 之线状附属物；花果期 5 月至次年 1 月。

5. 婆婆纳 *Veronica polita* Fries（彩片 264）

铺散多分枝草本，多少被长柔毛；叶仅 2～4 对，具短柄，叶片心形至卵形，每边有2～4个深刻的钝齿，两面被白色长柔毛；总状花序很长；苞片叶状，下部的对生或全部互生；花梗比苞片略短；花萼裂片卵形，顶端急尖，果期稍增大，三出脉，疏被短硬毛；花冠淡紫色、蓝色、粉色或白色，裂片圆形至卵形；雄蕊比花冠短；蒴果近于肾形，密被腺毛，略短于花萼，凹口约为 90°角，裂片顶端圆，脉不明显，宿存的花柱与凹口齐或略过之；花期 3—10 月。

6. 疏花婆婆纳 *Veronica laxa* Benth.（彩片 265）

草本，全体被白色多细胞柔毛；茎直立或上升，不分枝；叶无柄或具极短的叶柄，叶片卵形或卵状三角形，边缘具深刻的粗锯齿，多为重锯齿；总状花序单生或成对，侧生于茎中上部叶腋，长而花疏离；苞片宽条形或倒披针形；花梗比苞片短得多；花萼裂片条状长椭圆形；花冠辐状，紫色或蓝色，裂片圆形至菱状卵形；雄蕊与花冠近等长；蒴果倒心形，基部楔状浑圆；花期 6 月。

（六十四）苦苣苔科 Gesneriaceae

主要识别特征：多年生草本，常具根状茎、块茎或匍匐茎；叶为单叶，对生或轮生，或基生成簇；花序通常为双花聚伞花序（有 2 朵顶生花），或为单歧聚伞花序；花两性，通常左右对称；花萼（4～）5 全裂或深裂，辐射对称；花冠紫色、白色或黄色，辐状或钟状，檐部（4～）5 裂，多少二唇形；雄蕊 4～5，与花冠筒多少愈合，通常有 1 或 3 枚退化；花盘位于花冠及雌蕊之间，环状或杯状，或由 1～5 个腺体组成；雌蕊由 2 枚心皮构成，子房上位、半下位或完全下位，长圆形、线状、卵球形或球形，一室；果实线状、长圆形、椭圆球形或近球形，通常为蒴果，或为浆果。

1. 珊瑚苣苔 *Corallodiscus lanuginosus*（Wallich ex R. Brown）B. L. Burtt（彩片 266）

多年生草本；叶全部基生，莲座状；叶片革质，卵形，长圆形，顶端圆形，基部楔形，边缘具细圆齿，上面平展，疏被淡褐色长柔毛至近无毛，下面多为紫红色，侧脉每边约 4 条，上面疏被淡褐色长柔毛，下面密被锈色绵毛；聚伞花序 2～3 次分枝，1～5 条，每花序具 3～10 朵花；花序梗与花梗疏生淡褐色长柔毛至无毛；花萼 5 裂至近基部，裂片长圆形至长圆状披针形，外面疏被柔毛至无毛；花冠筒状，淡紫色、紫蓝色，外面无毛，内面下唇一侧具髯毛和斑纹；上唇 2 裂，裂片半圆形，下唇 3 裂，裂片宽卵形至卵形；雄蕊 4 枚，花药长圆形，药室汇合，基部极叉开；退化雄蕊长约 1 mm，着生于距花冠基部 2 mm 处；花盘高约 0.5 mm；雌蕊无毛，子房长圆形；蒴果线状；花期 6 月，果期 8 月。

2. 吊石苣苔 *Lysionotus pauciflorus* Maxim.（彩片 267）

小灌木；叶 3 片轮生，有时对生或 4 片轮生，叶片革质，形状变化大，线状、线状倒披针形、狭长圆形或倒卵状长圆形，顶端急尖或钝，基部钝、宽楔形或近圆形，边缘在中部以上或上部有少数齿或小齿，两面无毛，中脉上面下陷，侧脉每侧3～5条，不明显；花序有1～2（～5）朵花；花序梗纤细，无毛；花萼多裂达或近基部，无毛或疏被短伏毛；裂片狭三角形或线状三角形；花冠白色带淡紫色条纹或淡紫色，无毛；上唇2浅裂，下唇3裂；雄蕊无毛，花丝狭线状；退化雄蕊3枚，无毛，侧生的狭线状，弧状弯曲；花盘杯状，有尖齿；雌蕊无毛；蒴果线状；花期7—10月。

（六十五）紫葳科 Bignoniaceae

主要识别特征：乔木、灌木或木质藤本；叶对生、互生或轮生，单叶或羽状复叶，叶柄基部或脉腋处常有腺体；花两性，左右对称，通常大而美丽，组成顶生、腋生的聚伞花序、圆锥花序或总状花序或总状式簇生；花萼钟状、筒状，平截，或具2～5齿，或具钻状腺齿；花冠合瓣，钟状或漏斗状，常二唇形，5裂；能育雄蕊通常4枚，着生于花冠筒上；花盘环状，肉质；子房上位，中轴胎座或侧膜胎座，花柱丝状，柱头2唇形；蒴果，通常下垂。

1. 灰楸（原变型）*Catalpa fargesii* Bur. f. *fargesii*（彩片268）

乔木，高达25 m；幼枝、花序、叶柄均有分枝毛；叶厚纸质，卵形或三角状心形，顶端渐尖，基部截形或微心形，侧脉4～5对，基部有3出脉，叶幼时表面微有分枝毛，背面较密，以后变无毛；顶生伞房状总状花序，有花7～15朵；花萼2裂近基部，裂片卵圆形；花冠淡红色至淡紫色，内面具紫色斑点，钟状；雄蕊2，内藏，退化雄蕊3枚，花丝着生于花冠基部；花柱丝形，细长，柱头2裂；子房2室，胚珠多数；蒴果细圆柱形，下垂，果爿革质，2裂；花期3—5月，果期6—11月。

2. 梓 *Catalpa ovata* G. Don（彩片269）

乔木，高达15 m，嫩枝具稀疏柔毛；叶对生或近于对生，有时轮生，阔卵形，长宽近相等，顶端渐尖，基部心形，全缘或浅波状，常3浅裂，叶片上面及下面均粗糙，微被柔毛或近于无毛，侧脉4～6对，基部掌状脉5～7条；顶生圆锥花序；花萼蕾时圆球形，2唇开裂；花冠钟状，淡黄色，内面具2黄色条纹及紫色斑点；能育雄蕊2，花丝插生于花冠筒上，花药叉开；退化雄蕊3；子房上位，棒状，花柱丝形，柱头2裂；蒴果线状，下垂，长20～30 cm；种子长椭圆形，两端具有平展的长毛。

3. 毛子草 *Incarvillea arguta*（Royle）Royle（彩片270）

多年生具茎草本，分枝；叶互生，一回羽状复叶，不聚生于茎基部；小叶5～11片，卵状披针形，顶端长渐尖，基部阔楔形，两侧不等大，边缘具锯齿，上面深绿色，疏被微硬毛，下面淡绿色，无毛；顶生总状花序，有花6～20朵；苞片钻形；花萼钟状，萼齿5，钻形，基部近三角形；花冠淡红色、紫红色或粉红色，钟状长漏斗形，花冠筒基部紧缩成细筒，裂片半圆形；雄蕊4枚，2强，着生于花冠筒近基部，不外伸，花药成对连着，“丁”字形着生；花柱细长，柱头舌状，极薄，2裂，子房细圆柱形；蒴果线状圆柱形，革质；种子细小，多数，长椭圆形，两端尖，被丝状种毛；花期3—7月，果期9—12月。

（六十六）桔梗科 Campanulaceae

主要识别特征：一年生草本或多年生草本，多数种类具乳汁管，分泌乳汁；叶为单叶，多互生；花常常集成聚伞花序，或集成圆锥花序，或缩成头状花序，有时花单生；花两性，多5数，辐射对称或两侧对称；花萼5裂，筒部与子房贴生，5全裂，常宿存；花冠为合瓣，浅裂或深裂至基部而成为5个花瓣状的裂片，整齐；雄蕊5枚，花丝基部常扩大成片状；子房下位，或半上位，中轴胎座，花柱单一，常在柱头下有毛；果通常为蒴果，少为浆果。

1. 杏叶沙参 *Adenophora petiolata* subsp. *hunanensis*（Nannfeldt）D. Y. Hong & S. Ge（彩片271）

茎高 60～120 cm，不分枝；茎生叶至少下部的具柄，叶片卵圆形，卵形至卵状披针形，基部常楔状渐尖，沿叶柄下延，顶端急尖至渐尖，边缘具疏齿，两面或疏或密地被短硬毛；花序分枝长，几乎平展或弓曲向上，常组成大而疏散的圆锥花序；花梗极短而粗壮，花序轴和花梗有短毛或近无毛；花萼常有或疏或密的白色短毛，筒部倒圆锥状，裂片卵形至长卵形，基部通常彼此重叠；花冠钟状，蓝色、紫色或蓝紫色，裂片三角状卵形，为花冠长的 1/3；花盘短筒状，顶端被毛或无毛，花柱与花冠近等长；蒴果球状椭圆形，或近于卵状；种子椭圆状，有一条棱；花期 7—9 月。

2 西南风铃草 *Campanula pallida* Wallich（彩片 272）

多年生草本；茎单生，上升或直立，被开展的硬毛；茎下部的叶有带翅的柄，上部的无柄，椭圆形，菱状椭圆形或矩圆形，顶端急尖或钝，边缘有疏锯齿或近全缘，上面被贴伏刚毛，下面仅叶脉有刚毛或密被硬毛；花下垂，顶生于主茎及分枝上，有时组成聚伞花序；花萼筒部倒圆锥状，被粗刚毛，裂片三角形至三角状钻形，全缘或有细齿，背面仅脉上有刚毛或全面被刚毛；花冠紫色或蓝紫色或蓝色，管状钟形，分裂达 1/3～1/2；花柱长不及花冠长的 2/3，内藏于花冠筒内；蒴果倒圆锥状；种子矩圆状，稍扁；花期 5—9 月。

3. 管花党参 *Codonopsis tubulosa* Kom.（彩片 273）

多年生草本；根不分枝或中部以下略有分枝，表面灰黄色；茎不缠绕，蔓生，主茎明显，有分枝，侧枝及小枝具叶；叶对生或在茎顶部趋于互生；叶片卵形、卵状披针形或狭卵形，顶端急尖或钝，叶基楔形或较圆钝，边缘具浅波状锯齿或近于全缘，上面绿色，疏生短柔毛，下面灰绿色，通常被或密或疏的短柔毛；花顶生，花梗短，被柔毛；花萼贴生至子房中部，筒部半球状，密被长柔毛，裂片阔卵形，顶端钝，边缘有波状疏齿，内侧无毛，外侧疏生柔毛及缘毛；花冠管状，黄绿色，全部近于光滑无毛，浅裂，裂片三角形，顶端尖，花丝被毛，基部微扩大，花药龙骨状；蒴果下部半球状，上部圆锥状；花果期 7—10 月。

4. 西南山梗菜 *Lobelia sequinii* Lévl. et Van.（彩片 274）

半灌木状草本；茎多分枝，无毛；叶纸质，螺旋状排列，下部的长矩圆形，具长柄，中部以上的披针形，先端长渐尖，基部渐狭，边缘有重锯齿或锯齿，两面无毛；总状花序生主茎和分枝的顶端，花较密集，偏向花序轴一侧；花萼筒倒卵状矩圆形至倒锥状，无毛，裂片披针状条形，全缘，无毛；花冠紫红色、紫蓝色或淡蓝色，内面喉部以下密生柔毛，上唇裂片长条形，上升或平展，下唇裂片披针形，外展；雄蕊连合成筒，花丝筒约与花冠筒等长，除基部外无毛，花药基部有数丛短毛，背部无毛，下方 2 枚花药顶端生笔毛状髯毛；蒴果矩圆状，无毛，因果梗向后弓曲而倒垂；种子矩圆状，表面有蜂窝状纹饰；花果期 8—10 月。

5. 铜锤玉带草 *Lobelia nummularia* Lam.（彩片 275）

多年生草本，有白色乳汁；茎平卧，被开展的柔毛，不分枝或在基部右长或短的分枝，节上生根；叶互生，叶片圆卵形、心形或卵形，先端钝圆或急尖，基部斜心形，边缘有齿，两面疏生短柔毛，叶脉掌状至掌状羽脉，叶柄生开展短柔毛；花单生叶腋，花梗无毛；花冠紫红色、淡紫色、绿色或黄白色，花冠筒外面无毛，内面生柔毛，檐部二唇形，裂片 5 片，上唇 2 裂片条状披针形，下唇裂片披针形；雄蕊在花丝中部以上连合，花丝筒无毛，花药背部生柔毛，下方 2 枚花药顶端生髯毛；果为浆果，紫红色，椭圆状球形。

（六十七）茜草科 Rubiaceae

主要识别特征：乔木、灌木或草本；叶对生或轮生，全缘，托叶 2；萼通常 4～5 裂，有时其中 1 或几个裂片明显增大成叶状，其色白或艳丽；花冠合瓣，管状、漏斗状、高脚碟状或辐状，通常 4～5 裂；雄蕊与花冠裂片同数而互生，着生在花冠管的内壁上；雌蕊通常由 2 心皮组成，合生，子房下位；浆果、蒴果或核果，或干燥而不开裂，或为分果。

1. 长节耳草 *Hedyotis uncinella* Hook. et Arn.（彩片 276）

直立多年生草本；除花冠喉部和萼檐裂片外，全部无毛；茎通常单生，粗壮，四棱柱形；节间距离长；叶对生，纸质，具柄或近无柄，卵状长圆形或长圆状披针形，顶端渐尖，基部渐狭或下延；花序顶生和腋生，密集成头状，无总花梗；花 4 数，无花梗或具极短的梗；萼管近球形，萼檐裂片长圆状披针形，顶端钝，无毛或具小缘毛；花冠白色或紫色，喉部被茸毛，花冠裂片长圆状披针形，比管短，顶端近短尖；雄蕊生于冠管喉部，花丝极短，花药内藏，线状，两端截平；柱头 2 裂，裂片近椭圆形，粗糙；蒴果阔卵形，顶部平，成熟时开裂为 2 个果爿，果爿腹部直裂；花期 4—6 月。

2. 臭味新耳草 *Neanotis ingrate*（Wall. ex Hook. f.）Lewis（彩片 277）

多年生草本，全株有臭味；茎有明显的直棱或槽，少分枝或不分枝，直立或下部卧地；叶卵状披针形，顶端渐尖，基部渐狭，边具缘毛，两面均被疏柔毛，干后常常变黑色；托叶顶部分裂为数条刚毛状，具缘毛；花序顶生或近顶生，为多歧聚伞花序，有总花梗；花无梗或具短梗，萼檐裂片外反，长于萼管，披针形，边具缘毛；花冠白色，裂片长圆形，顶端钝；雄蕊和花柱均伸出冠管外。蒴果近扁球状，通常无毛，每室有种子数粒；花期 6—9 月。

3. 鸡矢藤 *Paederia scandens*（Lour.）Merr.（彩片 278）

藤本，无毛或近无毛；叶对生，纸质或近革质，形状变化很大，卵形、卵状长圆形至披针形，顶端急尖或渐尖，基部楔形或近圆形或截平形，有时浅心形，两面无毛或近无毛，有时下面脉腋内有束毛；圆锥花序式的聚伞花序腋生和顶生，扩展，分枝对生，末次分枝上着生的花常呈蝎尾状排列；花具短梗或无；萼管陀螺形，萼檐裂片 5 片，裂片三角形；花冠浅紫色，外面被粉末状柔毛，里面被茸毛，顶部 5 裂，顶端急尖而直；花药背着，花丝长短不齐；果球形，成熟时近黄色，有光泽，平滑，顶冠以宿存的萼檐裂片和花盘；小坚果无翅，浅黑色；花期 5—7 月。

（六十八）忍冬科 Caprifoliaceae

主要识别特征：灌木或木质藤本；叶对生；聚伞或轮伞花序，或由聚伞花序集合成伞房式或圆锥式复花序，有时因聚伞花序中央的花退化而仅具 2 朵花，排成总状或穗状花序；花两性；萼筒贴生于子房，萼裂片或萼齿 5～4（～2）枚；花冠合瓣，辐状、钟状、筒状、高脚碟状或漏斗状，裂片 5～4（～3）枚；雄蕊 5 枚，或 4 枚而二强，着生于花冠筒；子房下位，中轴胎座；果实为浆果、核果或蒴果。

1. 鬼吹箫（原变种）*Leycesteria formosa* Wall. var. *formosa*（彩片 279）

灌木，全体常被或疏或密的暗红色短腺毛；小枝、叶柄、花序梗、苞片和萼齿均被弯伏短柔毛；叶纸质，卵状披针形、卵状矩圆形至卵形，先端长尾尖、渐尖或短尖，基部圆形至近心形或阔楔形，边常全缘，上面被短糙毛，中脉毛较密，下面疏生弯伏短柔毛或近无毛；穗状花序顶生或腋生，每节具 6 朵花，具 3 朵花的聚伞花序对生；苞片叶状，绿色、带紫色或紫红色，每轮 6 枚，最下面一对较大，阔卵形、卵形至披针形；萼筒矩圆形，密生糙毛和短腺毛，萼檐深 5 裂；花冠白色或粉红色，漏斗状，外面被短柔毛，裂片圆卵形，筒外面基部具 5 个膨大成近圆形的囊肿，囊内密生淡黄褐色蜜腺；雄蕊约与花冠等长；子房 5 室；果实由红色变黑紫色，卵圆形或近圆形；花期（5—）6—9（—10）月，果熟期（8—）9—10 月。

2. 忍冬 *Lonicera japonica* Thunb.（彩片 280）

半常绿藤本；幼枝橘红褐色，密被黄褐色、开展的硬直糙毛、腺毛和短柔毛；叶纸质，卵形至矩圆状卵形，顶端尖或渐尖，基部圆或近心形，有糙缘毛，小枝上部叶通常两面均密被短糙毛；总花梗通常单生于小枝上部叶腋，密被短柔毛，并夹杂腺毛；萼筒无毛，萼齿卵状三角形或长三角形，顶端尖而有长毛，外面和边缘都有密毛；花冠白色，有时基部向阳面呈微红色，后变黄色，唇形，筒稍长于唇瓣，外被多少倒生的开展或半开展糙毛和长腺毛，上唇裂片顶端钝形，下唇带状而反曲；雄蕊和花柱均高出花冠；果实圆形，熟时蓝黑色，有光泽；花期 4—6 月（秋季亦常开花），果熟期 10—11 月。

3. 接骨草 *Sambucus javanica* Blume（彩片 281）

高大草本或半灌木；羽状复叶的托叶叶状或有时退化成蓝色的腺体；小叶 2～3 对，互生或对生，狭卵形，先端长渐尖，基部钝圆，两侧不等，边缘具细锯齿，近基部或中部以下边缘常有 1 或数枚腺齿；顶生小叶卵形或倒卵形，基部楔形，有时与第一对小叶相连；复伞形花序顶生，大而疏散，总花梗基部托以叶状总苞片，分枝 3～5 出，纤细，被黄色疏柔毛；杯形不孕性花不脱落，可孕性花小；萼筒杯状，萼齿三角形；花冠白色，仅基部连合；花药黄色或紫色；子房 3 室，花柱极短或几无，柱头 3 裂；果实红色，近圆形；花期 4—5 月，果熟期 8—9 月。

4. 金佛山荚蒾 *Viburnum chinshanense* Graebn.（彩片 282）

灌木，高达 5 m；幼叶下面、叶柄和花序均被由灰白色或黄白色簇状毛组成的茸毛；叶纸质至厚纸质，披针状矩圆形或狭矩圆形，顶端稍尖或钝形，基部圆形或微心形，全缘；聚伞花序直径 4～6（～8）cm；萼筒矩圆状卵圆形，萼齿宽卵形，顶钝圆，疏生簇状毛；花冠白色，辐状，外面疏被簇状毛，裂片圆卵形或近圆形；雄蕊略高出花冠，花药宽椭圆形；花柱略高出萼齿或几等长，红色；果实先红色后变黑色，长圆状卵圆形；核甚扁；花期 4—5 月（有时秋季也开花），果熟期 7 月。

5. 水红木 *Viburnum cylindricum* Buch.-Ham. ex D. Don（彩片 283）

常绿灌木或小乔木；枝带红色或灰褐色，散生小皮孔；叶革质，椭圆形至矩圆形或卵状矩圆形，顶端渐尖或急渐尖，基部渐狭至圆形，全缘或中上部疏生少数钝或尖的不整齐浅齿，通常无；聚伞花序伞形式，顶圆形，无毛或散生簇状微毛，连同萼和花冠有时被微细鳞腺；萼筒卵圆形或倒圆锥形，有微小腺点，萼齿极小而不显著；花冠白色或有红晕，钟状，有微细鳞腺，裂片圆卵形，直立；花药紫色，矩圆形；果实先红色后变蓝黑色，卵圆形；核卵圆形，扁；花期 6—10 月，果熟期 10—12 月。

6. 珍珠荚蒾 *Viburnum foetidum* Wall. var. *ceanothoides*（C. H. Wright）Hand.-Mazz.（彩片 284）

植株直立或攀缘状；枝披散，侧生小枝较短；叶较密，倒卵状椭圆形至倒卵形，长 2～5 cm，顶端急尖或圆形，基部楔形，边缘中部以上具少数不规则、圆或钝的粗齿或缺刻，很少近全缘，下面常散生棕色腺点，脉腋集聚簇状毛，侧脉 2～3 对；总花梗长 1～2.5（～

8) cm；花期 4—6（—10）月，果熟期 9—12 月。

（六十九）败酱科 Valerianaceae

主要识别特征：二年生或多年生草本，根茎或根常有气味；茎直立，常中空；叶对生或基生，通常一回奇数羽状分裂，基生叶与茎生叶、茎上部叶与下部叶常不同形；花序为聚伞花序组成的顶生密集或开展的伞房花序、复伞房花序或圆锥花序；花小，两性，常稍左右对称；花萼小，萼筒贴生于子房，萼齿小，宿存；花冠钟状或狭漏斗形，黄色、淡黄色、白色、粉红色或淡紫色，冠筒基部一侧囊肿，裂片 3～5，稍不等形；雄蕊 3 或 4；子房下位，3 室，仅 1 室发育；果为瘦果，顶端具宿存萼齿，并贴生于果时增大的膜质苞片上，呈翅果状。

1. 攀倒甑（原亚种）*Patrinia villosa*（Thunb.）Juss. subsp. *villosa*（彩片 285）

多年生草本；茎密被白色倒生粗毛或仅沿二叶柄相连的侧面具纵列倒生短粗伏毛；基生叶丛生，叶片卵形、宽卵形或卵状披针形至长圆状披针形，先端渐尖，边缘具粗钝齿，基部楔形下延，不分裂或大头羽状深裂，常有 1～2（有 3～4）对生裂片；茎生叶对生，与基生叶同形，或菱状卵形，先端尾状渐尖或渐尖，基部楔形下延，边缘具粗齿，上部叶较窄小，常不分裂，上面均鲜绿色或浓绿色，背面绿白色，两面被糙伏毛或近无毛；由聚伞花序组成顶生圆锥花序或伞房花序，分枝达 5～6 级，花序梗密被长粗糙毛或仅二纵列粗糙毛；花萼小，萼齿浅波状或浅钝裂状，被短糙毛；花冠钟形，白色，5 深裂，裂片不等形，冠筒常比裂片稍长，内面有长柔毛，筒基部一侧稍囊肿；雄蕊 4 枚，伸出；子房下位，花柱较雄蕊稍短；瘦果倒卵形，与宿存增大苞片贴生；花期 8—10 月，果期 9—11 月。

2. 蜘蛛香 *Valeriana jatamansi* Jones（彩片 286）

多年生草本；根茎粗厚，块柱状，节密，有浓烈香味；基生叶发达，叶片心状圆形至卵状心形，叶柄长为叶片的 2～3 倍；茎生叶不发达，每茎 2 对，有时 3 对，下部的心状圆形，近无柄，上部的常羽裂；聚伞花序顶生；花白色或微红色，杂性；雌花小，长 1.5 mm，不育花药着生在极短的花丝上，位于花冠喉部；雌蕊伸长于花冠之外，柱头深 3 裂；两性花较大，长 3～4 mm，雌雄蕊与花冠等长；瘦果长卵形，两面被毛；花期 5—7 月，果期 6—9 月。

（七十）菊科 Compositae

主要识别特征：草本，叶常互生，头状花序，花萼常变态为鳞片状、刺毛状或毛状；花冠合生，聚药雄蕊，子房下位；瘦果顶端带冠毛或鳞片。

1. 白花鬼针草 *Bidens pilosa* L. var. *radiata* Sch.-Bip.（彩片 287）

一年生草本，茎直立，钝四棱形；茎下部叶较小，3 裂或不分裂，通常在开花前枯萎，中部叶三出，小叶 3 枚，很少为具 5（～7）小叶的羽状复叶，两侧小叶椭圆形或卵状椭圆形，边缘有锯齿，顶生小叶较大，长椭圆形或卵状长圆形，边缘有锯齿；上部叶小，3 裂或不分裂，条状披针形；头状花序有花序梗；总苞基部被短柔毛，苞片 7～8 枚，条状匙形；头状花序边缘具舌状花 5～7 枚，舌片椭圆状倒卵形，白色；盘花筒状；瘦果黑色，条形，略扁，具棱，上部具稀疏瘤状突起及刚毛，顶端芒刺 3～4 枚，具倒刺毛。

2. 丝毛飞廉 *Carduus crispus* L.（彩片 288）

二年生或多年生草本；茎直立，有条棱；下部茎叶为椭圆形、长椭圆形或倒披针形，羽状深裂或半裂；中部茎叶与下部茎叶同形并等样分裂，但渐小；最上部茎叶线状倒披针形或宽线状；全部茎叶两面明显异色，两侧沿茎下延成茎翼；茎翼边缘齿裂，上部或接头状花序下部的茎翼常为针刺状；头状花序，花序梗极短，通常3～5个集生于分枝顶端或茎端，或头状花序单生分枝顶端，形成不明显的伞房花序；总苞卵圆形，总苞片多层，覆瓦状排列，向内层渐长；最外层长三角形，中内层苞片钻状长三角形或钻状披针形或披针形，最内层苞片线状披针形，中外层顶端针刺状短渐尖或尖头，最内层及近最内层顶端长渐尖，无针刺；小花红色或紫色，檐部长8 mm，5深裂，裂片线状；瘦果稍压扁，楔状椭圆形；冠毛多层，白色或污白色，不等长，向内层渐长；花果期4—10月。

3. 蓟 *Cirsium japonicum* Fisch. ex DC.（彩片289）

多年生草本；茎直立，全部茎枝有条棱，被稠密或稀疏的多细胞长节毛，接头状花序下部灰白色，被稠密茸毛及多细胞节毛；基生叶较大，全形卵形、长倒卵形、椭圆形或长椭圆形，羽状深裂或几全裂，基部渐狭成短或长翼柄，柄翼边缘有针刺及刺齿；侧裂片6～12对，中部侧裂片较大，向下及向下的侧裂片渐小，边缘有稀疏大小不等小锯齿，或锯齿较大而使整个叶片呈现较为明显的二回状分裂状态，齿顶针刺长可达6 mm；全部茎叶两面同色，绿色，两面沿脉有稀疏的多细胞长或短节毛或几无毛；头状花序直立，少有下垂的，少有头状花序单生茎端的；总苞钟状，总苞片约6层，覆瓦状排列，向内层渐长，外层与中层卵状三角形至长三角形，顶端长渐尖，有长1～2 mm的针刺；内层披针形或线状披针形，顶端渐尖呈软针刺状；瘦果压扁，偏斜楔状倒披针状；小花红色或紫色；冠毛浅褐色，多层，基部联合成环，整体脱落；冠毛刚毛长羽毛状；花果期4—11月。

4. 鱼眼草 *Dichrocephala integrifolia*（Linnaeus f.）Kuntze（彩片290）

一年生草本，直立或铺散；茎枝被白色长或短茸毛，上部及接花序处的毛较密；叶卵形、椭圆形或披针形，大头羽裂，顶裂片宽大，基部渐狭成具翅的长或短柄；自中部向上或向下的叶渐小同形；基部叶通常不裂，常卵形，全部叶边缘重粗锯齿或缺刻状，少有规则圆锯齿的，叶两面被稀疏的短柔毛，下面沿脉的毛较密；中下部叶的叶腋通常有不发育的叶簇或小枝；叶簇或小枝被较密的茸毛；头状花序小，球形，生枝端，多数头状花序在枝端或茎顶排列成疏松或紧密的伞房状花序或伞房状圆锥花序；花序梗纤细；总苞片1～2层；外围雌花多层，紫色，花冠极细，顶端通常2齿；中央两性花黄绿色，少数，管部短，狭细，檐部长钟状，顶端4～5齿；瘦果压扁，倒披针形，边缘脉状加厚；无冠毛，或两性花瘦果顶端有1～2个细毛状冠毛；花果期全年。

5. 异叶泽兰 *Eupatorium heterophyllum* DC.（彩片291）

多年生草本；茎枝直立，淡褐色或紫红色；上部花序分枝伞房状，全部茎枝被白色或污白色短柔毛，花序分枝及花梗上的毛较密，中下部花期脱毛或疏毛；叶对生，中部茎叶较大，三全裂、深裂、浅裂或半裂，中裂片大，长椭圆形或披针形，侧裂片与中裂片同形但较小；或中部或全部茎叶不分裂，长圆形、长椭圆状披针形或卵形；全部叶两面被稠密的黄色腺点；头状花序多数，在茎枝顶端排成复伞房花序；总苞钟状，总苞片覆瓦状排列，3层；花白色或微带红色，花冠长约5 mm，外面被稀疏黄色腺点；瘦果黑褐色，长椭圆状，散布黄色腺体，无毛；冠毛白色；花果期4—10月。

6. 白头婆（原变种）*Eupatorium japonicum* Thunb. var. *japonicum*（彩片292）

多年生草本，高50～200 cm；茎直立，下部或至中部或全部淡紫红色，通常不分枝，或仅上部有伞房状花序分枝，全部茎枝被白色皱波状短柔毛；叶对生，中部茎叶椭圆形或长椭圆形或卵状长椭圆形或披针形，羽状脉，侧脉约7对；自中部向上及向下部的叶渐小，与茎中部叶同形；全部茎叶两面粗涩，被皱波状长或短柔毛及黄色腺点，下面、下面沿脉及叶柄上的毛较密，边缘有粗或重粗锯齿；头状花序在茎顶或枝端排成紧密的伞房花序；总苞钟状，含5个小花；总苞片覆瓦状排列，3层，全部苞片绿色或带紫红色；花白色或带红紫色或粉红色，花冠外面有较稠密的黄色腺点；瘦果淡黑褐色，椭圆状，5棱，被多数黄色腺点；冠毛白色；花果期6—11月。

7. 牛膝菊 *Galinsoga parviflora* Cav.（彩片293）

一年生草本；茎纤细，全部茎枝被疏散或上部稠密的贴伏短柔毛和少量腺毛；叶对生，卵形或长椭圆状卵形，基部圆形、宽或狭楔形，顶端渐尖或钝，基出三脉或不明显五出脉；向上及花序下部的叶渐小，通常披针形；全部茎叶两面粗涩，被白色稀疏贴伏的短柔毛，沿脉和叶柄上的毛较密，边缘浅或钝锯齿或波状浅锯齿，在花序下部的叶有时全缘或近全缘；头状花序半球形，有长花梗，多数在茎枝顶端排成疏松的伞房花序；总苞半球形或宽钟状；总苞片1～2层；舌状花4～5朵，舌片白色，顶端3齿裂，筒部细管状，外面被稠密白色短柔毛；管状花花冠黄色，下部被稠密的白色短柔毛；瘦果三棱或中央的瘦果4～5棱，黑色或黑褐色，常压扁，被白色微毛；舌状花冠毛毛状，脱落；管状花冠毛膜片状，白色，披针形，边缘流苏状，固结于冠毛环上；花果期7—10月。

8. 水朝阳旋覆花 *Inula helianthus-aquatica* C. Y. Wu ex Ling（彩片294）

多年生草本；茎直立，高30～80 cm，基部被薄柔毛，顶部被较密的毛，上部有多少开展的伞房状长分枝或短花序枝；叶卵圆状披针形或披针形，下部叶常渐狭成柄状；中部以上叶无柄，基部圆形或楔形，或有小耳，半抱茎，边缘有细密的尖锯齿，下面有黄色腺点，脉上有短柔毛；头状花序单生于茎端或枝端，总苞半球形，总苞片多层；舌状花较总苞长2～3倍，舌片黄色，线状；管状花花冠长3 mm，有披针形裂片；冠毛污白色，较管状花花冠稍短，有10个或稍多的微糙毛；瘦果圆柱形，有10条深沟；花期6—10月，果期9—10月。

9. 匍枝千里光 *Senecio filifer* Franchet（彩片295）

多年生具匍匐枝根状茎草本；茎单生，直立，不分枝有疏柔毛；基生叶在花期生存，具柄，提琴形或通常多少大头羽状，顶生裂片大，长圆状披针形，侧生裂片2～3对，极小，卵状三角形至长圆形；叶柄上部常多少具翅，基部扩大但无耳；中部茎叶长圆状披针形，无柄或有具宽翅的叶柄，顶端钝，边缘有粗齿；上部叶渐小，无柄，披针形或线状披针形，渐尖，基部有圆形的耳；最上部叶较狭，长渐尖或尾状；头状花序有舌状花，多数，排列成顶生简单或复杂的、多少近伞形状伞房花序；总苞狭钟状，总苞片13，线状；舌状花5，舌片黄色，长圆形，顶端有3细齿，具4脉；管状花11～13，花冠黄色，檐部漏斗状，裂片长圆状披针形；花药长基部有钝耳，附片卵状披针形；花药颈部较小，向基部略膨大；花柱顶端截形，有乳头状毛；瘦果圆柱形；冠毛白色；花期5—8月。

10. 菊状千里光 *Jacobaea analoga*（Candolle）Veldkamp（彩片296）

多年生近葶状草本，具茎叶；茎单生，直立；基生叶和最下部茎叶具柄，卵状椭圆形、卵状披针形至倒披针形，不分裂或大头羽状分裂，侧裂片1～4对，上面无毛，下面有疏蛛丝状毛至无毛，侧脉8～9对；叶柄基部扩大；中部茎叶全形长圆形或倒披针状长圆形，大头羽状浅裂或羽状浅裂；上部叶渐小，长圆状披针形或长圆状线形，具粗羽状齿；头状花序有舌状花，排列成顶生伞房花序或复伞房花序；总苞钟状，苞片8～10，线状钻形，总苞片10～13；舌状花10～13，舌片黄色，上端具3细齿，有4脉；管状花多数，花冠黄色，檐部漏斗状，裂片卵状三角形；花柱分枝长 1 mm，顶端截形，有乳头状毛；瘦果圆柱形；冠毛长约 4 mm，污白色，禾秆色或稀淡红色；花期 4—11 月。

11. 千里光 *Senecio scandens* Buch.-Ham. ex D. Don（彩片 297）

多年生攀缘草本；茎伸长，弯曲，多分枝，被柔毛或无毛；叶片卵状披针形至长三角形，顶端渐尖，基部宽楔形、截形、戟形或稀心形，通常具浅或深齿，两面被短柔毛至无毛，上部叶变小，披针形或线状披针形，长渐尖；头状花序有舌状花，多数，在茎枝端排列成顶生复聚伞圆锥花序，分枝和花序梗被密至疏短柔毛；总苞圆柱状钟形，具外层苞片；苞片约 8，线状钻形；总苞片 12～13，线状披针形，渐尖；舌状花 8～10；舌片黄色，长圆形，具 4 脉；管状花多数，花冠黄色，檐部漏斗状，裂片卵状长圆形；花药基部有钝耳；耳长约为花药颈部 1/7；附片卵状披针形；花药颈部伸长，向基部略膨大；花柱顶端截形，有乳头状毛；瘦果圆柱形，被柔毛；冠毛白色。

12. 蒲儿根 *Sinosenecio oldhamianus*（Maxim.）B. Nord.（彩片 298）

多年生或二年生茎叶草本；茎单生，不分枝，被白色蛛丝状毛及疏长柔毛，或多少脱毛至近无毛；基部叶在花期凋落，具长叶柄；下部茎叶具柄，叶片卵状圆形或近圆形，顶端尖或渐尖，基部心形，边缘具浅至深重齿或重锯齿，上面绿色，被疏蛛丝状毛至近无毛，下面被白蛛丝状毛，掌状 5 脉；叶柄被白色蛛丝状毛，基部稍扩大；上部叶渐小，叶片卵形或卵状三角形，基部楔形，具短柄；最上部叶卵形或卵状披针形；头状花序多数排列成顶生复伞房状花序；总苞宽钟状，总苞片约 13，1 层，紫色，外面被白色蛛丝状毛或短柔毛至无毛；舌状花约 13，舌片黄色，长圆形，具 3 细齿，4 条脉；管状花多数，花冠黄色，裂片卵状长圆形；花药长圆形，基部钝，附片卵状长圆形；花柱分枝外弯；瘦果圆柱形，舌状花瘦果无毛，管状花被短柔毛，管状花冠毛白色；冠毛在舌状花缺；花期 1—12 月。

13. 蒲公英 *Taraxacum mongolicum* Hand.-Mazz.（彩片 299）

多年生草本；根圆柱状，粗壮；叶倒卵状披针形、倒披针形或长圆状披针形，先端钝或急尖，边缘有时具波状齿或羽状深裂，有时倒向羽状深裂或大头羽状深裂，顶端裂片较大，三角形或三角状戟形，每侧裂片 3～5 片，裂片三角形或三角状披针形，通常具齿，裂片间常夹生小齿，基部渐狭成叶柄；花葶 1 至数个，与叶等长或稍长，上部紫红色，密被蛛丝状白色长柔毛；头状花序直径 30～40 mm；总苞钟状，总苞片 2～3 层；舌状花黄色，舌片长约 8 mm，宽约 1.5 mm，边缘花舌片背面具紫红色条纹；花药和柱头暗绿色；瘦果倒卵状披针形，暗褐色，上部具小刺，下部具成行排列的小瘤；冠毛白色，长约 6 mm；花期 4—9 月，果期 5—10 月。

（七十一）泽泻科 Alismataceae

主要识别特征：多年生，沼生或水生草本；具根状茎、匍匐茎、球茎、珠芽；叶基生，直立，挺水、浮水或沉水；叶片条形、披针形、卵形、椭圆形、箭形等；叶柄长短随水位深浅有明显变化，基部具鞘；花序总状、圆锥状或呈圆锥状聚伞花序；花两性、单性或杂性，辐射对称；花被片 6 枚，排成 2 轮；雄蕊 6 枚或多数；心皮多数，轮生，或螺旋状排列，分离；瘦果两侧压扁，或为小坚果。

野慈姑（原变种）*Sagittaria trifolia* L. var. *trifolia*（彩片 300）

多年生水生或沼生草本；挺水叶箭形，通常顶裂片短于侧裂片；叶柄基部渐宽，鞘状，边缘膜质；花葶直立，挺水，通常粗壮；花序总状或圆锥状，具分枝 1～2 枚，具花多轮，每轮2～3花；花单性；花被片反折，外轮花被片椭圆形或广卵形，内轮花被片白色或淡黄色，基部收缩；雌花通常1～3轮，花梗短粗，心皮多数，两侧压扁，花柱自腹侧斜上；雄花多轮，雄蕊多数，花药黄色，花丝长短不一，通常外轮短，向里渐长；瘦果两侧压扁，倒卵形，具翅；花果期5—10月。

（七十二）天南星科 Araceae

主要识别特征： 草本植物，具块茎或伸长的根茎；叶单1或少数，通常基生，叶柄基部或一部分鞘状；叶片全缘时多为箭形、戟形，或掌状、鸟足状、羽状或放射状分裂；花小或微小，常极臭，排列为肉穗花序；花序外面有佛焰苞包围；果为浆果。

1. 石菖蒲 *Acorus tatarinowii* Schott（彩片301）

多年生草本；根茎芳香，外部淡褐色，根肉质，具多数须根，根茎上部分枝甚密，植株因而成丛生状，分枝常被纤维状宿存叶基；叶无柄，叶片薄，基部两侧膜质叶鞘上延几达叶片中部，渐狭，脱落；叶片暗绿色，线状，基部对折，中部以上平展，先端渐狭，无中肋，平行脉多数，稍隆起；花序柄腋生三棱形；叶状佛焰苞为肉穗花序长的2～5倍或更长，稀近等长；肉穗花序圆柱状，上部渐尖，直立或稍弯；花白色；幼果绿色，成熟时黄绿色或黄白色；花果期2—6月。

2. 一把伞南星 *Arisaema erubescens*（Wall.）Schott（彩片302）

块茎扁球形，直径可达6 cm；叶1，叶柄长40～80 cm，中部以下具鞘；叶片放射状分裂，裂片无定数，多年生植株有多至20枚的，常1枚上举，余放射状平展，披针形、长圆形至椭圆形，无柄；花序柄比叶柄短，直立；佛焰苞绿色，背面有清晰的白色条纹，或淡紫色至深紫色而无条纹，管部圆筒形；喉部边缘截形或稍外卷；檐部通常颜色较深，三角状卵形至长圆状卵形；肉穗花序单性，雄花序长2～2.5 cm，花密；雌花序长约2 cm，粗6～7 mm；各附属器棒状、圆柱形，中部稍膨大或否，直立，先端钝，光滑，基部渐狭；雄花序的附属器下部光滑或有少数中性花；雌花序上的具多数中性花；雄花具短柄，淡绿色、紫色至暗褐色，雄蕊2～4；雌花子房卵圆形，柱头无柄；果序柄下弯或直立，浆果红色；花期5—7月，果9月成熟。

3. 象头花 *Arisaema franchetianum* Engl.（彩片303）

块茎扁球形，颈部生多数圆柱状肉质根，周围有多数肉红色小球茎；叶1片，肉红色；幼株叶片轮廓心状箭形，全缘，腰部稍狭缩，两侧基部近圆形；成年植株叶片绿色，背淡，近革质，3全裂，中裂片卵形，宽椭圆形或近倒卵形，侧裂片偏斜，椭圆形，外侧宽几为内侧的2倍，比中裂片小，基部楔形，均全缘；花序柄短于叶柄，肉红色，花期直立，果期下弯180°；佛焰苞污紫色、深紫色，具白色或绿白色宽条纹；檐部下弯成盔状，渐尖，有线状尾尖，下垂；肉穗花序单性，雄花序紫色，长圆锥形，花疏，雄花具粗短的柄，药室球形，顶孔开裂，附属器绿紫色；雌花序圆柱形，花密，子房绿紫色，顶部扁平，近五角形，下部棱状楔形，柱头明显凸起，胚珠2枚；浆果绿色；花期5—7月，果9—10月成熟。

4. 天南星 *Arisaema heterophyllum* Blume（彩片304）

块茎扁球形，直径2～4 cm；叶常单1，叶柄圆柱形，粉绿色，长30～50 cm，下部3/4鞘筒状；叶片鸟足状分裂，裂片13～19，倒披针形、长圆形、线状长圆形；中裂片无柄或具长15 mm的短柄，比侧裂片几短1/2；侧裂片向外渐小，排列成蝎尾状；花序柄长30～55 cm，从叶柄鞘筒内抽出；佛焰苞管部圆柱，粉绿色，内面绿白色，喉部截形，外缘稍外卷；檐部卵形或卵状披针形，下弯几成盔状；肉穗花序两性和雄花序单性；两性花序下部雌花序长1～2.2 cm，上部雄花序长1.5～3.2 cm，此中雄花疏，大部分不育，有的退化为钻形中性花；单性雄花序长3～5 cm，粗3～5 mm；浆果黄红色、红色，圆柱形；花期4—5月，果期7—9月。

5. 花南星 *Arisaema lobatum* Engl.（彩片305）

块茎近球形，直径1～4 cm；叶1或2，叶柄长17～35 cm，下部1/2～2/3具鞘，黄绿色，有紫色斑块，形如花蛇；叶片3全裂，中裂片具1.5～5 cm长的柄，长圆形或椭圆形，基部狭楔形或钝；侧裂片无柄，极不对称，长圆形，外侧宽为内侧的2倍，下部1/3具宽耳；花序柄与叶柄近等长，常较短；佛焰苞外面淡紫色，管部漏斗状，喉部无耳，斜截形；檐部披针形，狭渐尖，深紫色或绿色，下弯或垂立；肉穗花序单性，雄花序长1.5～2.5 cm，花疏；雌花序圆柱形或近球形，长1～2 cm；各附属器具长6 mm的细柄，基部截形，向中部稍收缩，向上又增粗为棒状，先端钝圆，直立；雄花具短柄，花药2～3，药室卵圆形，青紫色，顶孔纵裂；子房倒卵圆形；浆果，有种子3枚；花期4—7月，果期8—9月。

6. 芋 *Colocasia esculenta*（L.）Schott（彩片306）

湿生草本；块茎通常卵形，常生多数小球茎，均富含淀粉；叶2～3片或更多；叶柄长于叶片，绿色，叶片卵状，先端短尖或短渐尖，侧脉4对，斜伸达叶缘，后裂片浑圆，合生长度达1/3～1/2，弯缺较钝，基脉相交成30°角，外侧脉2～3条，内侧1～2条，不显；花序柄常单生，短于叶柄；佛焰苞长短不一，管部绿色，长卵形；檐部披针形或椭圆形，展开成舟状，边缘内卷，淡黄色至绿白色；肉穗花序短于佛焰苞；雌花序长圆锥状；中性花序细圆柱状；雄花序圆柱形，顶端骤狭；附属器钻形；花期2—4月。

（七十三）鸭跖草科 Commelinaceae

主要识别特征：一年生或多年生草本，茎有明显的节和节间；叶互生，有明显的叶鞘；叶鞘开口或闭合；花通常在蝎尾状聚伞花序上，聚伞花序单生或集成圆锥花序；花两性，萼片3枚，常为舟状或龙骨状；花瓣3枚，分离；雄蕊6枚，全育或仅2～3枚能育而有1～3枚退化雄蕊，花丝有念珠状长毛或无毛；子房3室；果实大多为室背开裂的蒴果，稀为浆果状而不裂。

1. 鸭跖草 *Commelina communis* L.（彩片307）

一年生披散草本；茎匍匐生根，多分枝，下部无毛，上部被短毛；叶披针形至卵状披针形；总苞片佛焰苞状，有柄，与叶对生，折叠状，展开后为心形，顶端短急尖，基部心形，边缘常有硬毛；花梗果期弯曲；萼片膜质，内面2片常靠近或合生；花瓣深蓝色；内面2枚具爪；蒴果椭圆形，2室，2爿裂，有种子4颗。

2. 竹叶吉祥草 *Spatholirion longifolium*（Gagnep.）Dunn（彩片308）

多年生缠绕草本，全体近无毛或被柔毛；根须状，数条，粗壮；叶具叶柄；叶片披针形至卵状披针形，顶端渐尖；圆锥花序；总苞片卵圆形；花无梗；萼片草质；花瓣紫色或白色，略短于萼片；蒴果卵状三棱形，顶端有芒状突尖，每室有种子6～8颗；种子酱黑色；花期6—8月，果期7—9月。

3. 竹叶子（模式亚种）*Streptolirion volubile* subsp. *volubile*（彩片309）

多年生攀缘草本，极少茎近于直立；茎常无毛；叶片心状圆形，有时心状卵形，顶端常尾尖，基部深心形，上面多少被柔毛；蝎尾状聚伞花序有花1至数朵，集成圆锥状，圆锥花序下面的总苞片叶状，上部的小而卵状披针形；花无梗；萼片顶端急尖；花瓣白色、淡紫色而后变白色，线状，略比萼长；蒴果顶端有芒状凸尖；种子褐灰色；花期7—8月，果期9—10月。

（七十四）莎草科 Cyperaceae

主要识别特征：多年生草本，茎常三棱形，实心；叶常三列，叶鞘闭合；花被退化，小穗组成各种花序，小坚果。

1. 风车草 *Cyperus involucratus* Rottboll（彩片310）

根状茎短，粗大，须根坚硬；秆稍粗壮，高30～150 cm，近圆柱状，无叶片；叶鞘棕色，包裹秆的基部；苞片20枚，条形，较花序长约2倍，宽2～11 mm，辐射平展展开；多次复出长侧枝聚伞花序，具多数第一次辐射枝；每个第一次辐射枝具4～10个第二次辐射枝，小穗密集于第二次辐射枝顶端，椭圆形或长圆状披针形，压扁，具6～26朵花；小穗轴不具翅；鳞片呈紧密的覆瓦状排列，膜质，卵形，苍白色，具锈色斑点，或为黄褐色；雄蕊3，花药线状，顶端具刚毛状附属物；花柱短，柱头3；小坚果椭圆形，近于三棱形，长为鳞片的1/3，褐色。

2. 短叶水蜈蚣 *Kyllinga brevifolia* Rottb.（彩片311）

根状茎长而匍匐，具多数节间，每一节上长一秆；秆成列地散生，细弱，扁三棱形，平滑，基部不膨大，具4～5个圆筒状叶鞘，最下面2个叶鞘常为干膜质，棕色，鞘口斜截形，顶端渐尖，上面2～3个叶鞘顶端具叶片；叶柔弱，短于或稍长于秆，平张，上部边缘和背面中肋上具细刺；叶状苞片3枚，极展开，后期常向下反折；穗状花序单个，极少2或3个，球形或卵球形，具极多数密生的小穗；小穗长圆状披针形或披针形，压扁，具1朵花；鳞片膜质，下面鳞片短于上面的鳞片，白色，具锈斑，少为麦秆黄色，背面的龙骨状突起绿色，具刺，顶端延伸成外弯的短尖，脉5～7条；雄蕊1～3个，花药线状；花柱细长，柱头2，长不及花柱的1/2；小坚果倒卵状长圆形，扁双凸状，表面具密的细点；花果期5—9月。

（七十五）禾本科 Gramineae

主要识别特征：秆圆柱形，节间常中空；叶2列，叶鞘边缘分离而覆盖；由小穗组成各种花序；颖果。

1. 狗牙根 *Cynodon dactylon*（L.）Pers.（彩片312）

低矮草本，具根茎；秆细而坚韧，下部匍匐地面蔓延甚长，节上常生不定根，秆壁厚，光滑无毛，有时略两侧压扁；叶鞘微具脊，无毛或有疏柔毛，鞘口常具柔毛；叶舌仅为一轮纤毛；叶片线状，通常两面无毛；穗状花序之小穗灰绿色或带紫色，仅含1小花；颖具1脉，背部成脊而边缘膜质；外稃舟形，具3脉，背部明显成脊，脊上被柔毛；内稃与外稃近等长，具2脉；鳞被上缘近截平；花药淡紫色，子房无毛，柱头紫红色；颖果长圆柱形；花果期5—10月。

2. 五节芒 *Miscanthus floridulus*（Lab.）Warb. ex Schum. et Laut.（彩片313）

多年生草本；具根状茎，秆高大；叶片线状披针形，扁平，基部渐窄或呈圆形，顶端长渐尖，中脉粗壮隆起，边缘粗糙；圆锥花序大型，延伸达花序的2/3以上；小穗卵状披针形，黄色，基盘具较长于小穗的丝状柔毛；二颖近等长，第一颖顶端渐尖或有2微齿，侧脉内折呈2脊，上部及边缘粗糙；第二颖具3脉，中脉呈脊，粗糙，边缘具短纤毛；第一外稃长圆状披针形，顶端钝圆，边缘具纤毛；第二外稃卵状披针形，顶端尖或具2微齿，伸直或下部稍扭曲；内稃微小；雄蕊3枚，花药橘黄色；花柱极短，柱头紫黑色，自小穗中部之两侧伸出；花果期5—10月。

3. 狗尾草 *Setaria viridis*（L.）Beauv.（彩片 314）

一年生草本；秆直立或基部膝曲；叶片扁平，长三角状狭披针形或线状披针形，先端长渐尖或渐尖，基部钝圆形，边缘粗糙；圆锥花序紧密，呈圆柱状或基部稍疏离，主轴被较长柔毛，刚毛粗糙，通常绿色；小穗 2～5 个簇生于主轴上或更多的小穗着生在短小枝上，椭圆形，先端钝；第一颖卵形、宽卵形，长约为小穗的 1/3，先端钝或稍尖，具 3 脉；第二颖几与小穗等长，椭圆形，具 5～7 脉；第一外稃与小穗等长，具 5～7 脉，先端钝，其内稃短小狭窄；第二外稃椭圆形，顶端钝，具细点状皱纹，边缘内卷，狭窄；鳞被楔形，顶端微凹；花柱基分离；颖果灰白色；花果期 5—10 月。

（七十六）百合科 Liliaceae

主要识别特征：多年生草本，通常具根状茎、块茎或鳞茎；叶基生或茎生，后者多为互生，较少为对生或轮生；花两性，通常辐射对称；花被片 6，一般为花冠状；雄蕊通常与花被片同数，花丝离生或贴生于花被筒上；心皮合生或不同程度的离生；子房上位，一般 3 室，中轴胎座；果实为蒴果或浆果。

1. 狭瓣肺筋草 *Aletris stenoloba* Franch.（彩片 315）

植株具多数须根；叶簇生，条形，两面无毛；花葶高 30～80 cm，有毛，中下部有几枚长苞片状叶；总状花序长 7～35 cm，疏生多花；苞片 2 枚，披针形，位于花梗的上端，短于花；花梗极短；花被白色，有毛，分裂到中部或中部以下；裂片条状披针形，开展，膜质；雄蕊着生于花被裂片的基部，花丝下部贴生于花被裂片上，上部分离，花药球形，短于花丝；子房卵形，长 2.5～3 mm；蒴果卵形，无棱角，有毛；花果期 5—7 月。

2. 多星韭 *Allium wallichii* Kunth（彩片 316）

鳞茎圆柱状，具稍粗的根；鳞茎外皮黄褐色，片状破裂或呈纤维状，有时近网状，内皮膜质，仅顶端破裂；叶狭条形至宽条形，具明显的中脉；花葶三棱状柱形，具 3 条纵棱，下部被叶鞘；伞形花序扇状至半球状，具多数疏散或密集的花；小花梗近等长，比花被片长 2～4 倍，基部无小苞片；花红色、紫红色、紫色至黑紫色，星芒状开展；花被片矩圆形至狭矩圆状椭圆形，花后反折，先端钝或凹缺；花丝等长，锥形，比花被片略短或近等长，基部合生并与花被片贴生；子房倒卵状球形，具 3 条圆棱，基部不具凹陷的蜜穴，花柱比子房长；花果期 7—9 月。

3. 羊齿天门冬 *Asparagus filicinus* D. Don（彩片 317）

直立草本，通常高 50～70 cm；根成簇，从基部开始或在距基部几厘米处成纺锤状膨大；茎近平滑，分枝通常有棱；叶状枝每 5～8 枚成簇，扁平，镰刀状，长 3～15 mm，宽 0.8～2 mm，有中脉；鳞片状叶基部无刺；花每 1～2 朵腋生，淡绿色；花梗纤细，关节位于近中部；雄花花被长约 2.5 mm，花丝不贴生于花被片上；花药卵形，长约 0.8 mm；雌花和雄花近等大或略小；浆果直径 5～6 mm；花期 5—7 月，果期 8—9 月。

4. 大百合 *Cardiocrinum giganteum*（Wall.）Makino（彩片 318）

小鳞茎卵形，高 3.5～4 cm，直径 1.2～2 cm；茎直立，中空；叶纸质，网状脉；基生叶卵状心形或近宽矩圆状心形，茎生叶卵状心形，向上渐小，靠近花序的几枚为船形；总状花序有花 10～16 朵；花狭喇叭形，白色，里面具淡紫红色条纹；花被片条状倒披针形，长 12～15 cm，宽 1.5～2 cm；雄蕊 6，长约为花被片的 1/2，花丝向下渐扩大，扁平；花药长椭圆形；子房圆柱形，柱头膨大，微 3 裂；蒴果近球形，顶端有 1 小尖突，基部有粗短果柄，红褐色，具 6 钝棱和多数细横纹，3 瓣裂；花期 6—7 月，果期 9—10 月。

5. 万寿竹 *Disporum cantoniense*（Lour.）Merr.（彩片 319）

根状茎横出，质地硬，呈结节状；根粗长，肉质；茎高 50～150 cm，上部有较多的叉状分枝；叶纸质，披针形至狭椭圆状披针形，先端渐尖至长渐尖，基部近圆形，有明显的 3～7 脉；伞形花序有花 3～10 朵，着生在与上部叶对生的短枝顶端；花紫色；花被 6 片，斜出，倒披针形，基部有长 2～3 mm 的距；雄蕊 6，着生于花被片基部，内藏；子房长约 3 mm，花柱连同柱头长为子房的 3～4 倍；浆果直径 8～10 mm，具 2～3（～5）颗种子；花期 5—7 月，果期 8—10 月。

6. 萱草 *Hemerocallis fulva*（L.）L.（彩片 320）

根近肉质，中下部有纺锤状膨大；叶一般较宽；花早上开晚上凋谢，无香味，橘红色至橘黄色，内花被裂片下部一般有“∧”形彩斑，这些特征可以区别于本国产的其他种类；花果期为 5—7 月。

7. 紫萼 *Hosta ventricosa*（Salisb.）Stearn（彩片 321）

根状茎粗 0.3～1 cm；叶卵状心形、卵形至卵圆形，长 8～19 cm，宽 4～17 cm，先端通常近短尾状或骤尖，基部心形或近截形，具 7～11 对侧脉；叶柄长 6～30 cm；花葶高 60～100 cm，具 10～30 朵花；苞片矩圆状披针形，白色；花单生，长 4～5.8 cm，盛开时从花被管向上骤然作近漏斗状扩大，紫红色；花梗长 7～10 mm；雄蕊伸出花被之外，完全离生；蒴果圆柱状，有三棱；花期 6—7 月，果期 7—9 月。

8. 球药隔重楼 *Paris fargesii* Franch.（彩片 322）

植株高 50～100 cm；根状茎直径粗达 1～2 cm；叶（3～）4～6 枚，宽卵圆形，长 9～20 cm，宽 4.5～14 cm，先端短尖，基部略呈心形；花梗长 20～40 cm；外轮花被片通常 5 枚，极少（3～）4 枚，卵状披针形，先端具长尾尖，基部变狭成短柄；内轮花被片通常长 1～1.5 cm；雄蕊 8 枚，花丝长 1～2 mm，花药短条形，稍长于花丝，药隔突出部分圆头状，肉质，长约 1 mm，呈紫褐色；花期 5 月。

9. 滇重楼 *Paris polyphylla* var. *yunnanensis*（Franch.）Hand.-Mzt.（彩片 323）

多年生草本；叶 6～10 片轮生，叶一般较宽，质地较厚，倒卵状长圆形、倒卵状椭圆形，基部楔形至圆形，长 4～9.5 cm，宽 1.7～4.5 cm，常具 1 对明显的基出脉；顶生一花，花两性，外轮花被片披针形或长卵形，绿色，长 3.5～6 cm；内轮花被片黄色，线状，长为萼片的 1/2 左右至近等长，上部常扩大为 2～5 mm 的狭匙形；雄蕊 8～10 枚，花药长 1～1.5 cm，花丝比花药短，药隔凸出部分 1～2 mm；花期 6—7 月，果期 9—10 月。

10. 卷叶黄精 *Polygonatum cirrhifolium*（Wall.）Royle（彩片 324）

根状茎肥厚，圆柱状，或连珠状；茎高 30～90 cm；叶通常每 3～6 枚轮生，细条形至条状披针形，先端拳卷或弯曲成钩状，边常外卷；花序轮生，通常具 2 花，总花梗长 3～10 mm，花梗长 3～8 mm，俯垂；花被淡紫色，花被筒中部稍缢狭；浆果红色或紫红色，具 4～9 颗种子；花期 5—7 月，果期 9—10 月。

11. 多花黄精 *Polygonatum cyrtonema* Hua（彩片 325）

根状茎肥厚，通常连珠状或结节成块；茎高 50～100 cm，通常具 10～15 枚叶，叶互生，椭圆形、卵状披针形至矩圆状披针形，长 10～18 cm，宽 2～7 cm，先端尖至渐尖；花序具（1～）2～7（～14）花，伞形；花被黄绿色；花丝长 3～4 mm，两侧扁或稍扁，具乳头状突起至具短绵毛，顶端稍膨大乃至具囊状突起；子房长3～6 mm，花柱长12～15 mm；浆果黑色，直径约1 cm；花期5—6月，果期8—10月。

12. 吉祥草 *Reineckia carnea*（Andr.）Kunth（彩片326）

茎粗2～3 mm，蔓延于地面，逐年向前延长或发出新枝，每节上有一残存的叶鞘，顶端的叶簇由于茎的连续生长，有时似长在茎的中部；叶每簇有3～8枚，条形至披针形，先端渐尖，向下渐狭成柄，深绿色；花葶长5～15 cm；穗状花序长2～6.5 cm，上部的花有时仅具雄蕊；花芳香，粉红色；裂片矩圆形，先端钝，稍肉质；雄蕊短于花柱，花丝丝状，花药近矩圆形，两端微凹；子房长3 mm，花柱丝状；浆果直径6～10 mm，熟时鲜红色；花果期7—11月。

13. 窄瓣鹿药 *Maianthemum tatsienense*（Franchet）La Frankie（彩片327）

植株高30～80 cm；根状茎近块状或有结节状膨大；茎无毛，具6～8叶；叶纸质，卵形、矩圆状披针形或近椭圆形，先端渐尖，基部圆形，具短柄，无毛；通常为圆锥花序，较少为总状花序，无毛；花序长2.5～11 cm，通常侧枝较长；花单生，淡绿色或稍带紫色；花梗长2～12（～18）mm；花被片仅基部合生，窄披针形；花丝扁平，离生部分稍长于花药或近等长；花柱极短，柱头3深裂；子房球形，稍长于花柱；浆果近球形，熟时红色；花期5—6月，果期8—10月。

（七十七）鸢尾科 Iridaceae

主要识别特征：多年生草本；地下部分通常具根状茎、球茎或鳞茎；叶多基生，条形、剑形或为丝状，基部成鞘状，互相套叠；大多数种类只有花茎；花两性，色泽鲜艳美丽，辐射对称，单生、数朵簇生或多花排列成总状、穗状、聚伞及圆锥花序；花被裂片6，两轮排列，内轮裂片与外轮裂片同形等大或不等大，花被管通常为丝状或喇叭形；雄蕊3；花柱1，上部多有3个分枝；子房下位，3室，中轴胎座，胚珠多数；蒴果。

1. 鸢尾 *Iris tectorum* Maxim.（彩片328）

多年生草本；根状茎粗壮，二歧分枝，斜伸；须根较细而短；叶基生，黄绿色，稍弯曲，中部略宽，宽剑形，顶端渐尖或短渐尖，基部鞘状；花茎光滑，顶部常有1～2个短侧枝，中、下部有1～2枚茎生叶；苞片2～3枚，绿色，草质，色淡，披针形或长卵圆形，内包含有1～2朵花；花蓝紫色，直径约10 cm；花梗甚短；花被管细长，上端膨大成喇叭形，外花被裂片圆形或宽卵形，顶端微凹，爪部狭楔形，中脉上有不规则的鸡冠状附属物，成不整齐的开裂，内花被裂片椭圆形，花盛开时向外平展，爪部突然变细；雄蕊之花药鲜黄色，花丝细长，白色；花柱分枝扁平，淡蓝色，顶端裂片近四方形，有疏齿，子房纺锤状圆柱形；蒴果长椭圆形或倒卵形，有6条明显的肋，成熟时自上而下3瓣裂；花期4—5月，果期6—8月。

（七十八）薯蓣科 Dioscoreaceae

主要识别特征：缠绕草质或木质藤本，少数为矮小草本；地下部分为根状茎或块茎；茎左旋或右旋；叶互生，单叶或掌状复叶，单叶常为心形或卵形、椭圆形，掌状复叶的小叶常为披针形或卵圆形，基出脉3～9，叶柄扭转；花单性或两性，雌雄异株；花单生、簇生或排列成穗状、总状或圆锥花序；雄花花被片（或花被裂片）6，2轮排列；雄蕊6枚；雌花花被片和雄花相似；退化雄蕊3～6枚或无；子房下位，3室，中轴胎座；果实为蒴果、浆果或翅果，蒴果三棱形，每棱翅状。

1. 蜀葵叶薯蓣 *Dioscorea althaeoides* R. Knuth（彩片329）

缠绕草质藤本；根状茎横生，细长条形，分枝纤细；茎幼嫩时具稀疏的长硬毛，开花结实后近于无毛；单叶互生；叶片宽卵状心形，顶端渐尖，边缘浅波状或 4～5 浅裂，表面有时有毛，背面脉上密被白色短柔毛；花单性，雌雄异株；雄花有梗，常由 2～5 朵集成小聚伞花序再组成总状花序；花被碟形，基部连合成管，顶端 6 裂；雄蕊 6 枚；雌花序穗状，有花 40 朵或更多，单生或 2～3 个簇生叶腋；蒴果三棱形；花期 6—8 月，果期 7—9 月。

2. 黑珠芽薯蓣 *Dioscorea melanophyma* Prain et Burkill（彩片 330）

缠绕草质藤本；块茎卵圆形或梨形；茎无毛；掌状复叶互生，小叶 3～5（～7），小叶片为披针形、长椭圆形至卵状披针形，顶生小叶片较两侧小叶片大，两面光滑无毛，或仅沿主脉稍有短柔毛；叶腋内常有圆球形珠芽，成熟时黑色；花单性，雌雄异株；雄花序总状（花未完全开放时呈穗状），再排列成圆锥状，远比叶长，花序轴有短柔毛；雄花黄白色，苞片和花被外面有短柔毛，3 个发育雄蕊和 3 个不育雄蕊互生；雌花序下垂，单生或 2 个生于叶腋；蒴果反折，三棱形，两端钝圆，每棱翅状；花期 8—10 月，果期 10—12 月。

3. 薯蓣 *Dioscorea polystachya* Turczaninow.（彩片 331）

缠绕草质藤本；块茎长圆柱形；茎通常带紫红色，右旋，无毛；单叶，在茎下部的互生，中部以上的对生；叶片变异大，卵状三角形至宽卵形或戟形，顶端渐尖，基部深心形、宽心形或近截形，边缘常 3 浅裂至 3 深裂，中裂片卵状椭圆形至披针形，侧裂片耳状，圆形、近方形至长圆形；叶腋内常有珠芽；雌雄异株；雄花序为穗状花序，近直立，2～8 个着生于叶腋，花序轴明显地呈“之”字状曲折；雄花的外轮花被片为宽卵形，内轮卵形，较小；雄蕊 6；雌花序为穗状花序，1～3 个着生于叶腋；蒴果不反折，三棱状扁圆形或三棱状圆形，外面有白粉；花期 6—9 月，果期 7—11 月。

4. 褐苞薯蓣 *Dioscorea persimilis* Prain et Burkill（彩片 332）

缠绕草质藤本；块茎长圆柱形，垂直生长；茎右旋，干时带红褐色，常有棱 4～8 条；单叶，在茎下部的互生，中部以上的对生；叶片纸质，卵形、三角形至长椭圆状卵形，或近圆形，顶端渐尖、尾尖或凸尖，基部宽心形、深心形、箭形或戟形，全缘，基出脉 7～9，常带红褐色；叶腋内有珠芽；雌雄异株；雄花序为穗状花序，2～4 个簇生或单生于花序轴上排列呈圆锥花序；花序轴明显地呈“之”字状曲折；雄花的外轮花被片为宽卵形，有褐色斑纹，内轮倒卵形；雄蕊 6；雌花序为穗状花序，1～2 个着生于叶腋；雌花的外轮花被片为卵形，较内轮大；退化雄蕊小；蒴果不反折，三棱状扁圆形；花期 7 月至翌年 1 月，果期 9 月至翌年 1 月。

（七十九）兰科 Orchidaceae

主要识别特征：地生、附生或较少为腐生草本；地生与腐生种类常有块茎或肥厚的根状茎，附生种类常有肉质假鳞茎；叶基生或茎生，后者通常互生或生于假鳞茎顶端或近顶端处；花葶或花序顶生或侧生；花常排列成总状花序或圆锥花序；两性，通常两侧对称；花被片 6，2 轮；中央 1 枚花瓣明显不同于 2 枚侧生花瓣，称唇瓣；子房下位，1 室，侧膜胎座；除子房外整个雌雄蕊器官完全融合成柱状体，称蕊柱；花粉通常黏合成团块，称花粉团；果实通常为蒴果；种子细小，极多。

1. 白及 *Bletilla striata*（Thunb. ex A. Murray）Rchb. f.（彩片 333）

植株高 18～60 cm；假鳞茎扁球形，上面具荸荠似的环带；茎粗壮，劲直；叶 4～6 枚，狭长圆形或披针形，长 8～29 cm，宽 1.5～4 cm，先端渐尖，基部收狭成鞘并抱茎；花序具 3～10 朵花，常不分枝；花序轴或多或少呈“之”字状曲折；花大，紫红色或粉红色；萼片和花瓣近等长，狭长圆形；花瓣较萼片稍宽；唇瓣较萼片和花瓣稍短，倒卵状椭圆，白色带紫红色，具紫色脉，唇瓣的中裂片边缘具波状齿，先端中央凹缺，唇盘上面具5条纵褶片；蕊柱长18～20 mm，柱状，具狭翅，稍弓曲；花期4—5月。

2. 棒距玉凤花 ***Habenaria mairei*** **Schltr.（彩片334）**

植株高18～65 cm；块茎肉质，长圆形或卵形；茎较粗壮，直立，圆柱形，在叶之下具2～3枚长的筒状鞘，其上具5～6枚叶；叶片椭圆状舌形或长圆状披针形，直立伸展，长2.5～12 cm，宽1.5～4 cm，先端渐尖，基部抱茎，向上逐渐变小；总状花序具4～19朵较密生的花，长6～18 cm；子房圆柱形，扭转，无毛；花较大，绿白色；萼片黄绿色，边缘具缘毛，中萼片狭卵形，直立，凹陷呈舟状，先端钝，具5脉；侧萼片张开，稍斜卵状披针形，先端急尖，具5脉；花瓣白色，直立，斜长圆形，不裂，先端钝，具3脉，边缘具缘毛，内侧边缘不鼓出，与中萼片靠合呈兜状；唇瓣白色或黄白色，基部不裂，在基部以上才3深裂，裂片近等长，具缘毛，中裂片线状，侧裂片线状，外侧边缘为篦齿状深裂，其裂片8～10条，丝状；距圆筒状棒形，下垂，向末端增粗，与子房等长或稍短；花药直立，药隔顶部凹陷，药室叉开，基部伸长的沟，与蕊喙臂伸长的沟两者靠合成细的管，管上举，花粉团狭椭圆形，具细长、线状、长4 mm的柄和黏盘，黏盘卵形；柱头突起2个，伸长，棒状，前部呈镰状膨大，且稍向上弯曲；退化雄蕊小，卵形；花期7—8月。

3. 羊耳蒜 ***Liparis japonica*** **（Miq.）Maxim.（彩片335）**

地生草本；假鳞茎卵形；叶2枚，卵形、卵状长圆形或近椭圆形，膜质或草质，长5～10（～16）cm，宽2～4（～7）cm，先端急尖或钝，边缘皱波状或近全缘，基部收狭成鞘状柄；花葶长12～50 cm；花序柄圆柱形，两侧在花期可见狭翅；总状花序具数朵至10余朵花；花通常淡绿色，有时可变为粉红色或带紫红色；萼片线状披针形，具3脉；侧萼片稍斜歪；花瓣丝状，具1脉；唇瓣近倒卵形，边缘稍有不明显的细齿或近全缘，基部逐渐变狭；蕊柱长2.5～3.5 mm，上端略有翅，基部扩大；蒴果倒卵状长圆形；花期6—8月，果期9—10月。

4. 独蒜兰 ***Pleione bulbocodioides*** **（Franch.）Rolfe（彩片336）**

半附生草本；假鳞茎卵形至卵状圆锥形，上端有明显的颈，顶端具1枚叶；叶在花期尚幼嫩，长成后狭椭圆状披针形或近倒披针形，纸质，长10～25 cm，宽2～5.8 cm，基部渐狭成柄；花葶从无叶的老假鳞茎基部发出，直立，顶端具1（～2）花；花粉红色至淡紫色，唇瓣上有深色斑；中萼片近倒披针形，先端急尖或钝；侧萼片稍斜歪，狭椭圆形或长圆状倒披针形，与中萼片等长；花瓣倒披针形，稍斜歪；唇瓣轮廓为倒卵形或宽倒卵形，不明显3裂，上部边缘撕裂状，通常具4～5条褶片；褶片啮蚀状，向基部渐狭直至消失；中央褶片常较短而宽；蕊柱长2.7～4 cm，两侧具翅；蒴果近长圆形；花期4—6月。

5. 绶草 ***Spiranthes sinensis*** **（Pers.）Ames（彩片337）**

根数条，指状，肉质，簇生于茎基部；茎较短，近基部生2～5片叶，叶片宽线状或宽线状披针形，直立伸展；花茎直立，上部被腺状柔毛至无毛；总状花序具多数密生的花，呈螺旋状扭转；花小，紫红色、粉红色或白色，在花序轴上呈螺旋状排生；萼片的下部靠合，中萼片狭长圆形，舟状，先端稍尖，与花瓣靠合呈兜状；侧萼片偏斜，披针形，先端稍尖；花瓣斜菱状长圆形，先端钝，与中萼片等长但较薄；唇瓣宽长圆形，凹陷，先端极钝，前半部上面具长硬毛且边缘具强烈皱波状啮齿，唇瓣基部凹陷呈浅囊状，囊内具2枚胼胝体；子房纺锤形，扭转，被腺状柔毛；花期7—8月。

参考文献

REFERENCES

曹建国，戴锡玲，王全喜，2012. 植物学实验指导［M］. 北京：科学出版社.

陈功锡，田向荣，李爱民，等，2015. 植物分类创新实践教程［M］. 长沙：中南大学出版社.

傅立国，陈潭清，郎楷永，等，2008. 中国高等植物：第二卷［M］. 青岛：青岛出版社.

贺学礼，陈铁山，苗芳，等，2004. 植物学实验实习指导［M］. 北京：高等教育出版社.

季梦成，1989. 苔藓植物标本的制作［J］. 植物杂志（2）：45.

孔宪需，2001. 中国植物志：第五卷　第二分册［M］. 北京：科学出版社.

廖亮，徐玲玲，1997. 中国毛茛属新分类群及核型［J］. 植物分类学报，35（1）：57-62.

廖雯，向红，王绪英，等，2018. 明湖国家湿地公园蕨类植物资源调查研究［J］. 六盘水师范学院学报，30（3）：47-51.

林鹏程，朱燕萍，向红，等，2016. 乌蒙山国家地质公园蕨类植物调查［J］. 湖北农业科学，55（17）：4498-4502.

林尤兴，2000. 中国植物志：第六卷　第二分册［M］. 北京：科学出版社.

刘晓霞，张金环，2008. 植物标本的采集、制作与保存［J］. 山西农业科学，36（1）：223-224.

刘艳华，2002. 蕨类植物标本的采集与制作［J］. 植物杂志（1）：32.

陆时万，徐祥生，沈敏健，1982. 植物学：上册［M］. 2版. 北京：高等教育出版社.

罗明华，杨远兵，陈光升，2013. 植物学野外实习指导［M］. 北京：科学出版社.

马炜梁，王幼芳，李宏庆，2015. 植物学［M］. 2版. 北京：高等教育出版社.

秦仁昌，1990. 中国植物志：第三卷　第一分册［M］. 北京：科学出版社.

王荷生，1989. 中国种子植物特有属起源的探讨［J］. 云南植物研究，11（1）：1-16.

王荷生，张镱锂，1994. 中国种子植物特有属的生物多样性和特征［J］. 云南植物研究，16（3）：1-3.

王培善，王筱英，2001. 贵州蕨类植物［M］. 贵阳：贵州科技出版社.

王文采，1995. 中国毛茛属修订：二［J］. 植物研究，15（3）：275-329.

王幼芳，李宏庆，马炜梁，等，2007. 植物学实验指导［M］. 2版. 北京：高等教育出版社.

吴鸿，郝刚，宁熙平，等，2012. 植物学实验指导［M］. 北京：高等教育出版社.

吴兆洪，1999a. 中国植物志：第四卷　第二分册［M］. 北京：科学出版社.

吴兆洪，1999b. 中国植物志：第六卷　第一分册［M］. 北京：科学出版社.

吴征镒，1991. 中国种子植物属的分布区类型［J］. 云南植物研究，13：1-139.

吴征镒，1993. 中国种子植物属的分布区类型：增订和勘误［J］. 云南植物研究，15（增刊Ⅳ）：141-178.

吴征镒，孙航，周浙昆，等，2005. 中国植物区系中的特有性及其起源和分化［J］. 云南植物研究，27（6）：577-604.

吴征镒，王荷生，1983. 中国自然地理——植物地理：上册［M］. 北京：科学出版社.

吴征镒，周浙昆，李德铢，等，2003. 世界种子植物科的分布区类型系统［J］. 云南植物研究，25（3）：245-257.

吴征镒，周浙昆，孙航，等，2006. 种子植物分布区类型及其起源和分化［M］. 昆明：云南科技出版社.

武素功，2000. 中国植物志：第五卷　第一分册［M］. 北京：科学出版社.

向红，2020. 六盘水药用蕨类植物［M］. 北京：科学出版社.

向红，左经会，林长松，等，2010. 贵州省六枝特区药用维管植物资源调查［J］. 贵州农业科学，38（2）：19-23.

向红，向荣，左经会，等，2018. 六盘水彝族药用植物种类调查研究［J］. 中国民族医药杂志，24（8）：29-34.

谢国文，廖富林，廖建良，等，2011. 植物学实验与实习［M］. 广州：暨南大学出版社.

邢公侠，1999. 中国植物志：第四卷　第一分册［M］. 北京：科学出版社.

严岳鸿，张宪春，周喜乐，等，2016. 中国生物物种名录：第一卷　植物　蕨类植物［M］. 北京：科学出版社.

杨利民，2008. 植物资源学［M］. 北京：中国农业出版社.

尹祖棠，刘全儒，2009. 种子植物实验及实习［M］. 3 版. 北京：北京师范大学出版社.

应俊生，张志松，1984. 中国植物区系中的特有现象——特有属的研究［J］. 植物分类学报，21（4）：259-268.

应俊生，张玉龙，1994. 中国种子植物特有属［M］. 北京：科学出版社.

赵宏，2009. 植物学野外实习教程［M］. 北京：科学出版社.

赵遵田，苗明升，郭善利，等，2014. 植物学实验教程［M］. 3 版. 北京：科学出版社.

中国高等植物彩色图鉴编委会，2016. 中国高等植物彩色图鉴：第 2 卷［M］. 北京：科学出版社.

钟理，杨春艳，左相兵，等，2010. 中国植物区系研究进展［J］. 草业与畜牧（9）：6-9.

朱军，付国祥，邓志宏，等，2013. 贵州盘县八大山自然保护区科学考察研究［M］. 北京：中国林业出版社.

朱维明，1999. 中国植物志：第三卷　第二分册［M］. 北京：科学出版社.

左经会，2013. 六盘水药用植物［M］. 北京：科学出版社.

彩片 1　石　松

彩片 2　江南卷柏

彩片 3　节节草

彩片 4　笔管草

彩片 5　紫　萁

彩片 6　芒　萁

彩片 7　里　白

彩片 8　满江红

彩片 9　乌　蕨

彩片 10　团羽铁线蕨

彩片 11　半月形铁线蕨

彩片 12　银粉背蕨

彩片 13　裸叶粉背蕨

彩片 14　滇西旱蕨

彩片 15　粟柄金粉蕨

彩片 16　欧洲凤尾蕨

彩片 17　蜈蚣草

彩片 18　碗　蕨

彩片 19　蕨

彩片 20　云南铁角蕨

彩片 21　长根金星蕨

彩片 22　延羽卵果蕨

彩片 23　披针新月蕨

彩片 24　东方荚果蕨

彩片 25　狗　脊

彩片 26　顶芽狗脊

彩片 28　刺齿贯众

彩片 27　肿足蕨

彩片 29　贯　众

彩片 30　变异鳞毛蕨

彩片 31　肾　蕨

彩片 32　黄瓦韦

彩片 33　庐山石韦

彩片 35　蟹爪叶盾蕨

彩片 34　三角叶盾蕨

彩片 36　紫柄假瘤蕨

彩片 38　苏　铁

彩片 37　友水龙骨

彩片 39　银　杏

彩片 40　雪　松

彩片 41　华山松

彩片 42　云南松

彩片 43　杉　木

彩片 44　日本柳杉

彩片 45　水　杉

彩片 46　圆　柏

彩片 47　刺　柏

彩片 48　侧　柏

彩片 49　罗汉松

彩片 51　荷花木兰

彩片 50　红豆杉

彩片 52　西康天女花

彩片 53　玉　兰

彩片 54　紫玉兰

彩片 55　蜡　梅

彩片 56　樟

彩片 57　山鸡椒

彩片 58　蕺　菜

彩片 59　莲

彩片 60　白睡莲

彩片 61　黄草乌

彩片 62　草玉梅

彩片 63　钝齿铁线莲

彩片 64　滇川翠雀花

彩片 65　云南翠雀花

彩片 66　毛　茛

彩片 67　水城毛茛

彩片 68　扬子毛茛

彩片 69　钩柱毛茛

彩片 70　偏翅唐松草

彩片 71　爪哇唐松草

彩片 72　毕节小檗

彩片 73　永思小檗

彩片 74　威宁小檗

彩片 75　阔叶十大功劳

彩片 76　南天竹

彩片 77　三叶木通

彩片 78　猫儿屎

彩片 79　金线吊乌龟

彩片 80　马　桑

彩片 81　杜　仲

彩片 82　楮

彩片 83　构　树

彩片 84　大　麻

彩片 85　地　果

彩片 86　苎　麻

彩片 87　水　麻

彩片 88　骤尖楼梯草

彩片 89　大蝎子草

彩片 90　蝎子草

彩片 91　糯米团

彩片 92　胡　桃

彩片 93　化香树

彩片 94　云南杨梅

彩片 95　栗

彩片 96　茅　栗

彩片 97　白　栎

彩片 98　槲　栎

彩片 99　亮叶桦

彩片 100　商　陆

彩片 101　藜

彩片 102　土荆芥

彩片 103　喜旱莲子草

彩片 104　石　竹

彩片 105　漆姑草

彩片 106　虎　杖

彩片 107　戟叶酸模

彩片 108　尼泊尔酸模

彩片 109　头花蓼

彩片 110　窄叶火炭母

彩片 111　蚕茧草

彩片 112　尼泊尔蓼

彩片 113　羽叶蓼

彩片 114　赤胫散

彩片 115　西南红山茶

彩片 116　茶

彩片 117　木　荷

彩片 118　京梨猕猴桃

彩片 119　硬毛猕猴桃

彩片 120　葛枣猕猴桃

彩片 121　黄海棠

彩片 122　栽秧花

彩片 123　锦　葵

彩片 124　木芙蓉

彩片 125　木　槿

彩片 126　西域旌节花

彩片 127　倒卵叶旌节花

彩片 128　鸡腿堇菜

彩片 129　柔毛堇菜

彩片 130　浅圆齿堇菜

彩片 131　绞股蓝

彩片 132　雪　胆

彩片 133　川赤瓟

彩片 134　中华栝楼

彩片 135　山　杨

彩片 136　垂　柳

彩片 137　曲枝垂柳

彩片 138　绒毛皂柳

彩片 139　大叶碎米荠

彩片 140　独行菜

彩片 141　诸葛菜

彩片 142　滇白珠

彩片 143　珍珠花

彩片 144　桃叶杜鹃

彩片 145　马缨杜鹃

彩片 146　杜　鹃

彩片 147　乌鸦果

彩片 148　野茉莉

彩片 149　矮　桃

彩片 150　长蕊珍珠菜

彩片 151　叶头过路黄

彩片 152　鄂报春

彩片 153　费　菜

彩片 154　云南红景天

彩片 155　凹叶景天

彩片 156　垂盆草

彩片 157　中国绣球

彩片 158　乐思绣球

彩片 159　蜡莲绣球

彩片 160　虎耳草

彩片 161　黄水枝

彩片 162　云南山楂

彩片 163　蛇　莓

彩片 164　黄毛草莓

彩片 165　路边青

彩片 166　扁刺峨眉蔷薇

彩片 167　缫丝花

彩片 168　插田泡

彩片 169　五叶白叶莓

彩片 170　红花悬钩子

彩片 171　红毛悬钩子

彩片 172　川　莓

彩片 173　西畴悬钩子

彩片 174　西南委陵菜

彩片 175　蛇含委陵菜

彩片 176　火　棘

彩片 177　光叶粉花绣线菊

彩片 178　合　欢

彩片 179　老虎刺

彩片 180　云　实

彩片 181　豆茶山扁豆

彩片 182　湖北紫荆

彩片 183　皂　荚

彩片 184　灰毛鸡血藤

彩片 185　大山黧豆

彩片 186　天蓝苜蓿

彩片 187　印度草木犀

彩片 188　紫雀花

彩片 189　葛

彩片 190　蚕　豆

彩片 191　歪头菜

彩片 192　露珠草

彩片 193　小花柳叶菜

彩片 194　长籽柳叶菜

彩片 195　粉花月见草

彩片 196　多花野牡丹

彩片 197　朝天罐

彩片 198　八角枫

彩片 199　瓜　木

彩片 200　灯台树

彩片 201　红椋子

彩片 202　小梾木

彩片 203　中华青荚叶

彩片 204　大　戟

彩片 205　算盘子

彩片 206　毛　桐

彩片 207　乌　柏

彩片 208　峨眉勾儿茶

彩片 209　勾儿茶

彩片 210　狭叶崖爬藤

彩片 211　刺葡萄

彩片 212　葛藟葡萄

彩片 213　盐肤木

彩片 214　红麸杨

彩片 215　野　漆

彩片 216　灰毛浆果楝

彩片 217　香　椿

彩片 218　吴茱萸

彩片 219　竹叶花椒

彩片 220　贵州花椒

彩片 221　山酢浆草

彩片 222　酢浆草

彩片 223　凤仙花

彩片 224　黄金凤

彩片 225　鸭儿芹

彩片 226　天胡荽

彩片 227　变豆菜

彩片 228　红花龙胆

彩片 229　滇龙胆草

彩片 230　大花花锚

彩片 231　獐牙菜

彩片 232　西藏吊灯花

彩片 233　竹灵消

彩片 234　青羊参

彩片 235　华萝藦

彩片 236　白花曼陀罗

彩片 237　单花红丝线

彩片 238　假酸浆

彩片 239　牛茄子

彩片 240　马蹄金

彩片 241　圆叶牵牛

彩片 242　飞蛾藤

彩片 243　倒提壶

彩片 244　小花琉璃草

彩片 245　老鸦糊

彩片 246　臭牡丹

彩片 247　海州常山

彩片 248　马鞭草

彩片 249　藿　香

彩片 250　风轮菜

彩片 251　野拔子

彩片 252　益母草

彩片 253　蜜蜂花

彩片 254　紫　苏

彩片 255　夏枯草

彩片 256　穗花香科科

彩片 257　大车前

彩片 258　白背枫

彩片 259　大叶醉鱼草

彩片 260　鞭打绣球

彩片 261　长蔓通泉草

彩片 262　拉氏马先蒿

彩片 263　光叶蝴蝶草

彩片 264　婆婆纳

彩片 265　疏花婆婆纳

彩片 266　珊瑚苣苔

彩片 267　吊石苣苔

彩片 268　灰　楸

彩片 269　梓

彩片 270　毛子草

彩片 271　杏叶沙参

彩片 272　西南风铃草

彩片 273　管花党参

彩片 274　西南山梗菜

彩片 275　铜锤玉带草

彩片 276　长节耳草

彩片 277　臭味新耳草

彩片 278　鸡矢藤

彩片 279　鬼吹箫

彩片 280　忍　冬

彩片 281　接骨草

彩片 282　金佛山荚蒾

彩片 283　水红木

彩片 284　珍珠荚蒾

彩片 285　攀倒甑

彩片 286　蜘蛛香

彩片 287　白花鬼针草

彩片 288　丝毛飞廉

彩片 289　蓟

彩片 290　鱼眼草

彩片 291　异叶泽兰

彩片 292　白头婆

彩片 293　牛膝菊

彩片 294　水朝阳旋覆花

彩片 295　匍枝千里光

彩片 296　菊状千里光

彩片 297　千里光

彩片 298　蒲儿根

彩片 299　蒲公英

彩片 300　野慈姑

彩片 301　石菖蒲

彩片 302　一把伞南星

彩片 303　象头花

彩片 304　天南星

彩片 305　花南星

彩片 306　芋

彩片 307　鸭跖草

彩片 308　竹叶吉祥草

彩片 309　竹叶子

彩片 310　风车草

彩片 311　短叶水蜈蚣

彩片 312　狗牙根

彩片 313　五节芒

彩片 314　狗尾草

彩片 315　狭瓣肺筋草

彩片 316　多星韭

彩片 317　羊齿天门冬

彩片 318　大百合

彩片 319　万寿竹

彩片 320　萱　草

彩片 321　紫　萼

彩片 323　滇重楼

彩片 322　球药隔重楼

彩片 324　卷叶黄精

彩片 325　多花黄精

彩片 326　吉祥草

彩片 327　窄瓣鹿药

彩片 328　鸢　尾

彩片 329　蜀葵叶薯蓣

彩片 330　黑珠芽薯蓣

彩片 331　薯　莨

彩片 332　褐苞薯蓣

彩片 333　白　及

彩片 334　棒距玉凤花

彩片 335　羊耳蒜

彩片 336　独蒜兰

彩片 337　绶　草

Zhiwuxue Yewai Jiaoxue
Shixi Zhidao

欢迎登录：中国农业出版社网站http://www.ccap.com.cn

课件下载、在线学习请登录中国农业教育在线https://www.ccapedu.com

欢迎拨打中国农业出版社教材策划部热线：010-59194971，59194972

申请样书、教材试读请关注
农业教育教材服务微信号

封面设计：姜　欣

ISBN 978-7-109-30479-6

定价：48.00元